“十三五”国家重点出版物出版规划项目
材料科学研究与工程技术系列

U0184706

UG NX 10.0 实用案例高级教程

UG NX 10.0 Advanced Tutorial of Practical Cases

● 刘 发　主编

哈尔滨工业大学出版社
HARBIN INSTITUTE OF TECHNOLOGY PRESS

内 容 简 介

本书是全面、系统学习并应用 UG NX 10.0 软件进行三维造型的图书,内容包括 UG NX 10.0 基本操作、曲线创建及曲线编辑、草图创建及草图编辑、实体建模设计及编辑、曲面设计及编辑以及案例实训等。

本书大部分命令都是通过实例形式展现,案例文件都源于现实并具有很强的针对性,通过实例诠释命令,可以使 UG NX 10.0 中抽象的概念及命令具体化、清晰化、通俗易懂。操作步骤图文并茂,准确、透彻地引领读者一步步完成设计。这种编写方法能够使读者更快、更深入地理解 UG NX 10.0 中三维建模软件的抽象概念、使用技巧等,快速培养设计思路和工程化思路。读者参考此书系统地进行学习后,能够较好地应用 UG 软件来完成复杂产品的三维造型设计等工作。

本书可作为高等学校机械类师生教学用书,也可作为工程设计人员自学 UG 的教程和参考书。

图书在版编目(CIP)数据

UG NX 10.0 实用案例高级教程/刘发主编. —哈尔滨:
哈尔滨工业大学出版社,2022.3
ISBN 978 - 7 - 5603 - 4202 - 3

Ⅰ.①U… Ⅱ.①刘… Ⅲ.①三维-造型设计-计算机
辅助设计-图形软件-教材 Ⅳ.①TP391.72

中国版本图书馆 CIP 数据核字(2021)第 266096 号

材料科学与工程
图书工作室

策划编辑	许雅莹
责任编辑	许雅莹 张 权
封面设计	高永利
出版发行	哈尔滨工业大学出版社
社 址	哈尔滨市南岗区复华四道街 10 号 邮编 150006
传 真	0451-86414749
网 址	http://hitpress.hit.edu.cn
印 刷	哈尔滨市石桥印务有限公司
开 本	787mm×1092mm 1/16 印张 20.75 字数 489 千字
版 次	2022 年 3 月第 1 版 2022 年 3 月第 1 次印刷
书 号	ISBN 978 - 7 - 5603 - 4202 - 3
定 价	44.00 元

前　　言

　　UG 是德国西门子公司推出的一款功能强大的三维 CAD/CAM/CAE 软件系统,其内容涵盖了产品从概念设计、工业造型设计、三维模型设计、分析计算、动态模拟与仿真、工程图输出到生产加工出产品的全过程,应用范围涉及汽车、机械、航空航天、造船、数控加工、医疗器械、玩具及电子行业等多个领域。UG NX 10.0 版本在易用性、数字化模拟、知识捕捉和可用性方面进行了创新,对以前版本进行了大量的以客户为中心的改进。

　　本书是系统、全面学习 UG NX 10.0 软件的实例引导类图书,其特色如下。

　　(1)内容编排合理,针对性强。本书围绕三维造型设计主题,结合现实中工程化设计流程,有序合理、由浅入深地介绍了 UG NX 10.0 软件的使用方法。

　　(2)实例、案例丰富。本书对软件中大部分功能的介绍,都是通过案例进行讲解,而且对于同一个命令的很多使用细节进行了多次对比讲解,通过案例结果对比可使读者一目了然。

　　(3)逻辑合理,条理清晰。本书结合编者多年软件使用经验,内容呈现由浅入深,保证自学的初学者能够独立学习和应用 UG NX 10.0 软件。

　　(4)前后呼应,反复训练。本书既有针对软件具体命令的简单案例,又有针对综合设计的较复杂案例,使学习者的软件使用技能分层次有序提高。

　　读者可扫描封底上的二维码下载案例文件,需要 UG NX 10.0 及以上版本打开案例文件。案例文件 PC 端下载地址:http://hitpress.hit.edu.cn/2022/0324/c13335a270177/page.htm。

　　本书由刘发主编,参与编写的人员有于静泊、杨海峰、周威佳、胡国鹏、贾彬彬、吴来军等。

　　限于编者水平,书中不免有疏漏之处,恳请广大读者予以指正。

　　编者电子邮箱:158405568@qq.com.

编　者

2021 年 11 月

目　　录

第1章 UG NX 10.0 基本操作

1.1 UG NX 10.0 软件概述

UG NX(Unigraphics NX)是 Siemens PLM Software 公司推出的一个产品工程解决方案,是一个交互式 CAD/CAM(计算机辅助设计与计算机辅助制造)系统,功能强大。它为各大制造业的产品设计及加工过程提供了数字化造型及验证手段。UG NX 的工业设计、产品设计、CNC 加工和模具设计等功能极大地推动了制造业的数字化进程,在工业化生产中得到了广泛应用。UG NX 已经成为模具行业三维设计的一个主流应用。

1.2 UG NX 10.0 工作界面

1.2.1 软件启动

常用的进入 UG NX 10.0 软件环境的启动方法有 2 种。

(1)双击 Windows 桌面上的 UG NX 10.0 软件的快捷图标。

(2)单击 Windows 桌面上的"开始"菜单,依次选择"所有程序""Siemens NX 10.0" "NX 10.0",系统进入 UG NX 10.0 软件环境。

1.2.2 界面主题设置

软件启动后,系统默认显示界面如图 1.2.1 所示,UG NX 10.0 有"功能区"和"经典工具条"两种界面主题,可以根据个人操作习惯进行选择,具体设置方法如下。

(1)单击软件上面的"首选项"下拉菜单,在下拉菜单中选择"用户界面",如图 1.2.2 所示。

(2)在弹出的"用户界面首选项"菜单中"布局"界面,通过鼠标左键点选"功能区"或者"经典工具条",如图 1.2.3 所示。

1.2.3 新建空白文档

新建一个部件文件操作步骤如下。

(1)单击 UG NX 界面左上角的"文件"下拉菜单,在下拉菜单中选择 "新建"命令,或者直接点击"新建"按钮,图标为 ▢ ,如图 1.2.4 所示,或通过键盘"Ctrl+N"快捷键完成。

(2)在弹出的"新建"对话框中,进行新建文件相关设置。此对话框中主要涉及六类信息,如图 1.2.5 所示,具体介绍如下。

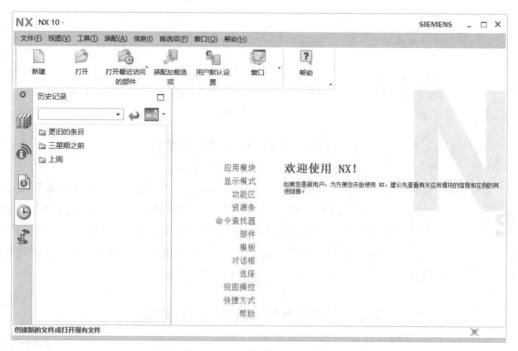

图 1.2.1　系统默认显示界面

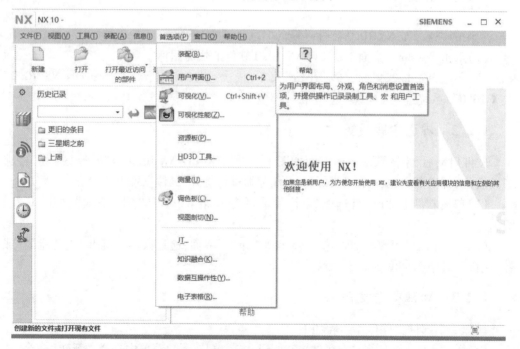

图 1.2.2　"首选项"下拉菜单

①"模板"区。用于设置文件类型,比如模型、图纸等。

②"过滤器"区。用于设置新建文件单位,有毫米、英寸和全部三个选项。

③"新文件名"区。用于设置新建文件的文件名和保存位置。

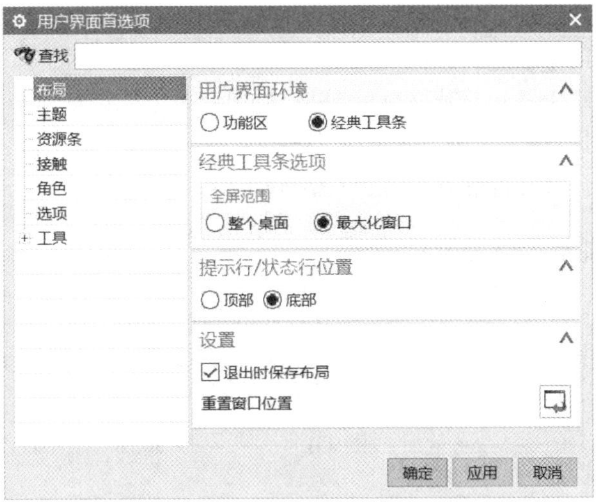

图 1.2.3 "用户界面首选项"菜单

图 1.2.4 "新建"命令

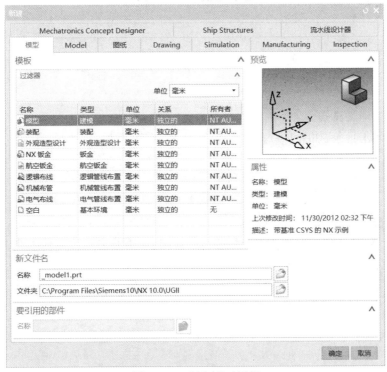

图 1.2.5 "新建"对话框

④"要引用的部件"区。用于设置新建文件需要引用的部件文件。

⑤"预览"区。用于预览新建的文件。

⑥"属性"区。用于显示新建文件的名称、类型和单位等信息。

在"模板"区选择"模型",在"过滤器"区选择"毫米",在"新文件名"区域输入文件名称,如"模型一",选择好文件保存位置,点击"确定"按钮,完成新建文件。

1.2.4 "功能区"布局界面介绍

启动软件进入 UG NX 10.0 界面,利用前面介绍的方法:通过"首选项"下拉菜单的"用户界面",选择"功能区",将工作界面主题设置为"功能区",然后新建空白文档,界面如图1.2.6所示。

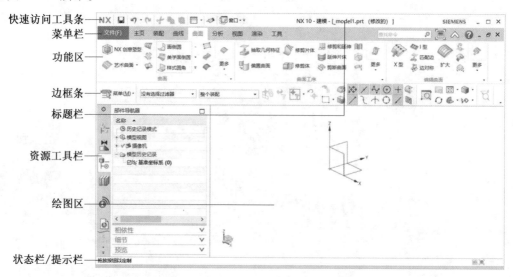

图1.2.6 "功能区"工作界面

1. 快速访问工具条

快速访问工具条,如图1.2.7所示,包括保存、撤销、重做、截切、复制和粘贴等功能。

图1.2.7 快速访问工具栏

2. 菜单栏

将 UG NX 10.0 中主要功能集中到此主菜单中,常用的主要功能有文件、主页、装配、曲线、曲面、分析、视图和工具等。各菜单详细功能如图1.2.8～1.2.15所示。

图 1.2.8 "文件"下拉菜单

图 1.2.9 "主页"选项卡

图 1.2.10 "装配"选项卡

图 1.2.11 "曲线"选项卡

图 1.2.12 "曲面"选项卡

图 1.2.13　"分析"选项卡

图 1.2.14　"视图"选项卡

图 1.2.15　"工具"选项卡

3. 边框条

边框条集合了"菜单(M)"及一系列快捷操作按钮,如图 1.2.16 所示。

图 1.2.16　边框条

"边框条"中的"菜单(M)"下拉工具条几乎包含了 UG NX 的所有功能,有文件、编辑、视图、插入、格式、工具、装配、信息、分析、首选项、窗口、GC 工具箱和帮助等,三维造型设计中常用的功能介绍如下。

①文件。用于新建、打开、保存、导入和导出设计部件等,如图 1.2.17 所示。

②编辑。用于编辑对象、变换、移动对象、显示和隐藏、编辑特征等,如图 1.2.18 所示。

图 1.2.17　"文件"菜单　　　　　图 1.2.18　"编辑"菜单

③视图。用于对象显示操作、截面操作和可视化设置等,如图1.2.19所示。

④插入。用于所有的设计命令调取,如曲线、曲面和特征设计等,如图1.2.20所示。

图1.2.19 "视图"菜单

图1.2.20 "插入"菜单

⑤格式。用于图层、坐标等设置,如图1.2.21所示。

⑥装配。用于设计部件装配等,如图1.2.22所示。

⑦分析。用于测量距离、角度和实体质量等,如图1.2.23所示。

⑧首选项。用于用户界面主题、背景颜色等基础设置,如图1.2.24所示。

图1.2.21 "格式"菜单

图1.2.22 "装配"菜单

图 1.2.23　"分析"菜单　　　　　　　图 1.2.24　"首选项"菜单

4. 标题栏

标题栏位于软件环境正上方,显示 UG NX 版本号、文件类型和文件名称等信息,如图 1.2.25 所示。

NX 10 - 建模 - [_model2.prt （修改的）]　　　　SIEMENS　　_　□　×

图 1.2.25　标题栏

5. 资源工具栏

资源工具栏显示设计过程等相关信息,包括装配导航器、约束导航器、部件导航器和历史记录等功能,常用功能介绍如下。

①装配导航器。用于显示装配的层级关系。

②约束导航器。用于显示装配的约束关系。

③部件导航器。用于显示建模的先后顺序、父子关系及详细命令参数。

④历史记录。用于显示曾经打开过的部件。

6. 绘图区

设计过程中的零件图形、分析结果、模拟仿真过程等都在绘图区显示,如图 1.2.26 所示。

7. 状态栏/提示栏

如图 1.2.26 所示,"功能区"工作界面底部左侧为提示栏,用于提示用户如何操作下一步,右侧为状态栏,用于显示系统或者图形当前的状态。

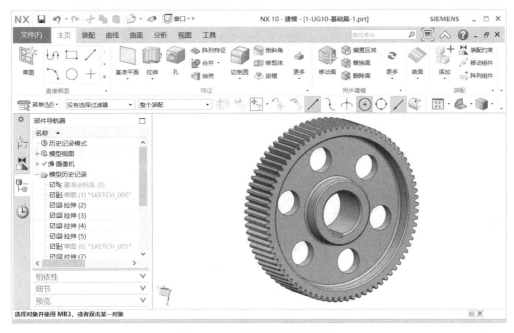

图 1.2.26　"绘图区"零件显示

1.2.5　"经典工具条"布局界面介绍

启动软件进入 UG NX 10.0 界面,通过"首选项"下拉菜单的"用户界面",选择"经典工具条";将工作界面主题设置为"经典工具条"格式,然后新建空白文档,界面如图1.2.27 所示。

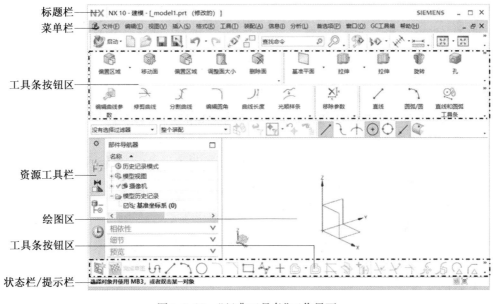

图 1.2.27　"经典工具条"工作界面

1. 标题栏

标题栏位于软件环境上方,与"功能区"中标题栏功能一致,如图 1.2.25 所示。

2. 菜单栏

菜单栏包含了 UG NX 10.0 几乎所有命令,如图 1.2.28 所示。此菜单栏功能对应于用户界面为"功能区"时"边框条"中"菜单(M)"下拉列表所包含的所有命令,图标为  菜单(M)。各菜单详细介绍如下。

文件(F)　编辑(E)　视图(V)　插入(S)　格式(R)　工具(T)　装配(A)　信息(I)　分析(L)　首选项(P)　窗口(O)　GC工具箱　帮助(H)

图 1.2.28　菜单栏

①文件。用于新建、打开、保存、导入和导出设计部件等,如图 1.2.17 所示。

②编辑。用于编辑对象、变换、移动对象、显示和隐藏、编辑特征等,如图 1.2.18 所示。

③视图。用于对象显示操作、截面操作和可视化设置等,如图 1.2.19 所示。

④插入。用于所有的设计命令调取,如曲线、曲面和特征设计等,如图 1.2.20 所示。

⑤格式。用于图层、坐标等设置,如图 1.2.21 所示。

⑥装配。用于设计部件装配等,如图 1.2.22 所示。

⑦分析。用于测量距离、角度和实体质量等,如图 1.2.23 所示。

⑧首选项。用于用户界面主题、背景颜色等基础设置,如图 1.2.24 所示。

3. 工具条按钮区

工具条按钮区集合了设计过程中用到的快速选择按钮,用户可以根据具体使用情况定制工具条。上部工具条按钮区如图 1.2.29 所示,下部工具条按钮区如图 1.2.30 所示。

图 1.2.29　上部工具条按钮区

图 1.2.30　下部工具条按钮区

4. 资源工具栏

资源工具栏显示设计过程等相关信息,包括装配导航器、约束导航器、部件导航器、历史记录等功能,常用功能介绍如下。

①装配导航器。用于显示装配的层级关系。

②约束导航器。用于显示装配的约束关系。

③部件导航器。用于显示建模的先后顺序、父子关系及详细命令参数。

④历史记录。用于显示曾经打开过的部件。

5. 绘图区

设计过程中的零件图形、分析结果、模拟仿真过程等都在绘图区显示,如图 1.2.26 所示。

6. 状态栏/提示栏

如图 1.2.27 所示,"经典工具条"工作面底部左侧为提示栏,用于提示用户如何操作下一步;右侧为状态栏,用于显示系统或者图形当前的状态。

1.3　UG NX 10.0 文件操作

UG NX 10.0 文件操作通过"菜单栏"的"文件"菜单实现,主要包括新建文件、打开文件、关闭文件、保存文件、导入文件或部件、导出文件或部件、关闭文件和退出系统。其中"新建文件"的介绍见 1.2 节。

1.3.1　打开文件

"打开文件"操作流程如下。

(1)单击"文件"菜单,在下拉列表中选择"打开"命令,如图 1.3.1 所示。

(2)在弹出的对话框中的"查找范围"下拉列表中选择要打开文件所在的目录,如图 1.3.2 所示。

(3)选择好文件后,单击"OK"按钮,如图 1.3.2 所示。

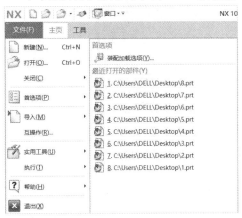

图 1.3.1　"打开"命令调取路径

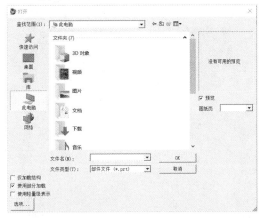

图 1.3.2　点击"OK"按钮

"打开"对话框中的主要选项说明如下。

①预览。勾选后可以在打开前预览所选文件,如图 1.3.3 所示。

②文件名。用于显示所选择的部件文件名称,如图 1.3.3 所示。

③文件类型。用于选择文件的类型,选择某种类型后,在打开对话框的文件列表中仅显示此种类型的文件,有利于文件查找。在 UG NX 10.0 中,系统支持 28 种类型文件的打开,如图 1.3.3 所示。

1.3.2　关闭文件

"关闭文件"操作流程如下。

(1)单击"文件"菜单,在下拉列表中选择"关闭"命令,如图 1.3.4 所示。

(2)在"关闭"下拉列表中选择关闭的方式,系统提供了 8 种关闭方式,常用的有选定

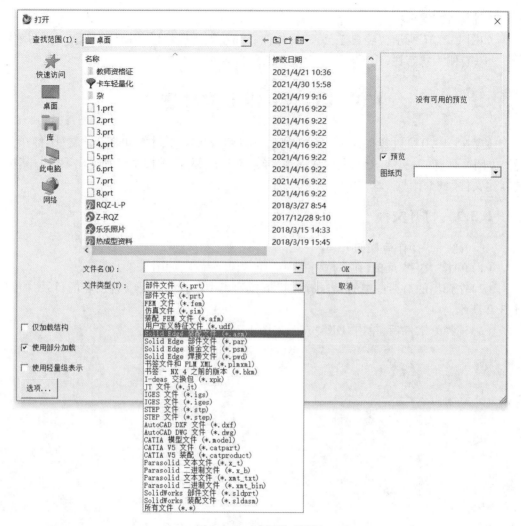

图 1.3.3　"打开"对话框

的部件(P)、所有部件(L)、保存并关闭(S)、另存并关闭(O)、全部保存并关闭(E)和全部保存并退出(X)等,如图 1.3.4 所示。此处选择选定的部件(P),弹出"关闭部件"对话框,如图 1.3.5 所示。

　　(3)在"关闭部件"对话框中点击选择要关闭的文件,如 6. prt、7. prt、8. prt,然后点击"确定"按钮,或者在"部件名"下面的输入栏输入文件名,如 6、7、8,然后点击"确定"按钮,完成关闭操作。

　　对其他选项说明如下。

　　①所有部件。关闭 UG NX 打开的所有部件。

　　②保存并关闭。以当前位置和文件名保存并关闭当前显示的部件。

　　③另存并关闭。以不同位置和不同文件名保存并关闭当前显示的部件。

　　④全部保存并关闭。以当前位置和文件名保存并关闭所有打开的部件。

　　⑤全部保存并退出。以当前位置和文件名保存并退出 UG NX。

图 1.3.4　"关闭"命令调取路径

图 1.3.5　"关闭部件"对话框

1.3.3　保存文件

首先打开一个 UG 文件,保存操作步骤如下。

(1)单击"文件"菜单,在下拉列表中选择"保存"命令,如图 1.3.6 所示。

图 1.3.6　"保存"命令调取路径

(2)在"保存"下拉列表中选择保存的方式,系统提供了 6 种保存方式,常用的有 4 种,即保存、仅保存工作部件、另存为和全部保存。此处选择另存为,弹出"另存为"对话框,如图 1.3.7 所示。在"保存在"区域选择保存位置,在"文件名"区域输入要保存文件的名称,在"保存类型"区域选择要保存的文件格式,点击"OK"按钮,完成保存。几种保存方式介绍如下。

①保存。以当前位置和文件名保存当前显示的部件。

②仅保存工作部件。以当前位置和文件名保存工作部件。

③另存为。以不同位置和不同文件名保存当前显示的部件。

④全部保存。以当前位置和文件名保存所有打开的部件。

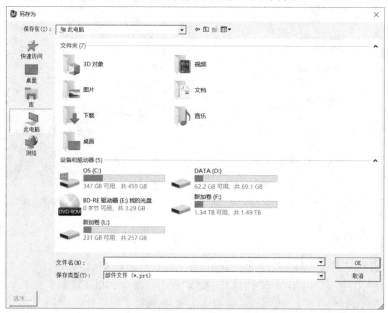

图 1.3.7　"另存为"对话框

1.3.4　导入文件

首先新建一个 UG 模型文件,"导入文件"操作步骤如下。

(1)单击"文件"菜单,在下拉列表中选择"导入"命令,如图 1.3.8 所示。

(2)在"导入"下拉列表中选择导入的文件格式,系统提供了 18 种文件类型,常用的几种包括部件、IGES、STEP214、CATIA V5 和 Pro/E 等。此处选择部件,弹出"导入部件"对话框,如图 1.3.9 所示。几个参数设置如下。

①比例。可以设置导入比例,使导入模型放大或者缩小,系统默认为 1∶1 导入。

②图层。勾选"工作的",则部件导入后位于 UG 当前工作图层;勾选"原始的",则部件导入后仍然位于部件原始工作图层,图层相关内容在 1.5.1 节中有详细介绍。

③目标坐标系。部件导入时参照的坐标系统。

(3)"导入部件"对话框按照系统默认点击"确定"按钮后,弹出"选择文件"对话框,如图 1.3.10 所示,按照前面介绍的选择文件的方法,选择要导入的文件后点击"OK"按钮,弹出"坐标原点选择"对话框,如图 1.3.11 所示,此处按照系统默认点击"确定"按钮,完成导入部件操作。坐标系相关知识在 1.4.1 节中详细介绍。

图 1.3.8 "导入"命令调取路径　　　　图 1.3.9 "导入部件"对话框

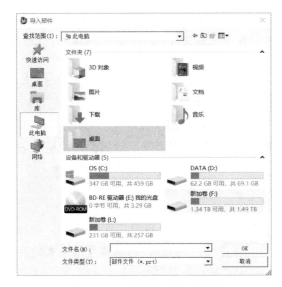

图 1.3.10 "选择文件"对话框　　　　图 1.3.11 "坐标原点选择"对话框

导入文件类型说明如下。

①部件。将部件文件或者装配文件导入到工作部件。

②Parasolid。将实体和片体从 Parasolid 文本文件导入到工作部件。

③CGM。将 CGM 文件导入到工作部件。

④批注文件。将使用 UGRemarX 应用模块创建的批注文件导入到工作部件。

⑤VRML。将 VRML 模型作为未参数化特征导入到工作部件。

⑥AutoCAD DXF/DWG。将 DXF 或 DWG 文件导入到工作部件或者新部件。

⑦文件中的点。从 ASCII 文件导入点。

⑧STL。将 STL(立体制版)文件导入到工作部件。

⑨细分几何体。将细分体从 OBJ(wavefront)文本文件导入到工作部件。

⑩IGES。将 IGES 文件导入到工作部件或者新部件。

⑪STEP203。将 STEP203 文件导入到工作部件或者新部件。

⑫STEP214。将 STEP214 文件导入到工作部件或者新部件。

⑬Imageware。将一个 Imageware 文件导入到当前部件(不包含关联)。

⑭Steinbichler。导入 Steinbichler 白光扫描文件(包含自由曲面多边形数据)到工作部件。

⑮CATIA V4。将 CATIA V4 模型或导出文件导入到工作部件。

⑯CATIA V5。将 CATIA V5 模型或导出文件导入到工作部件。

⑰Pro/E。将 Pro/Engineer 实体模型导入到工作部件。

⑱仿真。导入为外部求解器创建的输入文件,并生成新的 FEM 与 SIM。

1.3.5 导出文件

首先打开一个 UG 模型文件,导出操作步骤如下。

(1)单击"文件"菜单,在下拉列表中选择"导出"命令,如图 1.3.12、图 1.3.13 所示。

(2)在"导出"下拉列表中选择导出的文件格式,系统提供了 23 种文件类型,常用的几种包括部件、IGES、STEP214 和 CATIA V5 等。此处选择部件,弹出"导出部件"对话框,如图 1.3.14 所示,几个参数设置如下。

①部件规格。勾选"新的",以不同位置和不同文件名的方式导出新的独立部件。勾选"现有的"将部件导出到 UG NX 已经打开的其他部件中去。

②指定部件。部件规格选择"新的"前提下,"指定部件"用于确定导出部件的存放位置和部件名称;部件规格选择"现有的"前提下,"指定部件"用于确定导出部件将被导入到 UG NX 中的哪个部件中去。

③类选择。用于选择要导出图形,比如点、线、面和实体等。

④图纸选择。用于选择要导出图纸。

(3)"导出部件"对话框"部件规格"一栏选择"新的",点击"指定部件"栏弹出"选择文件"对话框,如图 1.3.15 所示,按照前面介绍的选择文件的方法,选择要导出的文件存放位置并在"文件名"一栏输入导出文件的名称。"文件类型"一栏选择"部件文件(*.prt)"后点击"OK"按钮,返回到"导出部件"对话框。

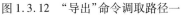

图 1.3.12 "导出"命令调取路径一

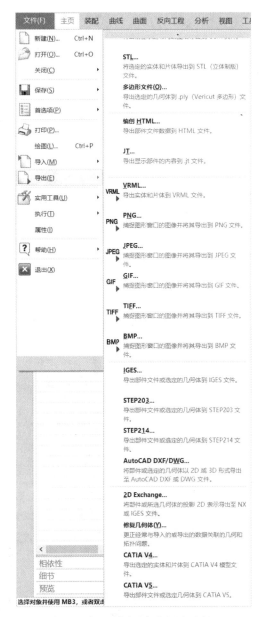

图 1.3.13 "导出"命令调取路径二

(4) 在"导出部件"对话框中点击"类选择",弹出"类选择"对话框,如图 1.3.16 所示,通过此对话框选取要导出部件,点击"选择对象" ⊕ 图标后,用鼠标点取要导出的部件就可以完成选择。被选中的部件会红色高亮显示,如图 1.3.17 所示,然后点击"确定"图标,返回到"导出部件"对话框,再次点击"确定"图标,完成导出工作。

图 1.3.16"类选择"对话框中"全选"和"反选"说明如下。

①全选。点击此按钮 ⊞,将会把屏幕中显示的所有部件全部选中。

图 1.3.14 "导出部件"对话框

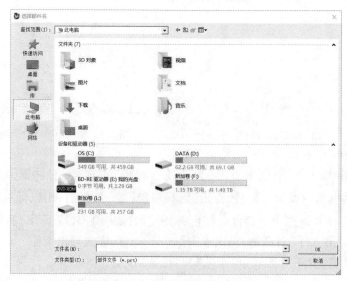

图 1.3.15 "选择文件"对话框

②反选。点击此按钮 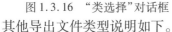 ,将会把鼠标选取部件以外的所有部件全部选中。

图 1.3.16 "类选择"对话框

图 1.3.17 部件显示

其他导出文件类型说明如下。

①部件。将选定的对象写入到新的或现有的部件文件。

②Parasolid。将实体和片体导出到 Parasolid 文本文件。

③用户定义特征。使用工作部件中的几何体导出用户定义特征定义部件。

④PDF。将当前显示的布局或图纸导出到 PDF 文件。

⑤CGM。将当前显示的布局或图纸导出到 CGM 文件。

⑥STL。将选定的实体和片体导出到 STL(立体制版)文件。

⑦多边形文件。导出选定的几何体到.ply(Vericut 多边形)文件。

⑧编创 HTML。导出部件文件数据到 HTML 文件。

⑨JT。导出显示部件的内容到.jt 文件。

⑩VRML。导出实体和片体到 VRML 文件。

⑪PNG。捕捉图像窗口的图形并将其导出到 PNG 文件。

⑫JPEG。捕捉图像窗口的图形并将其导出到 JPEG 文件。

⑬GIF。捕捉图像窗口的图形并将其导出到 GIF 文件。

⑭TIFF。捕捉图像窗口的图形并将其导出到 TIFF 文件。

⑮BMP。捕捉图像窗口的图形并将其导出到 BMP 文件。

⑯IGES。导出部件文件或选定的几何体到 IGES 文件。

⑰STEP203。导出部件文件或选定的几何体到 STEP203 文件。

⑱STEP214。导出部件文件或选定的几何体到 STEP214 文件。

⑲AutoCAD DXF/DWG。将部件以 2D 或 3D 的形式导出至 AutoCAD、DXF 或 DWG 文件。

⑳2D Exchange。将部件或所选几何体的投影以 2D 形式导出至 NX 或 IGES 文件。

㉑修复几何体。更正经常与导入或导出的数据关联的几何和拓扑问题。

㉒CATIA V4。导出选定的实体和片体到 CATIA V4 模型文件。

㉓CATIA V5。导出选定的实体和片体到 CATIA V5 模型文件。

1.3.6 退出系统

首先打开一个 UG 模型文件,"退出系统"操作步骤如下。

(1)单击"文件"菜单,在下拉列表中选择"退出"命令,如图 1.3.18 所示。

图 1.3.18 "退出"命令

(2)在弹出的"退出"对话框中选择一项完成操作,如图 1.3.19 所示。

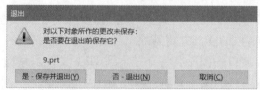

图 1.3.19 "退出"对话框

图 1.3.19 的三个选项说明如下。

①是-保存并退出。将上次保存前的所有更改进行保存并退出 UG NX 界面。

②否－退出。对上次保存前的所有更改不进行保存直接退出 UG NX 界面。

③取消。点击"取消",则命令取消,不退出 UG NX 界面。

1.4 UG NX 10.0基准特征

UG NX 用户创建特征时,会用到很多基准,比如创建圆时需要确定圆心的位置,确定圆心所在位置的参考点便是创建圆的基准点;创建圆柱体时,需要确定圆柱体高度方向,则确定圆柱体轴线所在位置的直线便是创建圆柱体的基准线,同时确定圆柱体底面所在位置的平面,便是创建圆柱体的基准平面。所以,基准特征是一个相对概念,主要作用就是服务于特征创建、造型设计。

基准特征主要包含基准点、基准轴、基准平面和基准坐标系,本节以"经典工具条"用户界面为例介绍基准特征的创建方法。

1.4.1 基准点

UG NX 10.0 将"基准点"显示为加号"+",基准点都有编号。

创建"基准点"的命令调取路径:"插入"|"基准/点"|"点",如图 1.4.1 所示。弹出"点"对话框,如图 1.4.2 所示。

图 1.4.1 "基准点"命令调取路径 图 1.4.2 "点"对话框

UG NX 10.0 提供 13 种点的创建方法,都体现在"点"对话框"类型"下拉列表中,如图 1.4.3 所示,详细介绍如下。

(1)自动判断的点。系统自动捕捉边的端点或中点、直线的端点或中点、曲线圆弧的控制点等,创建新的点。

(2)光标位置。在光标点取的位置处创建点。

（3）现有点。在现有点所在的位置重新创建新的点。

（4）端点。在直线或边的端点、圆弧或者曲线的端点处创建点。

（5）控制点。在控制点处创建点，比如直线的中点、圆的象限点等。

（6）交点。在两条直线的交点处创建点。

（7）圆弧中心/椭圆中心/球心。在圆弧中心、球心处创建点。

（8）圆弧/椭圆上的角度。在圆或者椭圆上与参考点成设定角度处创建点。

（9）象限点。在圆的四个象限点处创建点。

（10）点在曲线/边上。在边、直线、曲线上的任意位置处创建点。

（11）点在面上。在曲面上的任意位置处创建点。

（12）两点之间。在两点之间的中点处创建点。

（13）样条极点。在样条曲线的控制点处创建点。

本节以案例的方式来说明点的创建方法。

1. 在控制点处创建点

（1）打开文件。光盘：\案例文件\Ch01\ Ch01.04\1. prt。

（2）调取创建点命令："插入"|"基准/点"|"点"，弹出"点"对话框。

（3）在"点"对话框"类型"下拉列表选择控制点。

（4）通过鼠标左键拾取打开文件曲线中部位置，如图 1.4.4（a）所示。

（5）点击"确定"按钮，在圆弧的中点位置处生成点，如图 1.4.4（b）所示。

说明：对于圆弧来说，控制点为两个端点和中点，鼠标在拾取圆弧上的点时，系统默认会在距鼠标拾取位置最近的控制点处创建新的点。

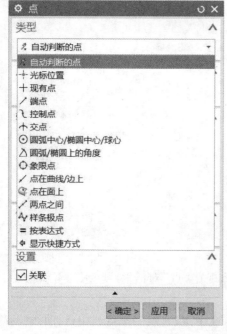

图 1.4.3 "类型"下拉列表

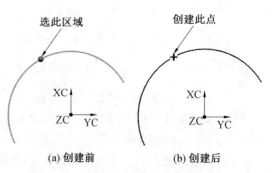

(a) 创建前   (b) 创建后

图 1.4.4 通过控制点创建点

2. 在象限点处创建点

(1)打开文件。光盘:\案例文件\Ch01\ Ch01.04\2.prt。

(2)调取创建点命令:"插入"|"基准/点"|"点",弹出"点"对话框。

(3)在"点"对话框"类型"下拉列表选择象限点。

(4)通过鼠标左键拾取打开文件圆右上部位置,如图1.4.5(a)所示。

(5)点击"确定"按钮,在圆的第一象限处生成点,如图1.4.5(b)所示。

说明:对于圆来说,象限点为四个点,鼠标在拾取圆上的点时,系统默认会在距鼠标拾取位置最近的象限点处创建新的点。

3. 在曲面上任意位置处创建点

(1)打开文件。光盘:\案例文件\Ch01\ Ch01.04\3.prt。

(2)调取创建点命令:"插入"|"基准/点"|"点",弹出"点"对话框。

(3)在"点"对话框"类型"下拉列表选择点在面上。

(4)通过鼠标左键拾取曲面上部位置某一点处,如图1.4.6(a)所示。

(5)点击"确定"按钮,在鼠标拾取处生成点,如图1.4.6(b)所示。

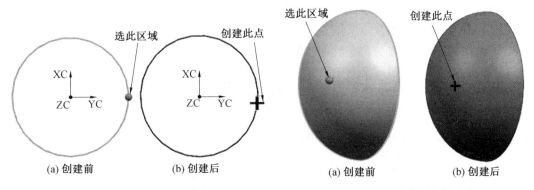

图1.4.5 通过象限点创建点　　图1.4.6 在曲面上创建点

1.4.2 基准轴

创建基准轴的命令调取路径:"插入"|"基准/点"|"基准轴",如图1.4.7所示。弹出"基准轴"对话框,如图1.4.8所示。

UG NX 10.0提供9种基准轴的创建方法,都体现在"基准轴"对话框"类型"下拉列表中,如图1.4.9所示,详细介绍如下。

(1)自动判断。系统根据选取对象自动判断并创建基准轴,如选择圆柱面,会在圆柱的轴线位置处创建基准轴;如选择两相交平面,会在相交线处创建基准轴。

(2)交点。在两个相交平面的交线处创建基准轴。

(3)曲线/面轴。创建圆柱面的轴线或者沿着某个边线的轴线。

(4)曲线上矢量。通过曲线上一点创建基准轴,新创建基准轴与曲线的位置关系为相切、法向、副法向、垂直和平行。

图1.4.7 "基准轴"命令调取路径　　　　　图1.4.8 "基准轴"对话框

（5）XC 轴。沿 XC 轴方向创建基准轴。

（6）YC 轴。沿 YC 轴方向创建基准轴。

（7）ZC 轴。沿 ZC 轴方向创建基准轴。

（8）点和方向。通过定义一个点和一个矢量方向创建基准轴。

（9）两点。通过两个点来创建基准轴，轴所在的位置在两点的连线上，轴线的方向从第一个点指向第二个点。

本节以案例的方式来说明基准轴的创建方法。

1. 通过"交点"创建基准轴

（1）打开文件。光盘：\案例文件\Ch01\ Ch01.04\4. prt。

（2）调取"基准轴"命令："插入"|"基准/点"|"基准轴"，弹出"基准轴"对话框。

（3）在"基准轴"对话框"类型"下拉列表选择交点。

（4）通过鼠标左键依次拾取曲面一和曲面二，如图1.4.10（a）所示。

（5）点击"确定"按钮，生成基准轴，如图1.4.10（b）所示。

图1.4.9 "类型"下拉列表

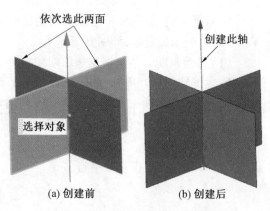

（a）创建前　　　　　（b）创建后

图1.4.10 通过交点创建基准轴

2. 通过"曲线上矢量"创建基准轴

（1）打开文件。光盘：\案例文件\Ch01\ Ch01.04\5. prt。

（2）调取"基准轴"命令："插入"|"基准/点"|"基准轴"，弹出"基准轴"对话框。

（3）在"类型"下拉列表选择曲线上矢量。

（4）在"基准轴"对话框"曲线"区域选择曲线，通过鼠标拾取曲线上一点。

（5）在"曲线上的方位"区域"方位"下拉列表选择"相切"，如图1.4.11所示。

（6）点击"确定"按钮，生成基准轴，如图1.4.12所示。创建的基准轴起点便是鼠标拾取的点，基准轴的方向可以通过对话框中"轴方位"区域的"反向"图标进行调整，图标为 ⬚。

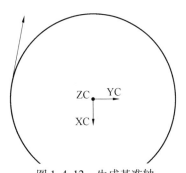

图1.4.11　选择"曲线上矢量"　　　图1.4.12　生成基准轴

1.4.3　基准平面

创建"基准平面"的命令调取路径："插入"|"基准/点"|"基准平面"，如图1.4.13所示。弹出"基准平面"对话框，如图1.4.14所示。

图1.4.13　"基准平面"命令调取路径　　　图1.4.14　"基准平面"对话框

UG NX 10.0 提供 15 种"基准平面"的创建方法,都体现在"基准平面"对话框"类型"下拉列表中,如图 1.4.15 所示,常用的创建方法介绍如下。

(1)自动判断。通过选择的对象系统自动判断约束条件创建基准平面,比如选择两条相交直线,系统会生成一个与相交直线所在平面重合的基准平面。

(2)按某一距离。创建一个与参考平面相距设定值的基准平面。

(3)成一角度。创建一个与参考平面成设定角度值的基准平面。

(4)二等分。创建两平行平面的中间面或两相交平面的角平分面。

(5)曲线和点。通过点、线、面等条件约束创建新的基准平面,共有 6 种生成方式,分别为曲线和点、一点、两点、三点、点和曲线/轴、点和平面/面。

图 1.4.15 "基准平面"创建方法

(6)两直线。通过现有两条直线、两条边或两个基准轴创建基准平面,基准平面和两直线有多种位置关系,如两直线为平行直线,则有 3 种情况。

①两平行直线在基准平面内。

②基准平面包含第一条直线且与第二条直线平行。

③基准平面包含第二条直线且与第一条直线平行。

(7)通过对象。通过选定的直线、平面曲线、边、球面和圆柱面等创建基准平面。如果选定的是直线或边,则生成的基准平面与直线或者边垂直;如果选择的是平面曲线,则平面曲线在生成的基准平面内;如果选择的是圆柱面,则生成的基准平面经过圆柱面轴线;如果选择的是球面,则生成的基准平面经过球心。

(8)点和方向。通过一个点和一个方向来生成基准平面,基准平面经过已知点,且其法线方向即条件给定的方向。

(9)曲线上。创建一个过曲线上的点,且与曲线此点处切线垂直的基准平面。

(10)YC-ZC 平面。创建与工作坐标系(WCS)或绝对坐标系(ACS)YC-ZC 平面重合或者平行的基准平面。

（11）XC-ZC 平面。创建与工作坐标系（WCS）或绝对坐标系（ACS）XC-ZC 平面重合或者平行的基准平面。

（12）XC-YC 平面。创建与工作坐标系（WCS）或绝对坐标系（ACS）XC-YC 平面重合或者平行的基准平面。

（13）视图平面。创建平行于视图平面且经过绝对坐标系（ACS）原点的基准平面。

（14）按系数。创建由方程 $ax+by+cd=d$ 确定的基准平面。

本节以案例的方式来说明基准平面的创建方法。

1. 通过"曲线上"创建基准平面

（1）打开文件。光盘：\案例文件\Ch01\ Ch01.04\6. prt。

（2）调取创建基准平面命令："插入"|"基准/点"|"基准平面"，弹出"基准平面"对话框。

（3）在"基准平面"对话框"类型"下拉列表选择曲线上，如图 1.4.15 所示。

（4）通过鼠标左键选取曲线上一点，如图 1.4.16（a）所示。

（5）点击"确定"按钮，生成基准平面，如图 1.4.16（b）所示，此平面为曲线上此点处的法向平面，即与此点处切线垂直的平面。

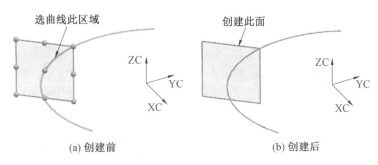

图 1.4.16 "曲线上"创建基准平面

2. 通过"两直线"创建基准平面

（1）打开文件。光盘：\案例文件\Ch01\ Ch01.04\7. prt。

（2）调取创建基准平面命令："插入"|"基准/点"|"基准平面"，弹出"基准平面"对话框。

（3）在"基准平面"对话框"类型"下拉列表选择两直线。

（4）通过鼠标左键选取第一条直线边，然后根据提示接着再选取第二条直线边。

（5）点击"确定"按钮，则生成基准平面。选取两条平行直线，有三组解，可以通过"基准平面"对话框中的"平面方位"区域的"备选解"按钮进行切换，图标为 ⟳，如图 1.4.17所示。

图 1.4.17　多组解之间相互切换　　　　　图 1.4.18　选取两条平行直线

两直线为平行直线,如图 1.4.18 所示,则有 3 种情况。

①两平行直线在基准平面内,如图 1.4.19(a)所示。

②基准平面包含第一条直线且与第二条直线平行,如图 1.4.19(b)所示。

③基准平面包含第二条直线且与第一条直线平行,如图 1.4.19(c)所示。

(a) 结果一　　　　　　　　(b) 结果二　　　　　　　　(c) 结果三

图 1.4.19　选取两条平行直线三组结果

两直线为相交直线,如图 1.4.20 所示,则有 3 种情况。

①两相交直线在基准平面内,如图 1.4.21(a)所示。

②基准平面包含第一条直线且与第二条直线相交,如图 1.4.21(b)所示。

③基准平面包含第二条直线且与第一条直线相交,如图 1.4.21(c)所示。

选此两直线边

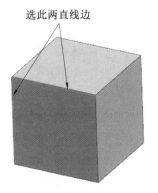

图 1.4.20　选取两条相交直线

(a) 结果一

(b) 结果二

(c) 结果三

图 1.4.21　选取两条相交直线三组结果

两直线为不在同一平面内直线,如图 1.4.22 所示,则有 2 种情况。

①基准平面包含第一条直线且与第二条直线平行,如图 1.4.23(a)所示。

②基准平面包含第二条直线且与第一条直线平行,如图 1.4.23(b)所示。

选此两直线边

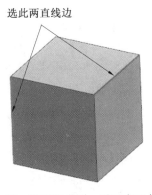

(a) 结果一

(b) 结果二

图 1.4.22　选取不在同一平面内两条直线　　　图 1.4.23　选取两条不在同一平面内直线两组结果

3. 通过"通过对象"创建基准平面

(1)选取对象为直线或曲线。

①打开文件。光盘:\案例文件\Ch01\ Ch01.04\8. prt。

②调取"基准平面"命令:"插入"|"基准/点"|"基准平面",弹出"基准平面"对话框。

③在"基准平面"对话框"类型"下拉列表选择通过对象。

④通过鼠标左键选取曲线上一点,如图 1.4.24(a)所示。

⑤点击"应用"按钮,生成基准平面,如图 1.4.24(b)所示。

⑥再通过鼠标左键选取曲线上一点,如图 1.4.24(a)所示。

⑦点击"确定"按钮,生成基准平面,如图 1.4.24(c)所示。

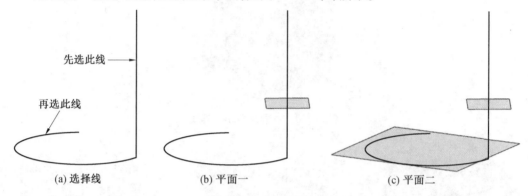

(a) 选择线   (b) 平面一   (c) 平面二

图 1.4.24 "通过对象"创建基准平面(直线或曲线)

(2)选取对象为平面或曲面。

①打开文件。光盘:\案例文件\Ch01\ Ch01.04\9. prt。

②调取"基准平面"命令:"插入"|"基准/点"|"基准平面",弹出"基准平面"对话框。

③在"基准平面"对话框"类型"下拉列表选择"通过对象"。

④通过鼠标左键选取圆柱体上表面,如图 1.4.25(a)所示。

⑤点击"应用"按钮,生成基准平面,如图 1.4.25(a)所示。

⑥重复④,鼠标左键选取圆柱体侧面,如图 1.4.25(b)所示。

⑦点击"确定"按钮,生成基准平面,如图 1.4.25(c)所示。

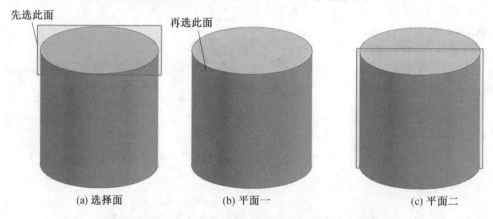

(a) 选择面   (b) 平面一   (c) 平面二

图 1.4.25 "通过对象"创建基准平面(平面或曲面)

1.4.4 基准坐标系

创建基准 CSYS 的命令调取路径:"插入"|"基准/点"|"基准 CSYS",如图 1.4.26 所示。弹出"基准 CSYS"对话框,如图 1.4.27 所示。

图 1.4.26　"基准 CSYS"命令调取路径　　　图 1.4.27　"基准 CSYS"对话框

UG NX 10.0 提供 11 种基准 CSYS 的创建方法,都体现在"基准 CSYS"对话框"类型"下拉列表中,如图 1.4.28 所示,常用的创建方法介绍如下。

(1)动态。可以通过鼠标将 CSYS 移动到任何位置和方向。

(2)自动判断。创建一个与所选择的参考对象相关的 CSYS。

(3)原点,X 点,Y 点。通过三个点来确定 CSYS,选取的第一个点是坐标原点,X 轴是第一个点到第二个点的矢量,Y 轴是第一个点到第三个点的矢量。

(4)X 轴,Y 轴,原点。通过定义的两个矢量和一个点来创建 CSYS,其中选择的第一个矢量是 X 轴,选择的第二个矢量是 Y 轴,选取的点为坐标原点。

(5)Z 轴,X 轴,原点。通过定义的两个矢量和一个点来创建 CSYS,其中选择的第一个矢量是 Z 轴,选择的第二个矢量是 X 轴,选取的点为坐标原点。

(6)Z 轴,Y 轴,原点。通过定义的两个矢量和一个点来创建 CSYS,其中选择的第一个矢量是 Z 轴,选择的第二个矢量是 Y 轴,选取的点为坐标原点。

(7)平面,X 轴,点。通过一个平面、一个矢量和一个点创建 CSYS,其中选取的平面为 Z 轴平面,即与 Z 轴垂直的平面,矢量为 X 轴方向,点为坐标原点。

(8)三平面。通过三个平面创建 CSYS,其中选取的第一个平面的法线为 X 轴,第二个平面的法线为 Y 轴,第三个平面的法线为 Z 轴。原点是三个平面的交点。

(9)绝对 CSYS。创建一个与绝对坐标系重合的 CSYS,绝对坐标系的 X 轴即 CSYS 的 X 轴,绝对坐标系的 Y 轴即 CSYS 的 Y 轴,绝对坐标系的 Z 轴即 CSYS 的 Z 轴,绝对坐标系的原点即 CSYS 的原点。

(10)当前视图的 CSYS。将当前视图的坐标系设置为 CSYS,当前视图的水平方向为 CSYS 的 X 轴方向,当前视图的竖直方向为 CSYS 的 Y 轴方向,当前视图图形屏幕的中间点为坐标原点。

(11)偏置 CSYS。将现有某一基准坐标系通过设置移动的距离增量和旋转的角度增量创建新的 CSYS。其中基准坐标系可以是 WCS、已经存在的 CSYS 或绝对坐标系 ACS。

本节以案例的方式来说明"基准 CSYS"的创建方法。

1. 通过"原点, X 点, Y 点"创建 CSYS

(1)打开文件。光盘:\案例文件\Ch01\ Ch01.04\10. prt。

(2)调取"基准 CSYS"命令:"插入"│"基准/点"│"基准 CSYS",弹出"基准 CSYS"对话框。

(3)在"基准 CSYS"对话框"类型"下拉列表选择"原点, X 点, Y 点"。

(4)通过鼠标左键依次拾取第一点、第二点、第三点,如图 1.4.29(a)所示。

(5)点击"确定"按钮,生成 CSYS,如图 1.4.29(b)所示。

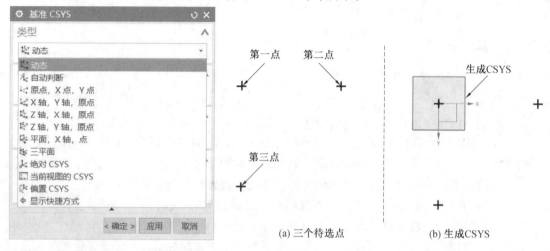

图 1.4.28　"基准 CSYS"的创建方法　　　　图 1.4.29　"原点, X 点, Y 点"创建 CSYS

2. 通过"三平面"创建 CSYS

(1)打开文件。光盘:\案例文件\Ch01\ Ch01.04\11. prt。

(2)调取"基准 CSYS"命令:"插入"│"基准/点"│"基准 CSYS",弹出"基准 CSYS"对话框。

(3)在"基准 CSYS"对话框"类型"下拉列表选择三平面。

(4)通过鼠标左键依次拾取第一平面、第二平面、第三平面,如图 1.4.30(a)所示。

(5)点击"确定"按钮,生成 CSYS,如图 1.4.30(b)所示。

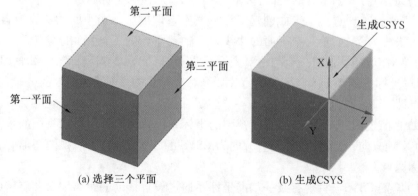

图 1.4.30　三平面创建 CSYS

1.4.5 WCS 坐标操作

UG NX 10.0 中主要有以下 3 种坐标形式。

（1）绝对坐标系（ACS）。系统默认的坐标系，有且仅有一个，其坐标原点位置、XC 轴方向、YC 轴方向和 ZC 轴方向始终不变，UG 中隐藏的、一切设计的绝对坐标原点。

（2）工作坐标系（WCS）。又称为相对坐标系（相对于绝对坐标系 ACS），有且仅有一个，可自行创建、隐藏和移动，即坐标原点位置、XC 轴方向、YC 轴方向和 ZC 轴方向可进行改变，坐标系不可删除，是设计过程的主要参考坐标系。

（3）基准坐标系（CSYS）。又称为参考坐标系，见 1.4.4 节，可以根据需求自行创建，可多个、可删除、可移动，属于设计辅助坐标系。

系统默认工作坐标系和绝对坐标系重合在一起，工作坐标系本身存在，但是在设计过程中，其所在位置及 XC 轴、YC 轴、ZC 轴方向不一定能满足设计需求，所以可进行自行创建。所谓创建，实际上是将原始的工作坐标系进行移动或者旋转，从而生成新的也是唯一的工作坐标系。WCS 坐标操作命令调取路径："格式"|"WCS"，如图 1.4.31 所示。

UG NX 10.0 提供 9 种关于 WCS 坐标操作，如图 1.4.31 所示，常用的操作介绍如下。

（1）动态。按照任意方向移动或者旋转坐标系。

（2）原点。通过改变坐标原点位置重新创建 WCS 坐标系，其中 XC 轴、YC 轴、ZC 轴方向保持不变。

（3）旋转。保持坐标原点位置不变，通过旋转 XC 轴、YC 轴、ZC 轴创建 WCS，共有 6 种旋转方式，且每次旋转角度值也可以设定，如图 1.4.32 所示。

图 1.4.31　"WCS"命令调取路径

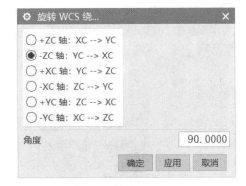

图 1.4.32　"WCS 旋转"对话框

（4）定向。重新定向 WCS 到新的坐标系，其中定义新坐标系的方法见 CSYS 创建方法。

（5）WCS 设置为绝对。将 WCS 移动到绝对坐标系的位置和方向，即坐标原点重合，XC 轴、YC 轴、ZC 轴方向相同。

（6）更改 XC 方向。重新定义 WCS 的 XC 轴方向生成新的 WCS 坐标系。

（7）更改 YC 方向。重新定义 WCS 的 YC 轴方向生成新的 WCS 坐标系。

（8）显示。显示 WCS，也可以通过快捷键"W"来切换 WCS 在屏幕上显示或者隐藏。

（9）保存。在当前 WCS 原点和方位创建坐标对象，实施完此命令后，如果再次对 WCS 进行移动，则移动前保存的坐标对象自动转变为 CSYS。

本节以案例的方式来说明"WCS 坐标"操作。

1. 通过"原点"方式创建 WCS

（1）打开文件。光盘：\案例文件\Ch01\ Ch01.04\12. prt。

（2）调取"WCS 坐标"操作命令："格式"｜"WCS"｜"原点"，弹出"点"对话框，如图 1.4.33 所示。

图 1.4.33 "点"对话框

（3）在"点"对话框"类型"区域下拉列表选择自动判断的点，然后选择正方体的顶点，如图 1.4.34（a）所示。

（4）点击"确定"按钮，生成 WCS 坐标系，如图 1.4.34（b）所示。

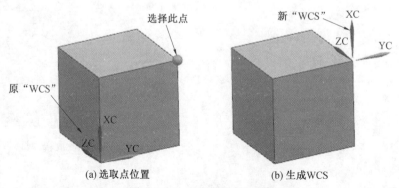

(a) 选取点位置　　　　　　　　(b) 生成WCS

图 1.4.34　通过"原点"创建 WCS

1.5　UG NX 10.0 图层操作

UG NX 10.0 提供了 256 个图层供用户使用。不同的图层可以存放不同的几何体,有利于工程师在设计过程中进行图形管理,提高效率。根据功能,UG NX 10.0 提供的图层可以分为以下四类。

(1)工作图层。用于存放当前正在设计的几何体图形。UG NX 10.0 提供的 256 个图层都可以设置为工作图层,工作图层同时只能有一个存在,不可以多个图层同时是工作图层。设置工作图层后,接下来生成的点、线、面、体等图形都会保存在工作图层中,直到下一次重新设置不同的图层为工作图层为止。

(2)可见图层。图层中存放的图形(点、线、面、体)只用于显示,可以看见,但在设计过程中无法选择,无法编辑。

(3)不可见图层。图层中存放的图形(点、线、面、体)不可见。

(4)可选择图层。图层中存放的图形(点、线、面、体)可见且在设计过程用可以选择,可以编辑。

1.5.1　图层设置

"图层设置"的快捷键为"Ctrl+L",主要用于查找对象、设置工作图层、图层几何体显示和隐藏等,"图层设置"命令调取路径:"格式"|"图层设置",如图 1.5.1 所示。

"图层设置"对话框主要有以下几个选项,如图 1.5.2 所示。

图 1.5.1　"图层设置"命令调取路径　　图 1.5.2　"图层设置"对话框

(1)查找以下对象所在的图层。通过鼠标拾取绘图区几何体,则几何体所在图层会以蓝色填充的形式凸显出来。

(2)工作图层。在"工作图层"栏输入图层数,如100,按"Enter"键,则100层被设置为工作图层。

(3)图层。主要用于图层筛选、图层选择和图层显示等。其中,通过"显示"下拉列表,可以设置图层显示,包括所有图层(256个图层)、含有对象的图层(只显示存放图形的图层)、所有可选图层和所有可见图层,如图1.5.3所示。

也可以通过鼠标右键对图层类别进行设置,鼠标右键选取图层1,图层1蓝色填充高亮显示,同时弹出下拉列表,然后鼠标左键进行选取(工作、可选择、仅可见等),如图1.5.4所示。

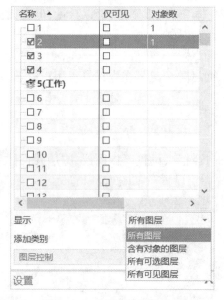

图1.5.3 "显示"下拉列表

图1.5.4 "鼠标右键"设置图层类别

1.5.2 视图中可见图层

通过"视图中可见图层"命令,可以对图层的可见性进行设置,包括"可见"和"不可见"。命令调取路径:"格式"|"视图中可见图层"。

具体操作步骤如下。

(1)调取"视图中可见图层"命令:"格式"|"视图中可见图层",弹出"视图中可见图层"对话框,如图1.5.5所示。

(2)点击"确定"按钮,弹出"视图中可见图层"二级对话框,如图1.5.6所示。

(3)在图层列表中选择目标图层,如图1.5.6中的9被选中,点击"可见"或"不可见"按钮,完成对图层的可见性设置。

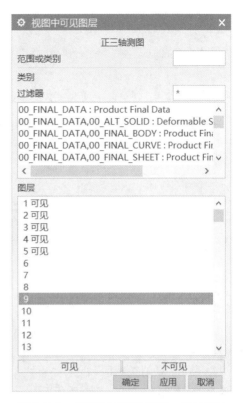

图 1.5.5 "视图中可见图层"对话框　　　　图 1.5.6 "视图中可见图层"二级对话框

1.5.3　移动至图层

通过"移动至图层"命令,可以将存放在不同图层中的几何体进行移动,命令调取路径:"格式"|"移动至图层"。

具体操作步骤如下。

(1)调取"移动至图层"命令:"格式"|"移动至图层",弹出"移动至图层"的一级对话框"类选择"对话框,如图 1.5.7 所示。

(2)通过鼠标左键点击选择想要移动的目标几何体后,点击"确定"按钮,弹出"移动至图层"的二级对话框"图层移动"对话框,如图 1.5.8 所示。

(3)在"目标图层或类别"输入框中输入想要移动到的目标图层,点击"确定"按钮,完成几何体在图层间的移动。

1.5.4　复制至图层

通过"复制至图层"命令,可以将存放在不同图层中的几何体进行复制,命令调取路径:"格式"|"复制至图层"。

图 1.5.7 "类选择"对话框(移动至图层)　　　　图 1.5.8 "图层移动"对话框

具体操作步骤如下。

(1)调取"复制至图层"命令:"格式"|"复制至图层",弹出"复制至图层"的一级对话框"类选择"对话框,如图 1.5.9 所示。

(2)通过鼠标左键点击选择想要复制的目标几何体后,点击"确定"按钮,弹出"复制至图层"的二级对话框"图层复制"对话框,如图 1.5.10 所示。

图 1.5.9 "类选择"对话框(复制至图层)　　　　图 1.5.10 "图层复制"对话框

(3)在"目标图层或类别"输入框中输入想要复制到的目标图层,点击"确定"按钮,完成几何体在图层间的复制。

1.6 UG NX 10.0 对象显示

1.6.1 对象选择

在 UG NX 10.0 中,几乎每一个命令在执行前,都需要选择执行对象,执行对象即 UG 中生成的点、线、面、实体等。在选择对象时有多种方式,主要有对象、其他选择方法和过滤器。本节以案例方式来介绍。

1."对象选择:对象"案例展示

(1)打开文件。光盘:\案例文件\Ch01\ Ch01.06\1. prt,如图 1.6.1 所示。

(2)任意调取一个命令,便会弹出"对象选择"对话框,即"类选择"对话框,比如调取"对象显示"命令,命令调取路径:"编辑"|"对象显示",弹出"类选择"对话框,如图 1.6.2 所示。通过"类选择"对话框,可以看到,选择方式主要有对象、其他选择方法和过滤器三类。

图 1.6.1 案例文件　　　　图 1.6.2 "类选择"对话框

(3)通过"对象"方式选择。"对象"即直接通过鼠标拾取的方式进行选择,如图 1.6.3所示,可以直接通过鼠标左键拾取案例文件中的任一个、多个或者全部,被拾取的对象即被选中,也可以通过"框选"方式,即按住鼠标左键拖动一个矩形区域,在矩形区域内的所有对象都将被选中。直接点击"全选"图标 ,则绘图区域的所有显示对象都被选中。鼠标左键先任意拾取一个文件,比如图 1.6.1 案例文件中左侧的齿轮,然后点击"反选"图标 ,则除鼠标拾取对象以外的所有对象都被选中,在此案例文件中,即右侧齿轮被选中。

2."对象选择:其他选择方法"案例展示

(1)打开文件。光盘:\案例文件\Ch01\ Ch01.06\1.prt,如图1.6.1所示。

(2)调取"对象显示"命令:"编辑"|"对象显示",弹出"类选择"对话框,如图1.6.2所示。

(3)通过"其他选择方法"选择,"其他选择方法"即零件名称等方式搜索式选择,如图1.6.4所示,在"根据名称选择"输入框,输入零件名称,点击"确定"按钮,则实体便被选中。

图1.6.3 "类选择"对话框"对象"　　　　图1.6.4 "类选择"对话框"其他选择方法"

3."对象选择:过滤器"案例展示

(1)打开文件。光盘:\案例文件\Ch01\ Ch01.06\1.prt,如图1.6.1所示。

(2)调取"对象显示"命令:"编辑"|"对象显示",弹出"类选择"对话框,如图1.6.2所示。

(3)通过"过滤器:类型"选择。过滤器主要包括类型、图层、颜色和属性等,其中最常用的为类型、图层和颜色,如图1.6.5所示。选择类型过滤器,点击"类型过滤器"图标 。弹出"按类型选择"对话框,如图1.6.6所示。

图1.6.5 "类选择"对话框"过滤器"　　　　图1.6.6 "按类型选择"对话框

"按类型选择"对话框中共列出7种选择对象,有CSCY、基准、实体、小平面体、曲线、点和草图。此处选择实体,如图1.6.6所示,点击"确定"按钮。返回到"类选择"对话框,如图1.6.2所示。此时,不管是通过鼠标左键点选、框选还是点击全选图标 ,只能将实体对象选中,即点、线、面、片体、坐标等对象通过任何方式都不能被选中。也可以在图1.6.6类型选择对话框中,同时选择2项,比如实体和曲线,则除实体和曲线外,其他类型对象无法被选中。其他几项原理相同,选择后,点击图1.6.2类选择对话框中的"确定"按钮,完成选择。

(4)通过"过滤器:图层"选择,如图1.6.5所示,选择第二个"图层过滤器",点击"图层过滤器"图标 。弹出"根据图层选择"对话框,如图1.6.7所示。在"范围或类别"输入栏中输入图层号,比如10或1~5等,此处输入"1~5",点击"确定"按钮,返回到"类选择"对话框,如图1.6.8所示,点击"全选"图标 ,然后点击"确定"按钮,则1~5层的所有对象被选中。

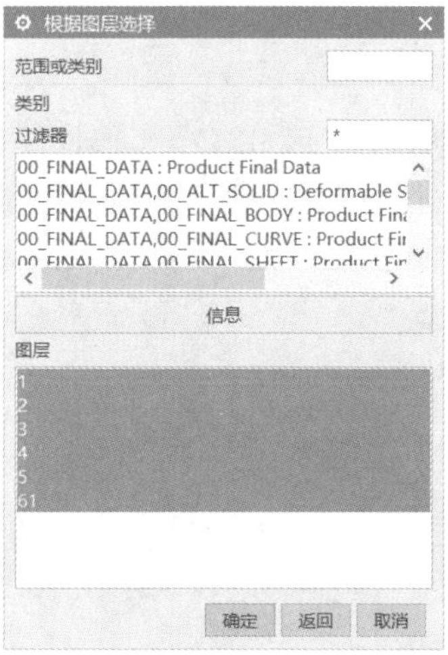

图 1.6.7 “根据图层选择”对话框

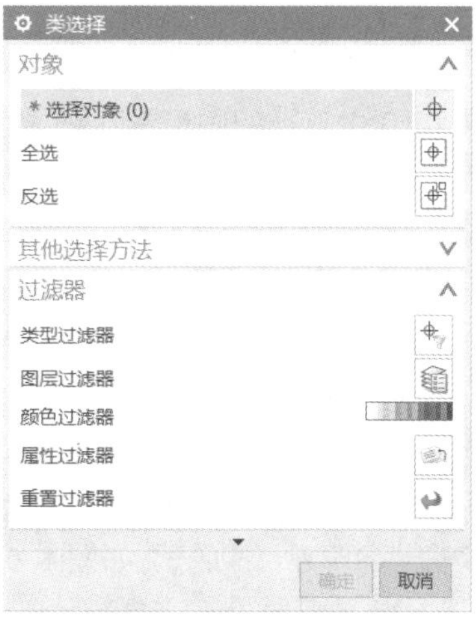

图 1.6.8 “类选择”对话框

(5)通过“过滤器:颜色”选择,如图 1.6.5 所示,此处选择第三个“颜色过滤器”,点击“颜色过滤器”图标,弹出“颜色”对话框,如图 1.6.9 所示。“颜色”对话框下部局部放大图如图 1.6.10 所示,第一个图标为,代表选择所有颜色;第二个图标为,代表取消选择所有颜色;第三个图标,代表从某个对象继承颜色。此处选择第三个图标,点击完第三个图标后,鼠标左键在绘图区图形对象上选择想要选定的颜色,鼠标拾取后,系统会自动识别出选取颜色的编号,并在 ID 输入栏显示,如图 1.6.10 所示,216 即颜色编号。然后点击“确定”按钮,对话框返回到“类选择”对话框,如图 1.6.8 所示,点击“类选择”对话框中的“全选”图标,然后点击“类选择”对话框中的“确定”按钮,则所有绘图区中与鼠标拾取颜色相同的对象都被选中。

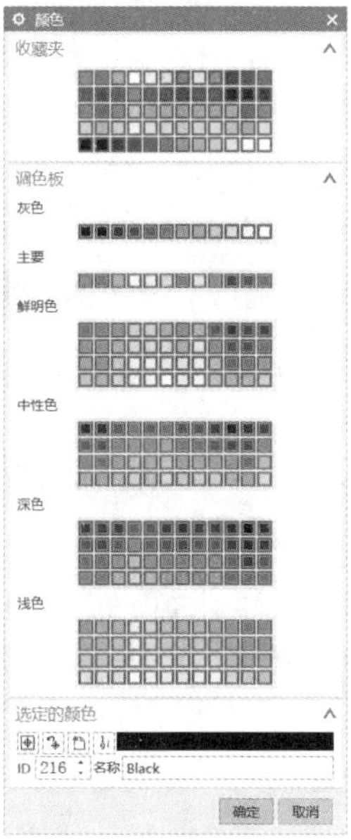

图 1.6.9 “颜色”对话框

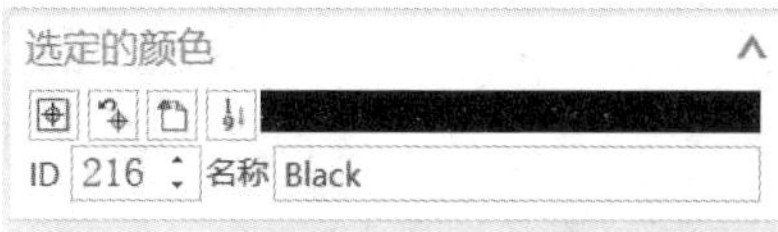

图 1.6.10 颜色对话框局部放大图

1.6.2　对象显示

UG NX 10.0 中设计的图形都在绘图区显示,为了便于区分各个零部件,不同零部件的显示属性都可以设置成不同,进而快速加以区分,比如颜色、线条等。设置零部件显示属性通过"对象显示"命令进行设置,建模环境下命令调取路径:"编辑"|"对象显示"。

"对象显示"案例展示如下。

(1)打开文件。光盘:\案例文件\Ch01\ Ch01.06\2. prt。

(2)调取"对象显示"命令:"编辑"|"对象显示",弹出"类选择"对话框,如图1.6.11所示。

(3)选择对象,如图 1.6.11 所示,鼠标左键拾取案例文件齿轮实体,点击"确定"按钮,弹出"编辑对象显示"对话框,如图 1.6.12 所示。

图 1.6.11　"类选择"对话框　　　　图 1.6.12　"编辑对象显示"对话框

(4)改变对象存放图层。"编辑对象显示"对话框"图层"输入栏,目前显示数字为1,表示所选对象存放在 1 层中,可以重新输入 2～256 中任意一个图层,进行存放图层更改。此处输入数字 10。

(5)改变对象颜色。点击"编辑对象显示"对话框"颜色"选取栏图标▉▉▉▉,弹出"颜色"对话框,如图 1.6.13 所示,可以通过鼠标左键拾取任意颜色,然后点击"确定"按钮,改变选择对象的颜色。

(6)改变对象显示线型。"编辑对象显示"对话框"线型"下拉列表,系统提供了 7 种线型,如图 1.6.14 所示,可以选择任一种。

将实体对象线型选择第一种(直线类型),点击"确定"按钮,齿轮显示结果如图1.6.15所示;将实体对象线型选择第五种(虚线类型),点击"确定"按钮,齿轮显示结果如图1.6.16所示。选择的线型不同,对象显示效果不同。

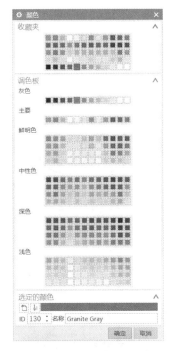

图 1.6.13 "颜色"对话框   图 1.6.14 线型更改

图 1.6.15 第一种实线结果   图 1.6.16 第五种虚线结果

(7)改变线宽。"编辑对象显示"对话框"线宽"下拉列表,系统提供了 9 种线宽,如图 1.6.17 所示。可以选择任一种,设置线宽 0.13 mm 显示结果如图 1.6.18 所示;设置线宽 1.0 mm 显示结果如图 1.6.19 所示。选择的线宽不同,对象显示效果不同。

无更改
—— 0.13 mm
—— 0.18 mm
—— 0.25 mm
—— 0.35 mm
—— 0.50 mm
—— 0.70 mm
—— 1.00 mm
—— 1.40 mm
—— 2.00 mm

图 1.6.17 线宽   图 1.6.18 线宽 0.13 mm   图 1.6.19 线宽 1.0 mm

　　(8)改变透明度。"编辑对象显示"对话框"透明度"拉动条,可以通过鼠标左键拖动左右移动,进而改变对象透明度,透明度值设置为50和100的显示效果如图1.6.20和图1.6.21所示。

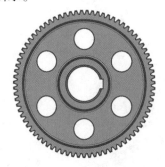

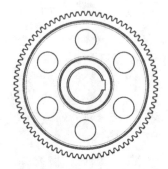

图1.6.20　透明度值50　　　　　　　　　　图1.6.21　透明度值100

　　(9)将对象颜色设置得与另一对象颜色相同,点击"编辑对象显示"对话框"继承"按钮,如图1.6.22所示,弹出"继承"对话框,如图1.6.23所示。鼠标左键选取要继承的对象,点击"确定"按钮,返回到"编辑对象显示"对话框,如图1.6.12所示,再次点击"确定"按钮,则将对象颜色设置得与目标对象颜色相同。

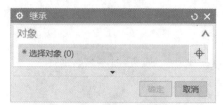

图1.6.22　"对象选择"对话框"继承"　　　　　图1.6.23　"继承"对话框

1.6.3　显示与隐藏

　　UG NX 10.0中生成的对象包括点、线、面、体、坐标等,在绘图区可以设置为可见,即显示在绘图区,可以看到。也可以设置为不可见,即在绘图区不显示,将其隐藏,看不到。"显示"与"隐藏"设置的目的是方便设计过程中的图形管理,比如修改大型复杂装备上的一个小部件,可以将大型复杂装备设置为隐藏,小部件设置为显示,即只显示小部件,便于操作,需要看整体效果的时候,再将大型复杂装备设置为显示。

　　主要功能包括隐藏、立即隐藏、显示、翻转显示和隐藏以及全部显示等。

　　1."隐藏"案例展示

　　(1)打开文件。光盘:\案例文件\Ch01\Ch01.06\3.prt,如图1.6.24所示。

　　(2)调取"隐藏"命令:"编辑"|"隐藏和显示"|"隐藏",弹出"类选择"对话框,如图1.6.25所示。

　　(3)选择要隐藏的对象,如图1.6.25所示,在"类选择"对话框中"选择对象",鼠标左键选择最右边齿轮,点击"确定"按钮,完成隐藏,如图1.6.26所示。重复上述步骤,将剩余两个齿轮中右侧齿轮再次隐藏,结果如图1.6.27所示。

图 1.6.24　案例文件　　　　　　　　图 1.6.25　"类选择"对话框

图 1.6.26　隐藏一个齿轮结果　　　　图 1.6.27　隐藏两个齿轮结果

2."立即隐藏"案例展示

（1）打开文件。光盘:\案例文件\Ch01\ Ch01.06\2.prt,如图 1.6.24 所示。

（2）调取"立即隐藏"命令:"编辑"|"隐藏和显示"|"立即隐藏",弹出"立即隐藏"对话框,如图 1.6.28 所示。

（3）选择要隐藏的对象,如图 1.6.28 所示,在"立即隐藏"对话框中"选择对象",鼠标左键依次从右到左选择齿轮,不需要其他任何操作,鼠标点击后,即可隐藏,连续点击两个齿轮后,结果如图 1.6.29 所示。

图 1.6.28　"立即隐藏"对话框　　　　图 1.6.29　隐藏结果

3."显示"案例展示

（1）打开文件。光盘:\案例文件\Ch01\ Ch01.06\3.prt,如图 1.6.30 所示,实际上为三个齿轮,隐藏右边的两个齿轮,所以显示最左边的一个齿轮。

（2）调取"显示"命令:"编辑"|"隐藏和显示"|"显示",弹出"类选择"对话框,如图 1.6.31 所示。

图 1.6.30   案例展示   图 1.6.31   "类选择"对话框

（3）弹出"类选择"对话框的同时，UG 绘图区界面跳转到隐藏文件一侧，可以理解成 UG 中存在两个界面，一个界面为显示部件存在的界面，一个界面为隐藏部件存在的界面，两个界面之间可以相互切换，当调取"显示"功能时，UG 绘图区从显示界面跳转到隐藏界面一侧，此时隐藏界面的所有对象都可见可选，在这里选择取消隐藏或者要显示的对象。隐藏界面如图 1.6.32 所示，共有两个齿轮被隐藏，选择最右边的齿轮，点击"确定"按钮，完成显示。同时绘图区又跳回到显示界面，如图 1.6.33 所示。

图 1.6.32   隐藏界面   图 1.6.33   取消隐藏显示后结果

4. "全部显示"案例展示

（1）打开文件。光盘：\案例文件\Ch01\ Ch01.06\3. prt，如图 1.6.34 所示，实际上为三个齿轮，隐藏右边的两个齿轮，所以显示最左边的一个齿轮。

（2）调取"全部显示"命令："编辑"|"隐藏和显示"|"全部显示"，则所有被隐藏的对象全部直接显示出来，如图 1.6.35 所示。

图 1.6.34   案例文件   图 1.6.35   全部显示结果

5. "翻转显示和隐藏"案例展示

（1）打开文件。光盘:\案例文件\Ch01\ Ch01.06\3. prt,如图 1.6.36 所示,实际上为三个齿轮,隐藏右边的两个齿轮,所以显示最左边的一个齿轮。

（2）调取"翻转显示和隐藏"命令:"编辑"|"隐藏和显示"|"翻转显示和隐藏",则显示界面和隐藏界面互换,即被隐藏掉的两个齿轮变成可见,以前可见的一个齿轮被隐藏,如图 1.6.37 所示。

图 1.6.36　案例文件　　　　　　图 1.6.37　反转显示和隐藏结果

1.7　UG NX 10.0 显示操作

1.7.1　适合窗口

UG NX 10.0 中,打开已经设计好的或者设计了一部分的三维图,有时会出现以下几种情况。

（1）由于设计时坐标系不同,打开三维图时,没有显示在绘图区可见窗口范围,即在窗口可见区域外。

（2）三维图纸可以通过转动鼠标中键移动位置,移动到绘图区窗口可见区域外。

（3）三维图纸可以通过转动鼠标中键放大缩小,缩小到不可见。

（4）有时图纸显示不全,转动图纸时,有的部分总是显示不出来。

针对以上几种情况,可以通过"适合窗口"命令解决。适合窗口"案例展示如下。

（1）打开文件。光盘:\案例文件\Ch01\ Ch01.07\1. prt,如图 1.7.1 所示。

（2）调取"适合窗口"命令:"视图"|"操作"|"适合窗口",图标为 适合窗口(F) ,点击"适合窗口"命令后,图纸自动切换成清晰显示状态,如图 1.7.2 所示。

1.7.2　平移

"平移"即保证绘图区显示对象不转动而平行移动。

命令调取路径:"视图"|"操作"|"平移",图标为 平移(P),命令调取后,鼠标光标变成一只手的形状,此时按住鼠标左键来回拖动鼠标移动,则绘图区的显示对象也会跟着鼠标来回平动。

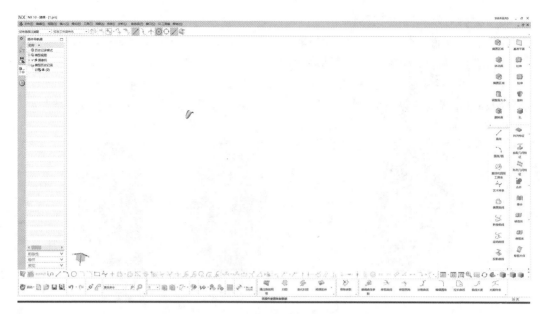

图 1.7.1 案例文件显示结果

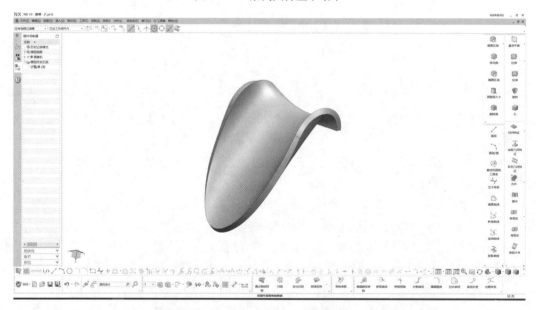

图 1.7.2 "适合窗口"后显示结果

1.7.3 旋转

"旋转"即保证绘图区显示对象大小不动而发生转动。

命令调取路径:"视图"|"操作"|"旋转",图标为 旋转(R)... ,命令调取后,弹出"旋转"对话框,如图 1.7.3 所示,在"固定轴"区域任选一种旋转轴,按住鼠标左键移动鼠标,绘图区的显示对象便会发生转动。也可以点击"旋转"对话框中"任意旋转轴",弹出"矢量"对话框如图 1.7.4 所示,定义旋转轴。

图 1.7.3 "旋转"对话框 　　　　　　　　　图 1.7.4 "矢量"对话框

也可以直接按住鼠标中键移动鼠标,绘图区的显示对象便会发生转动,滚动鼠标中键,绘图区的显示对象便会放大缩小。

1.7.4 截面

"截面"将设计部件对象从各个方向切开,进而可以看到其内部结构特征。

1."截面:一个平面"案例展示

(1)打开文件。光盘:\案例文件\Ch01\ Ch01.07\2.prt,如图 1.7.5 所示。

(2)调取"截面"命令:"视图"|"截面"|"新建截面",图标为 ，弹出"视图截面"对话框,如图 1.7.6 所示。

(3)定义截面类型。如图 1.7.6 所示,在"视图截面"对话框"类型"下拉列表中,系统提供了 3 种截面类型,分别为一个平面、两个平行平面和方块。此处选择一个平面,即只有一个平面用来剖切部件对象。

(4)定义截面名称。如图 1.7.6 所示,在"视图截面"对话框"截面名"输入框可以输入截面名称,此处默认截面名称"截面 2"。

(5)指定分割面。如图 1.7.6 所示,在"剖切平面"区域"方向"下拉列表中,系统提供了 3 种坐标系平面供选择,分别为绝对坐标系、WCS 和屏幕。正常情况下如果没有移动过 WCS 坐标系,绝对坐标系和 WCS 坐标系重合在一起。此处选择绝对坐标系。

(6)指定坐标分割面。如图 1.7.6 所示,在"剖切平面"区域"YC-ZC 平面""XC-ZC平面""XC-YC 平面",图标为 ，选择其中之一,定义为剖切平面。

(7)指定坐标分割面。也可以通过定义一个平面的方法生成剖切平面。如图 1.7.6 所示,在"剖切平面"区域"指定平面"下拉列表中,系统提供了 14 种定义平面的方法,任选其一定义剖切面。

(8)调整剖切方向。如图 1.7.6 所示,点击"剖切平面"区域"反向"图标,图标为 ，可将定义的好的剖切方向调整成相反方向。

（9）切换剖切平面。如图1.7.6所示，点击"剖切平面"区域"备选平面"图标，图标为 ，可在三个平面之间切换（YC-ZC平面、XC-ZC平面、XC-YC平面）。

图1.7.5 案例文件   图1.7.6 "视图截面"对话框

（10）定义剖切坐标系位置。通过鼠标拖动剖切坐标系坐标轴三个方向的箭头，可以在坐标轴方向移动剖切坐标系，通过鼠标拖动剖切坐标系坐标原点，可以整体移动剖切坐标系位置，同时坐标系旁边的坐标显示栏时刻更新此时坐标原点的坐标值，如图1.7.7所示。

（11）定义剖切面位置。通过鼠标拖动剖切坐标系与剖切面垂直的坐标轴箭头，可以移动剖切面的位置，也可以通过鼠标拖动图1.7.6中"偏置"拖动条，来调整剖切面位置，如图1.7.8所示。

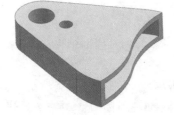

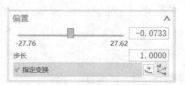

图1.7.7 剖切坐标面移动   图1.7.8 剖切坐标面偏置条

（12）定义剖切面为YC-ZC平面，剖切结果如图1.7.9所示；点击"反向"图标 ⚔ ，反向剖切结果如图1.7.10所示。

图 1.7.9　剖切面 YC-ZC 平面结果　　　　图 1.7.10　反向剖切面 YC-ZC 平面结果

（13）定义剖切面为 XC-ZC 平面,剖切结果如图 1.7.11 所示;点击"反向"图标⊠,反向剖切结果如图 1.7.12 所示。

图 1.7.11　剖切面 XC-ZC 平面结果　　　　图 1.7.12　反向剖切面 XC-ZC 平面结果

（14）定义剖切面为 XC-YC 平面,剖切结果如图 1.7.13 所示;点击"反向"图标⊠,反向剖切结果如图 1.7.14 所示。

图 1.7.13　剖切面 XC-YC 平面结果　　　　图 1.7.14　反向剖切面 XC-YC 平面结果

2."截面:两个平行平面"案例展示

（1）打开文件。光盘:\案例文件\Ch01\ Ch01.07\2.prt,如图 1.7.5 所示。

（2）调取"截面"命令:"视图"|"截面"|"新建截面",图标为 新建截面①… ,弹出"视图截面"对话框,如图 1.7.6 所示。

（3）定义截面类型。如图 1.7.6 所示,在"视图截面"对话框"类型"下拉列表中系统提供了 3 种截面类型,分别为一个平面、两个平行平面和方块。此处选择两个平行平面,即同时可定义两个剖切面,"视图截面"对话框更新为如图 1.7.15 所示。

（4）定义截面名称。如图 1.7.15 所示,在"视图截面"对话框"截面名"输入框输入截面名称,此处默认截面名称"截面 2"。

（5）指定分割面。如图 1.7.15 所示,在"剖切平面"区域"方向"下拉列表中,系统提供了 3 种坐标系平面供选择,分别为绝对坐标系、WCS 和屏幕,此处选择绝对坐标系。

（6）指定坐标分割面。如图 1.7.15 所示,在"剖切平面"区域"YC-ZC 平面""XC-ZC 平面""XC-YC 平面",图标为 ⊠⊠⊠,选择其中之一,定义为剖切平面。

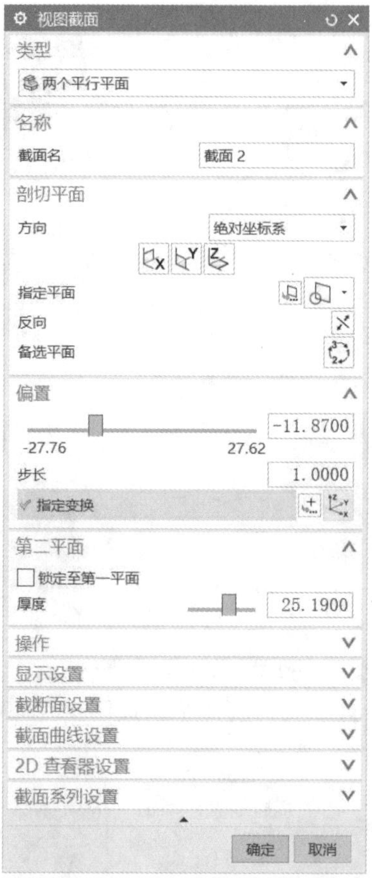

图 1.7.15　"视图截面"对话框

（7）指定坐标分割面。也可以通过定义一个平面的方法生成剖切平面。如图 1.7.15 所示，在"剖切平面"区域"指定平面"下拉列表中，系统提供了 14 种定义平面的方法，任选其一定义剖切面。

（8）调整剖切方向。如图 1.7.15 所示，点击"剖切平面"区域"反向"图标，图标为 ⊠，可将定义的好的剖切方向调整成相反方向。

（9）切换剖切平面。如图 1.7.15 所示，点击"剖切平面"区域"备选平面"图标，图标为 ↻，可在三个平面之间切换（YC-ZC 平面、XC-ZC 平面、XC-YC 平面）。

（10）定义剖切坐标系位置。通过鼠标拖动剖切坐标系坐标轴三个方向的箭头，可以在坐标轴方向移动剖切坐标系。通过鼠标拖动剖切坐标系坐标原点，可以整体移动剖切坐标系位置，同时坐标系旁边的坐标显示栏时刻更新此时坐标原点的坐标值。

（11）定义第一剖切面位置。通过鼠标拖动剖切坐标系与剖切面垂直的坐标轴箭头，可以移动剖切面的位置，也可以通过鼠标拖动图 1.7.15 中"偏置"拖动条，来调整第一剖切面位置。

（12）定义第二剖切面位置。可以通过鼠标拖动图 1.7.15 中"第二平面"区域"厚度"拖动条，来调整第二剖切面位置，也可以直接勾选"锁定至第一平面"复选框，同时在

"厚度"输入栏中输入至第一平面的距离,则第一剖切面至第二剖切面之间的距离被锁定,拖动第一剖切面位置时,第二剖切面也会跟着移动,如图 1.7.16 所示。但在勾选"锁定至第一平面"勾选框的情况下,鼠标拖动第二剖切面厚度移动条时,第一剖切面位置不变,此时只是改变了第一剖切面和第二剖切面之间的距离。

图 1.7.16　第二剖切面调整框

(13)定义剖切面为 YC-ZC 平面,且设定第一剖切面与第二剖切面之间的距离为 15 mm,剖切结果如图 1.7.17 所示;点击"反向"图标 ⊠,反向剖切结果如图 1.7.18 所示。

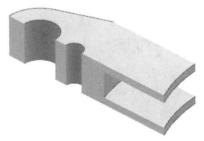
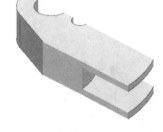

图 1.7.17　剖切面 YC-ZC 平面结果　　　　　图 1.7.18　反向剖切面 YC-ZC 平面结果

(14)定义剖切面为 XC-ZC 平面,且设定第一剖切面与第二剖切面之间的距离为 20 mm,剖切结果如图 1.7.19 所示;点击"反向"图标 ⊠,反向剖切结果如图 1.7.20 所示。

图 1.7.19　剖切面 XC-ZC 平面结果　　　　　图 1.7.20　反向剖切面 XC-ZC 平面结果

(15)定义剖切面为 XC-YC 平面,且设定第一剖切面与第二剖切面之间的距离为 3 mm,剖切结果如图 1.7.21 所示;点击"反向"图标 ⊠,反向剖切结果如图 1.7.22 所示。

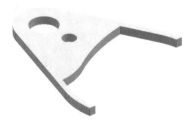

图 1.7.21　剖切面 XC-YC 平面结果　　　　　图 1.7.22　反向剖切面 XC-YC 平面结果

3. 剪切截面

当绘图区部件显示为截面状态时,可以通过"剪切截面"命令恢复到原始未截面状态,"剪切截面"命令调取路径:"视图"|"截面"|"剪切截面",图标为 💠 剪切截面(S) 。当绘图区部件显示截面状态时,"剪切截面"命令图标显示为选中状态(深色),此时点击"剪切截面"图标,就切换到未选中状态(浅色),则绘图区便恢复到原始未截面状态。

4. 编辑截面

当绘图区部件显示为截面状态,且截面不符合要求时,需要调整截面位置或者方向,此时可以通过"编辑截面"命令实现,"编辑截面"命令调取路径:"视图"|"截面"|"编辑截面",图标为 📑 编辑截面(C)... ,调取"编辑截面"命令后,弹出"视图截面"对话框,可以直接对截面进行调整。

1.8 UG NX 10.0 分析

1.8.1 测量距离

"测量距离"主要用于点与点之间、点与面之间、面与面之间等的距离测量。

"测量距离"案例展示如下。

(1)打开文件。光盘:\案例文件\Ch01\ Ch01.08\1. prt,长宽高都为 100 mm 的正方体。

(2)调取"测量距离"命令:"分析"|"测量距离",图标为 📏 测量距离(D)... ,弹出"测量距离"对话框,如图 1.8.1 所示。

(3)选择测量类型。在"测量距离"对话框"类型"下拉列表中,系统提供了 9 种测量类型,分别为距离、对象集之间、投影距离、对象集之间的投影距离、屏幕距离、长度、半径、直径和点在曲线上。此处选择距离。

(4)选择测量起点。如图 1.8.1 所示,在"测量距离"对话框中"起点"区域选择"选择点或对象",鼠标左键拾取起点;也可以点击点构造器图标 ±,弹出"点"对话框,如图 1.8.2 所示,通过"点构造器"定义起点位置,此处选择正方体一个面的任意顶点。

(5)选择测量终点。如图 1.8.1 所示,在"测量距离"对话框中"终点"区域选择"选择点或对象",鼠标左键拾取起点;也可以点击点构造器图标 ±,弹出"点"对话框,如图 1.8.2 所示,通过"点构造器"定义终点位置,此处选择与起点同一面的对角顶点。

(6)测量结果显示设置(显示尺寸)。勾选"测量距离"对话框中"结果显示"区域"显示尺寸"复选框,取消勾选"显示信息窗口"复选框,点击"确定"按钮,测量结果如图 1.8.3 所示。

图 1.8.1　"测量距离"对话框

图 1.8.2　"点"对话框

(7)测量结果显示设置(显示信息)。勾选"测量距离"对话框中"结果显示"区域"显示信息窗口"复选框,取消勾选"显示尺寸"复选框,点击"确定"按钮,测量结果如图 1.8.4所示。

(8)测量结果显示设置。同时勾选"测量距离"对话框中"结果显示"区域"显示信息窗口"和"显示尺寸"复选框,点击"确定"按钮,测量结果如图 1.8.3、图 1.8.4 所示,二者都显示。

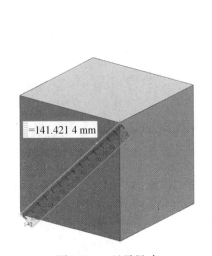

图 1.8.3　显示尺寸

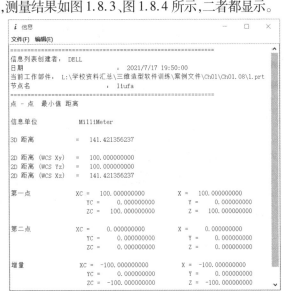

图 1.8.4　显示信息窗口

1.8.2　测量角度

"测量角度"主要用于线与线之间、线与面之间、面与面之间的角度测量。

"测量角度"案例展示如下。

（1）打开文件。光盘:\案例文件\Ch01\ Ch01.08\2.prt,如图1.8.5所示。

（2）调取"测量角度"命令:"分析"|"测量角度",图标为

图1.8.5 案例文件   图1.8.6 "测量角度"对话框

（3）选择测量类型。在"测量角度"对话框"类型"下拉列表中,系统提供了3种测量类型,分别为按对象、按3点和按屏幕点。此处选择按对象。

（4）选择第一个参考。如图1.8.6所示,在"测量角度"对话框中"第一个参考"下拉列表中,系统提供了3种选择对象,分别为对象、特征和矢量。此处选择对象,然后鼠标左键拾取案例文件中倾斜面。

（5）选择第二个参考。如图1.8.6所示,在"测量角度"对话框中"第二个参考"下拉列表中,鼠标左键拾取案例文件中底面。

（6）测量结果显示设置。同时勾选"测量角度"对话框中"结果显示"区域"显示信息窗口"和"显示尺寸"复选框,点击"确定"按钮,测量结果如图1.8.7、图1.8.8所示,二者都显示。

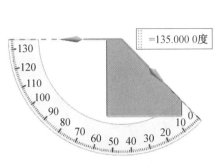

图 1.8.7　测量角结果

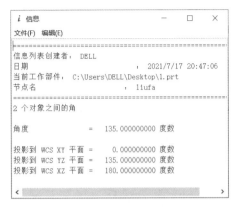

图 1.8.8　显示信息窗口(测量角度)

1.8.3　测量面

"测量面"主要用于计算面的周长和面积。

"测量面"案例展示如下。

(1)打开文件。光盘:\案例文件\Ch01\ Ch01.08 \2. prt,如图 1.8.5 所示。

(2)调取"测量面"命令:"分析"|"测量面",图标为 ![测量面(F)...],弹出"测量面"对话框,如图 1.8.9 所示。

(3)选择测量面。如图 1.8.9 所示,在"测量面"对话框中"对象"区域选择"选择面",鼠标左键拾取案例文件侧面,预览效果如图 1.8.10 所示。面积、周长信息的显示可以通过下拉列表相互切换。

图 1.8.9　"测量面"对话框

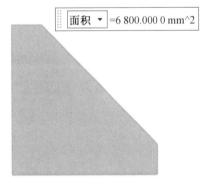

图 1.8.10　测量面预览

(4)测量结果显示设置。同时勾选"测量面"对话框中"结果显示"区域"显示信息窗口"和"显示尺寸"复选框,点击"确定"按钮,测量结果如图 1.8.11、图 1.8.12 所示,二者都显示。

面积=6 800.000 0 mm^2
周长=353.137 1 mm

图 1.8.11　测量面结果

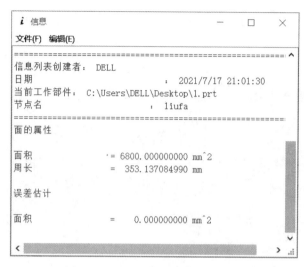

图 1.8.12　显示信息窗口(测量面)

1.8.4　测量体

"测量体"主要用于计算实体的质量、体积、惯性矩等。

"测量体"案例展示如下。

(1)打开文件。光盘:\案例文件\Ch01\ Ch01.08\2. prt,如图 1.8.5 所示。

(2)调取"测量体"命令:"分析"|"测量体",图标为 📐 测量体(B)...，弹出"测量体"对话框,如图 1.8.13 所示。

(3)选择测量体,如图 1.8.13 所示,在"测量体"对话框"对象"区域选择"选择体",鼠标左键拾取案例文件,预览效果如图 1.8.14 所示。体积、质量、惯性矩等信息的显示可以通过下拉列表相互切换。

图 1.8.13　"测量体"对话框

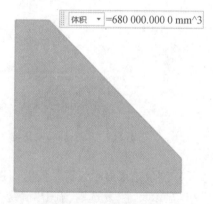

体积 ▼ =680 000.000 0 mm^3

图 1.8.14　测量体预览

(4)测量结果显示设置。同时勾选"测量体"对话框中"结果显示"区域"显示信息窗口"和"显示尺寸"复选框,点击"确定"按钮,测量结果如图 1.8.15、图 1.8.16 所示,二者都显示。

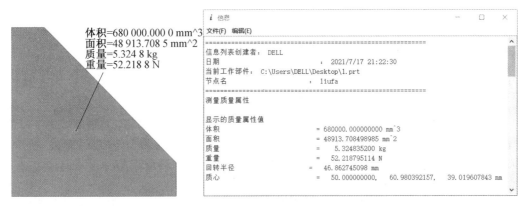

体积=680 000.000 0 mm^3
面积=48 913.708 5 mm^2
质量=5.324 8 kg
重量=52.218 8 N

图 1.8.15 测量体结果

信息
文件(F) 编辑(E)
信息列表创建者： DELL
日期 ： 2021/7/17 21:22:30
当前工作部件： C:\Users\DELL\Desktop\1.prt
节点名 ： liufa
测量质量属性
显示的质量属性值
体积 = 680000.000000000 mm^3
面积 = 48913.708498985 mm^2
质量 = 5.324835200 kg
重量 = 52.218795114 N
回转半径 = 46.862745098 mm
质心 = 50.000000000, 60.980392157, 39.019607843 mm

图 1.8.16 显示信息窗口(测量体)

第2章 UG NX 10.0 曲线创建及曲线编辑

曲线是造型设计中必须用到的基础元素,因此,了解和掌握曲线的创建方法是学习造型设计的基本要求,尤其是曲面设计。本章主要介绍各种曲线的创建方法(如点、直线、圆弧、矩形、多边形等)和曲线的操作(比如曲线的倒圆角、倒斜角等)。

2.1 基本曲线创建

2.1.1 直线创建

通过"直线"命令,可以进行直线的绘制,命令调取路径:"插入"丨"曲线"丨"直线",如图2.1.1所示。

具体操作步骤如下。

(1)调取"直线"命令:"插入"丨"曲线"丨"直线",弹出"直线"对话框。如图2.1.2所示。

(2)在"起点"栏,定义直线的起点。"起点选项"下拉列表如图2.1.3所示,可以通过"自动判断"方式定义直线的起点,即系统自动捕捉直线(或边)的端点或中点、圆心、鼠标在屏幕上拾取点等;也可以通过"点"方式定义直线的起点,即选择现有存在的点作为创建直线的起点等。

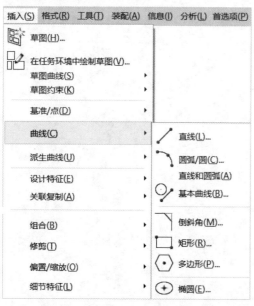

图2.1.1 命令调取路径

图2.1.2 "直线"对话框

（3）在"终点或方向"栏,定义直线的终点。"终点选项"下拉列表如图2.1.3所示,可以通过"自动判断"方式定义直线的终点,即系统自动捕捉直线（或边）的端点或中点、圆心、鼠标在屏幕上拾取点等;也可以通过"点"方式定义直线的终点,即选择现有存在的点作为创建直线的终点等。

（4）在"支持平面"栏,定义直线所在的平面,通过"平面选项"下拉列表选择曲线所在平面,如图2.1.4所示,其中"自动平面"选项系统默认为XC-YC平面。也可以通过"选择平面"选项来选择曲线所在平面,"选择平面"下拉列表如图2.1.5所示,共提供了14种选择或者创建平面的方式,具体相关内容见1.4.3节。

（5）点击"确定"按钮,完成直线创建。

图2.1.3　"起点选项"和"终点选项"下拉列表

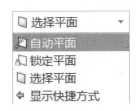

图2.1.4　"平面选项"下拉列表

图2.1.5　"选择平面"下拉列表

2.1.2　圆弧创建

通过"圆弧"命令,可以进行圆弧的绘制,命令调取路径:"插入"|"曲线"|"圆弧/圆",如图2.1.6所示。

具体操作步骤如下。

（1）打开文件。光盘:\案例文件\Ch02\ Ch02.01\1.prt。

（2）调取"圆弧/圆"命令:"插入"|"曲线"|"圆弧/圆",弹出"圆弧/圆"对话框。如图2.1.7所示。

（3）在"类型"下拉列表选择创建圆弧的方式,系统提供了2种创建圆弧的方法,分别是三点画圆弧、从中心开始的圆弧/圆,如图2.1.8所示,两种方法详细介绍如下。

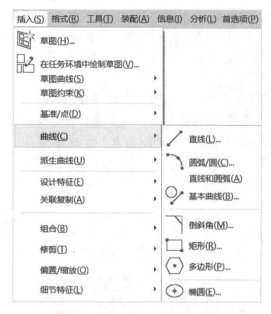

图 2.1.6　"圆弧/圆"命令调取路径　　　　图 2.1.7　"圆弧/圆"对话框

①三点画圆弧。通过定义圆弧的第一个端点位置、定义圆弧的第二个端点位置、定义介于两端点之间的任一点位置来生成圆弧。

②从中心开始的圆弧/圆。通过定义圆心位置、定义圆弧的第一个端点位置、设置圆弧的长度来生成圆弧。

(4)选择三点画圆弧的方式,需要定义圆弧的三个点,即起点、终点和中点,其中"起点选项"下拉列表和创建直线的相同,如图 2.1.3 所示。"终点选项"和"中点选项"下拉列表如图 2.1.9 所示。

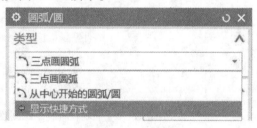

图 2.1.8　"类型"下拉列表　　　图 2.1.9　"终点选项"和-"中点选项"下拉列表

(5)在"起点选项"下拉列表选择"点"的方式,然后通过鼠标左键选择现有点,如图 2.1.10(a)中点 1 所示。

(6)在"终点选项"下拉列表选择"相切"的方式,然后通过鼠标左键选择现有直线,如图 2.1.10(a)中相切 2 所示。

(7)在"中点选项"下拉列表选择"相切"的方式,然后通过鼠标左键选择现有直线,如图 2.1.10(a)中相切 3 所示。

(8)在"平面选项"下拉列表选择"自动平面"的方式,即生成的平面默认的在 XC-YC 平面内。

(9)在"限制"区域可以选择勾选或者不勾选"整圆"选项,图标为 ▢整圆 ,勾选后则生成整圆,此处不勾选,点击"确定"按钮,完成圆弧曲线创建,如图2.1.10(b)所示。

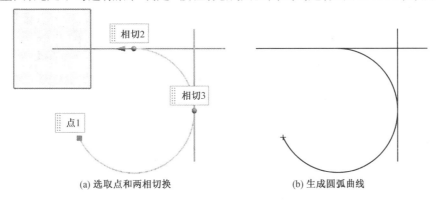

(a) 选取点和两相切换   (b) 生成圆弧曲线

图 2.1.10   通过"三点画圆弧"创建圆弧曲线

2.1.3   基本曲线

通过"基本曲线"命令,可以进行直线、圆弧、圆的绘制以及曲线倒圆角、曲线修剪等,命令调取路径:"插入"|"曲线"|"基本曲线",如图2.1.11所示;"基本曲线"对话框如图2.1.12所示。其中创建直线、创建圆弧、创建圆的图标分别为 ∕、⌒、○,具体方法参考2.1.1节及2.1.2节,本节重点介绍"圆角" ⌐ 命令。

图 2.1.11   "基本曲线"命令调取路径   图 2.1.12   "基本曲线"对话框

基本曲线"圆角"命令提供了3种创建圆角的方法,分别为简单圆角、2曲线圆角和3曲线圆角。

1."简单圆角"创建方法

(1)打开文件。光盘:\案例文件\Ch02\ Ch02.01\2.prt。

(2)调取"曲线倒圆"命令:"插入"|"曲线"|"基本曲线"|"圆角",弹出"曲线倒圆"对话框,如图2.1.13所示。

（3）选择第一个"简单圆角"，图标为 ，在"半径"输入栏输入圆角半径 6 mm。

（4）将鼠标光标移动到顶点 1 位置处，要将顶点位于光标圆圈内，然后点鼠标左键，生成第一个圆角。同理将鼠标光标移动到顶点 2 位置处，要将顶点位于光标圆圈内，然后点鼠标左键，生成第二个圆角，如图 2.1.14（a）所示。最终倒圆角后如图 2.1.14（b）所示。

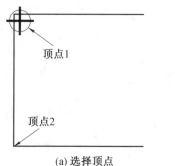

顶点1

顶点2

(a) 选择顶点

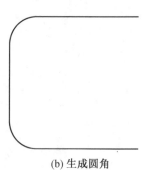

(b) 生成圆角

图 2.1.13 "曲线倒圆"对话框   图 2.1.14 "简单倒圆"创建圆角

2. "2 曲线圆角"创建方法

（1）打开文件。光盘：\案例文件\Ch02\ Ch02.01\2. prt。

（2）调取"曲线倒圆"命令："插入"|"曲线"|"基本曲线"|"圆角"，弹出"曲线倒圆"对话框，如图 2.1.13 所示。

（3）选择第二个"2 曲线圆角"，图标为 ，在"半径"输入栏输入圆角半径 10，如图 2.1.15 所示。

（4）根据系统提示，选择第一个对象，选择一条边；选择第二个对象，选择相邻的另外一条边；选择圆心所在位置，选择两条边夹角中间，如图 2.1.16（a）所示。最终倒圆角后如图 2.1.16（b）所示。圆心所在位置如果选择两条边夹角以外 270°区域，也可以生成圆角，圆角在反向延长线上。

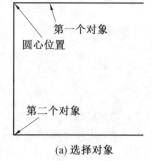

第一个对象

圆心位置

第二个对象

(a) 选择对象

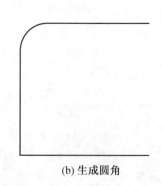

(b) 生成圆角

图 2.1.15 "曲线倒圆"对话框   图 2.1.16 "2 曲线圆角"创建圆角

3. "3 曲线圆角"创建方法

（1）打开文件。光盘：\案例文件\Ch02\ Ch02.01\2. prt。

（2）调取"曲线倒圆"命令："插入"|"曲线"|"基本曲线"|"圆角"，弹出"曲线倒圆"

对话框,如图 2.1.13 所示。

(3)选择第三个"3 曲线圆角",图标为 ,此时"半径"输入栏曾灰色显示,此种方式系统会自动计算半径,无须手动输入,如图 2.1.17 所示。

(4)根据系统提示,选择第一个对象,选择一条边;选择第二个对象,选择与第一条边相邻的一条边;选择第三个对象,选择第三条边;圆心位置在三条直线围成的区域内任意处点击鼠标即可,如图 2.1.18(a)所示。最终倒圆角后如图 2.1.18(b)所示。

图 2.1.17 "曲线倒圆"对话框

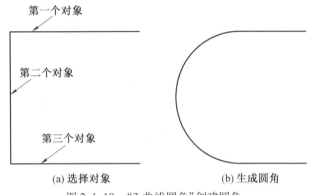

(a) 选择对象   (b) 生成圆角

图 2.1.18 "3 曲线圆角"创建圆角

2.1.4 矩形创建

通过"矩形"命令,可以进行矩形或正方形的绘制,命令调取路径:"插入"|"曲线"|"矩形",如图 2.1.19 所示。

"矩形"创建方法如下。

(1)调取"矩形"命令:"插入"|"曲线"|"矩形",弹出"点"对话框。

(2)在"点"对话框的"类型"下拉列表选择创建或选择点的方式,生成第一个点,"类型"下拉列表如图 2.1.20 所示,每一种方式详细介绍见 1.4.1 节。

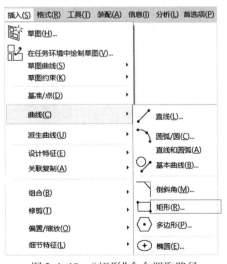

图 2.1.19 "矩形"命令调取路径

图 2.1.20 "类型"下拉列表

（3）在"点"对话框"类型"下拉列表选择创建或者选择点的方式,生成第二个点。

（4）按键盘上的"Esc"键完成矩形绘制。如果不按"Esc"键,系统默认会继续弹出"点"对话框,进行下一个矩形的绘制。

2.2　派生曲线

2.2.1　偏置曲线

通过"平面内偏置曲线"命令,可以对已有曲线按照一定规则进行偏移,命令调取路径:"插入"|"派生曲线"|"偏置",如图 2.2.1 所示;"偏置曲线"对话框如图 2.2.2 所示,对话框中各选项说明如下。

①B1。选择偏置的类型,系统提供 4 种方式,分别为距离、拔模、规律控制和 3D 轴向。

②B2。选择要偏置的曲线。

③B3。设定偏置距离。

④B4。设定偏置数量。

⑤B5。调整偏置方向。

⑥B6。偏置后原曲线处理方式,系统提供了 4 种方式分别为保留、隐藏、删除和替换。

⑦B7。偏置后曲线修剪方式,系统提供了 3 种方式,分别为无、相切延伸和圆角。

偏置曲线案例展示如下。

（1）打开文件。光盘:\案例文件\Ch02\Ch02.02\1.prt。

（2）调取"偏置"命令:"插入"|"派生曲线"|"偏置",图标为 偏置(O)... ,弹出"偏置曲线"对话框,如图 2.2.2 所示。

图 2.2.1　"偏置"命令调取路径

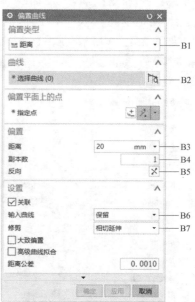

图 2.2.2　"偏置曲线"对话框

（3）"偏置类型"下拉列表选择"距离"方式。

（4）选择要偏置的曲线，选择案例文件中靠近坐标系的三条边，如图2.2.3（a）所示。

（5）设定偏置距离为3 mm。

（6）选择要复制的副本数为1。

（7）"反向、输入曲线、修剪"此三项保持系统默认设置。

（8）点击"确定"按钮完成偏置，如图2.2.3（b）所示。

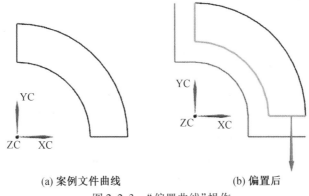

(a) 案例文件曲线　　　　　　　(b) 偏置后

图2.2.3　"偏置曲线"操作

2.2.2　桥接曲线

通过"桥接曲线"命令，可以将已有两曲线进行光顺连接，命令调取路径："插入"|"派生曲线"|"桥接"。

"桥接曲线"案例展示如下。

（1）打开文件。光盘：\案例文件\Ch02\ Ch02.02\2. prt。

（2）调取"桥接曲线"命令："插入"|"派生曲线"|"桥接"，图标为 桥接(B)… ，弹出"桥接曲线"对话框，如图2.2.4所示。

图2.2.4　"桥接曲线"对话框

（3）"起始对象"一栏，系统要求选取第一条曲线或截面线，如图 2.2.5（a）所示。

（4）"终止对象"一栏，系统要求选取第二条曲线或截面线，如图 2.2.5（a）所示。选择后曲线结果如图 2.25（b）所示。

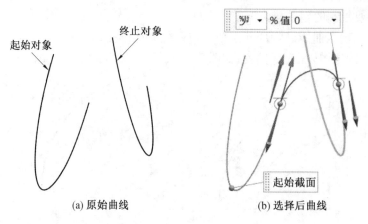

(a) 原始曲线　　　　　(b) 选择后曲线

图 2.2.5　"桥接曲线"操作

（5）在"形状控制"栏对新生成曲线形状进行调整，"方法"下拉菜单选择"相切幅值"，生成的新曲线与原有两曲线保持相切连续。通过调整"开始"幅值，即可调整与第一条曲线相切段曲线的形状，通过调整"结束"幅值，即可调整与第二条曲线相切段曲线的形状。分别将"开始""结束"相切幅值设置为 1，点"确定"按钮后，生成曲线如图 2.2.6（a）所示。分别将"开始""结束"相切幅值设置为 2.5，点"确定"按钮后，生成曲线如图 2.2.6（b）所示。

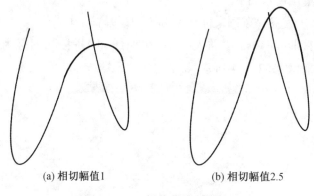

(a) 相切幅值 1　　　　　(b) 相切幅值 2.5

图 2.2.6　"桥接曲线"结果

2.2.3　连接曲线

通过"连接曲线"命令，可以将多条曲线连接成一条曲线，命令调取路径："插入"|"派生曲线"|"连接"。

"连接曲线"案例展示如下。

（1）打开文件。光盘:\案例文件\Ch02\ Ch02.02\3. prt。

（2）调取"连接曲线"命令："插入"|"派生曲线"|"连接"，图标为 连接(J)…，弹出"连

接曲线"对话框,如图 2.2.7 所示。

(3)在"曲线"区域"选择曲线"处,系统要求选取所有要连接的曲线,通过鼠标左键选取曲线 1、曲线 2 和曲线 3,如图 2.2.8(a)所示。

(4)"输出曲线"下拉列表提供了 4 种对原曲线的处理方式,分别是保留、隐藏、删除和替换,任选一种,例如选择删除,则生成新曲线后,原曲线会被删除掉。

(5)"输出曲线类型"下拉列表提供了 4 种新曲线的阶次,分别是常规、3 次、5 次和高阶,选择常规,点击"确定"按钮,生成新曲线如图 2.2.8(b)所示。

图 2.2.7　"连接曲线"对话框

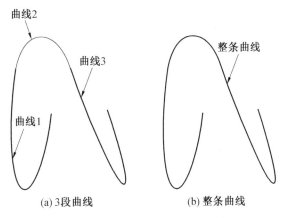

(a)3 段曲线　　　　　(b)整条曲线

图 2.2.8　"连接曲线"操作

2.2.4　投影曲线

通过"投影曲线"命令,可将曲线、边或者点投影到面或者平面上,命令调取路径:"插入"|"派生曲线"|"投影"。

"投影曲线"案例展示如下。

(1)打开文件。光盘:\案例文件\Ch02\ Ch02.02\4. prt。

(2)调取"投影曲线"命令:"插入"|"派生曲线"|"投影",图标为 投影(P)… ,弹出"投影曲线"对话框,如图 2.2.9 所示。主要涉及三类对象确定,即要投影的曲线或点、投影面、投影方向。投影面确定可以通过鼠标左键直接选取,也可以通过下拉列表功能进行定义,系统下拉列表提供了 14 种创建面的方法,如图 2.2.10 所示,详细介绍见1.4.3 节。投影方向确定有多种方式,如果选择沿矢量,则系统下拉列表提供了 12 种创建矢量的方法,如图 2.2.11 所示,详细介绍见 1.4.2 节。

(3)在"要投影的曲线或点"区域选择"选择要投影的曲线或点",系统要求选取投影对象,选择曲线 a,如图 2.2.12(a)所示。

(4)在"要投影的对象"区域"选择对象"处用鼠标左键直接选择半圆形圆柱面 b,不通过"指定平面"方式确定,如图 2.2.12(a)所示。

(5)在"投影方向"区域"方向"下拉列表选择沿矢量,然后选取 XC 轴方向,点击"确定"按钮,投影结果如图 2.2.12(b)所示。

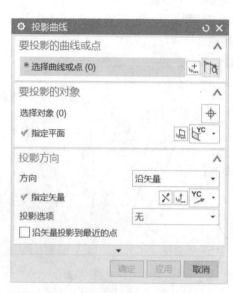

图 2.2.9 "投影曲线"对话框   图 2.2.10 创建面   图 2.2.11 创建轴

(6)在"投影方向"区域"方向"下拉列表选择沿面的法向,然后选取半圆形圆柱面 b,系统则按照圆柱面的法线方向将曲线 a 投影到圆柱面 b 上,点击"确定"按钮,投影结果如图 2.2.12(c)所示。

(7)沿 XC 轴方向投影和沿曲面法向投影结果如图 2.2.12(d)所示。

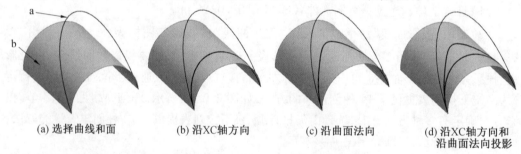

(a) 选择曲线和面   (b) 沿XC轴方向   (c) 沿曲面法向   (d) 沿XC轴方向和沿曲面法向投影

图 2.2.12 "投影曲线"创建

2.2.5 相交曲线

通过"相交曲线"命令,可将面与面相交处的交线提取出来,命令调取路径:"插入"|"派生曲线"|"相交"。

"相交曲线"案例展示如下。

(1)打开文件。光盘:\案例文件\Ch02\ Ch02.02\5. prt。

（2）调取"相交曲线"命令："插入"｜"派生曲线"｜"相交"，图标为  ，弹出"相交曲线"对话框，如图 2.2.13 所示。主要涉及两类对象确定，即第一组面和第二组面。两组面确定可以通过鼠标左键直接选取，也可以通过下拉列表功能进行定义。系统下拉列表提供了 14 种创建面的方法，如图 2.2.10 所示。

图 2.2.13　"相交曲线"对话框

（3）确定第一组面，选取文件中的平面，如图 2.2.14（a）所示。

（4）确定第二组面，选取文件中的圆柱面，如图 2.2.14（a）所示。

（5）点击"确定"按钮完成创建，如图 2.2.14（b）、（c）所示。

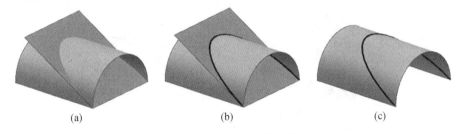

(a)　　　　　　　　　　(b)　　　　　　　　　　(c)

图 2.2.14　创建相交曲线

2.2.6　抽取曲线

通过"抽取曲线"命令，可将实体、平面、曲面等轮廓线或者边线提取出来，命令调取路径："插入"｜"派生曲线"｜"抽取"。

"抽取曲线"案例展示如下。

（1）打开文件。光盘：\案例文件\Ch02\ Ch02.02\6. prt。

（2）调取"抽取曲线"命令："插入"｜"派生曲线"｜"抽取"，图标为 抽取(E)... ，弹出"抽取曲线"对话框，如图 2.2.15 所示。系统提供了六类抽取曲线的方式，常用的为边曲线和轮廓曲线。

（3）点"边曲线"，弹出"单边曲线"对话框，如图 2.2.16 所示，共有 4 种方式，常用的为面上所有的和实体上所有的。

（4）选择实体上所有的，弹出选择实体对话框，如图 2.2.17 所示，通过鼠标左键选择所有曲面,如图 2.2.18(a)所示。

(5)点击"确定"按钮完成创建,抽取曲线如图 2.2.18(b)所示。

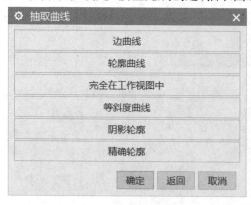 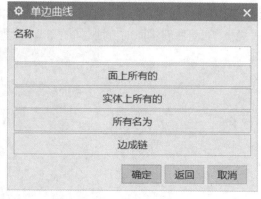

图 2.2.15 "抽取曲线"对话框　　　　　　　图 2.2.16 "单边曲线"对话框

图 2.2.17 "实体中的所有边"对话框

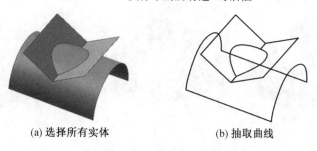

(a) 选择所有实体　　　　　　(b) 抽取曲线

图 2.2.18 抽取曲线操作

2.3 编辑曲线

2.3.1 编辑曲线参数

通过"编辑曲线参数"命令,可对已有曲线进行参数修改并生成新的曲线,命令调取路径:"编辑"|"曲线"|"参数"。

"编辑曲线参数"案例展示如下。

(1)打开文件。光盘:\案例文件\Ch02\ Ch02.03\1.prt。

(2)调取"编辑曲线参数"命令:"编辑"|"曲线"|"参数",图标为 ![参数图标] 参数(P)...,弹出"编辑曲线参数"对话框,如图 2.3.1 所示。

(3)选择"要编辑的曲线",选择打开的案例文件中的椭圆曲线,系统会自动识别曲线类型,弹出"编辑椭圆"对话框,如图 2.3.2 所示,将选取曲线的长半轴、短半轴等信息显示出来。

图 2.3.1 "编辑曲线参数"对话框　　　　图 2.3.2 "编辑椭圆"对话框

(4)原有椭圆曲线如图 2.3.3(a)所示,将长半轴由"50"改为"100",点击"确定"按钮,生成曲线如图 2.3.3(b)所示。

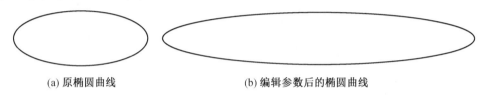

(a) 原椭圆曲线　　　　　　(b) 编辑参数后的椭圆曲线

图 2.3.3 编辑椭圆结果

2.3.2 修剪曲线

通过"修剪曲线"命令,可对已有曲线进行修剪,进而改变曲线长度,命令调取路径:"编辑"|"曲线"|"修剪"。

"修剪曲线"案例展示如下。

(1)打开文件。光盘:\案例文件\Ch02\ Ch02.03 \2. prt。

(2)调取"修剪曲线"命令:"编辑"|"曲线"|"修剪",图标为 ⏻ 修剪①… ,弹出"修剪曲线"对话框,如图 2.3.4 所示。

(3)选择"要修剪的曲线",选择打开的中间曲线,如图 2.3.5 所示。

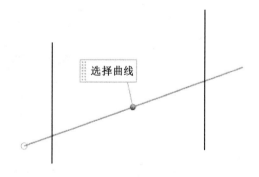

图 2.3.4 "修剪曲线"对话框　　　　图 2.3.5 选择要修剪的曲线

（4）选择"边界对象1"，选择左侧竖直线。

（5）选择"边界对象2"，选择右侧竖直线。

（6）点击"确定"按钮，修剪后如图2.3.6(a)所示。

注：使用"修剪曲线"命令时，修剪边界可以选择两个边界，也可以选择一个边界。

边界对象1选择右侧竖直线，不进行边界对象2选择，直接点"确定"按钮后修剪结果如图2.3.6(b)所示，边界对象1选择左侧竖直线，不进行边界对象2选择，直接点"确定"按钮后修剪结果如图2.3.6(c)所示。边界对象也可以是一个点。

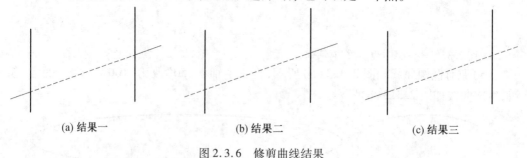

(a) 结果一　　　　　　　　(b) 结果二　　　　　　　　(c) 结果三

图2.3.6　修剪曲线结果

2.3.3　修剪拐角

通过"修剪拐角"命令，可对相交曲线的拐角进行快速修剪，命令调取路径："编辑"|"曲线"|"修剪拐角"。

"修剪拐角"案例展示如下。

（1）打开文件。光盘:\案例文件\Ch02\ Ch02.03\3. prt。

（2）调取"修剪拐角"命令："编辑"|"曲线"|"修剪拐角"，图标为 ┼ 修剪拐角(C)… ，弹出"修剪拐角"对话框，如图2.3.7所示。

（3）打开文件，将两曲线划分空间设定为1区域、2区域、3区域、4区域，如图2.3.8所示。修剪拐角在不同的区域选择顶点结果不同，同时，选取曲线交点时，要确保两直线交点在鼠标圆环的区域内，否则会弹出选取失败对话框，如图2.3.9所示。

图2.3.7　"修剪拐角"对话框　　　图2.3.8　案例文件

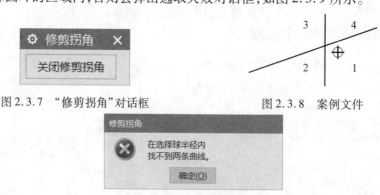

图2.3.9　选取失败对话框

（4）分别在1区域、2区域、3区域、4区域选取交点，修剪后结果如图2.3.10所示。

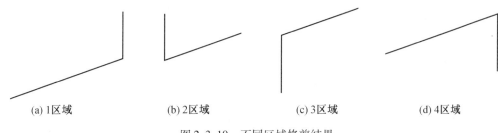

(a) 1区域   (b) 2区域   (c) 3区域   (d) 4区域

图 2.3.10　不同区域修剪结果

2.3.4　分割曲线

通过"分割曲线"命令,可将一整条曲线分割成多段,命令调取路径:"编辑"|"曲线"|"分割曲线"。分割曲线共有 5 种分割方式,分别为等分段、按边界对象、弧长段数、在结点处和在拐角上,对 5 种分割方式详细介绍如下。

①等分段。将曲线按照等参数或者等弧长进行分割。

②按边界对象。将曲线在设定的边界对象处进行分割。

③弧长段数。按照设定的弧长将曲线进行等长度分割。

④在结点处。在结点处进行分割曲线,比如圆弧和直线的相切连接点。

⑤在拐角处。在拐点处进行分割曲线,比如圆弧和直线的交点。

分割曲线案例展示如下。

(1)打开文件。光盘:\案例文件\Ch02\ Ch02.03\4. prt。

(2)调取"分割曲线"命令:"编辑"|"曲线"|"分割曲线",图标为 ∫ 分割(D)... ,弹出"分割曲线"对话框,如图 2.3.11 所示。

(3)选取分割类型,在"类型"下拉列表选择按边界对象,如图 2.3.12 所示。

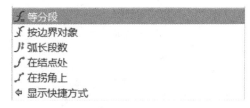

图 2.3.11　"分割曲线"对话框   图 2.3.12　"类型"下拉列表

(4)选择要分割的曲线,选择较长曲线,如图 2.3.13 所示。

(5)选择边界对象,选择较短直线,如图 2.3.13 所示。

(6)指定交点,通过鼠标左键选取两直线交点,如图 2.3.13 所示。

(7)点击"确定"按钮,长曲线在边界处被分割,如图 2.3.14 所示。

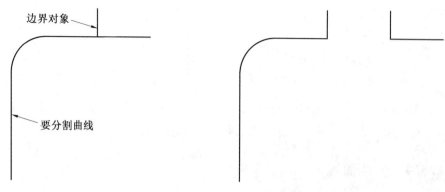

图2.3.13　对象选取　　　　　　　　　　图2.3.14　分割后的曲线

2.3.5　编辑圆角

通过"编辑圆角"命令,可编辑两条相交直线所倒圆角的大小,命令调取路径:"编辑"|"曲线"|"圆角"。要满足两条边线及一条 R 角线的条件,否则不可以使用此命令。

由于编辑圆角后,圆角半径发生变化,则 R 角线和两边线之间会出现交叉或者缝隙,为了保证完整光顺的整条曲线,需进行修剪操作,系统提供了 3 种修剪方式。

①自动修剪。圆角半径发生变化后,如果圆角半径变大,则系统自动修剪掉多余部分直边,如果圆角半径变小,系统自动延伸直线填补产生的空隙。

②手工修剪。根据需求,由设计者进行选择性的修剪。

③不修剪。圆角半径变化后,不进行任何修剪。

"编辑圆角"案例展示如下。

(1)打开文件。光盘:\案例文件\Ch02\ Ch02.03\5. prt。

(2)调取"编辑圆角"命令:"编辑"|"曲线"|"圆角",图标为 圆角(F)...,弹出"编辑圆角"对话框,如图 2.3.15 所示。

(3)选择自动修剪方式。弹出选择边线对象 1 的对话框,如图 2.3.16 所示。

(4)鼠标左键选择边线对象 1,如图 2.3.17 所示,自动跳转到选取圆角对话框,如图 2.3.18 所示。

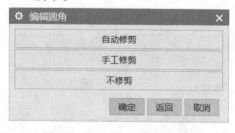

图2.3.15　"编辑圆角"对话框　　　　　　图2.3.16　"选择对象"对话框

(5)鼠标左键选择圆角,如图 2.3.17 所示,自动跳转到边线对象 2 的对话框,如图 2.3.18所示。

(6)鼠标左键选择边线对象 2,如图 2.3.17 所示,弹出设定圆角半径对话框,如图 2.3.19所示,系统自动识别出现有圆角大小为 20 mm。

（7）将圆角半径设定为 8 mm,点击"确定"按钮,生成新的圆角如图 2.3.20(a)所示;将圆角半径设定为 30 mm,点击"确定"按钮,生成新的圆角如图 2.3.20(b)所示。

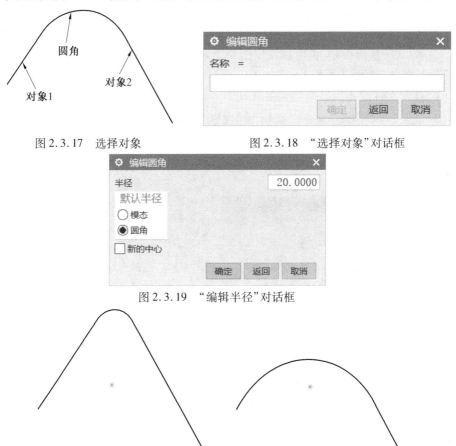

图 2.3.17   选择对象   图 2.3.18   "选择对象"对话框

图 2.3.19   "编辑半径"对话框

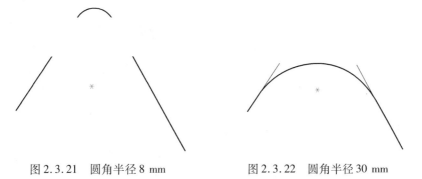

(a) 圆角半径 8 mm   (b) 圆角半径 30 mm

图 2.3.20   编辑圆角结果

（8）重复上述步骤,在"编辑圆角"对话框选择"不修剪"方式,将圆角半径设定为 8 mm,生成新的圆角如图 2.3.21 所示;将圆角半径设定为 30 mm,生成新的圆角如图 2.3.22 所示。

图 2.3.21   圆角半径 8 mm   图 2.3.22   圆角半径 30 mm

2.3.6 拉长曲线

通过"拉长曲线"命令,可将整体一组曲线(不限于一条)沿着设定的方向进行延长或者缩短,命令调取路径:"编辑"|"曲线"|"拉长"。其中延长或者缩短的增量值可以通过 XC、YC、ZC 的增量值设定,也可以设定为两个点之间的距离,即"点到点"方式。

"拉长曲线"案例展示如下。

(1)打开文件。光盘:\案例文件\Ch02\ Ch02.03\6. prt。

(2)调取"拉长曲线"命令:"编辑"|"曲线"|"拉长",图标为 ⬚ 拉长(S)…,弹出"拉长曲线"对话框,如图 2.3.23 所示。

(3)选择要拉长的曲线。如图 2.3.24 所示,选择除了左侧竖直线以外的所有其他直线和圆弧。

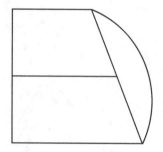

图 2.3.23 "拉长曲线"对话框　　　　图 2.3.24 选择要拉长的曲线

(4)在 YC 增量处输入 40,点击"确定"按钮,生成新曲线组如图 2.3.25 所示。

(5)也可以通过"点到点"方式设定拉长距离,使用"点到点"方式时,则 XC、YC、ZC 的增量值处不需要输入任何数值。鼠标左键点击"点到点"按钮,弹出"点"对话框,如图 2.3.26 所示。

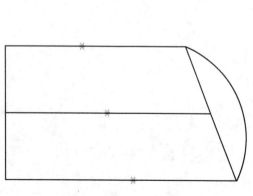

图 2.3.25 拉长曲线结果　　　　图 2.3.26 "点"对话框

（6）选择或者定义第一点，再继续选择或者定义第二点，其中关于点的创建相关内容详见1.4.1节，则选定曲线会沿着由第一点指向第二点的矢量方向延伸，延伸距离便是第一点和第二点之间的直线距离。

2.3.7 曲线长度

通过"曲线长度"命令，可以改变曲线的长短，命令调取路径："编辑"|"曲线"|"长度"。改变曲线长度可以通过在曲线一端设定增量值的方式实现，也可以沿着曲线一端改变曲线整体长度的方式实现。

"曲线长度"案例展示如下。

（1）打开文件。光盘:\案例文件\Ch02\ Ch02.03\7. prt。

（2）调取"曲线长度"命令："编辑"|"曲线"|"长度"，图标为 ![长度(L)...] ，弹出"曲线长度"对话框，如图2.3.27所示。

（3）选择要改变长度的曲线，选择打开文件中的圆弧曲线。

（4）设定延伸方式（长度）。在"长度"下拉列表中有总计和增量两种方式，选择总计，即通过调整曲线整体长度来实现改变曲线长度，如图2.3.28所示。

（5）设定延伸方式（侧）。在"侧"下拉列表中有起点、终点和对称3种方式，起点即增加或者减少的数量从选取的起点位置进行改变；终点即增加或者减少的数量从终点位置进行改变；对称即增加或者减少的数量在两个端点都体现。此处选择对称方式，如图2.3.28所示。

（6）设定延伸方式（方法）。在"方法"下拉列表中有自然、线性和圆形3种方式，自然即延伸曲线按照原曲线曲率延伸；线性即延伸曲线在端点处沿着曲线切线方向按照直线方式延伸；圆形即延伸曲线按照圆弧的方式延伸，仅限于原曲线是圆弧曲线。此处选择自然方式，如图2.3.28所示。

图2.3.27 "曲线长度"对话框

图2.3.28 延伸选项设定

（7）在"限制"区域"总计"输入栏中，系统会计算出选取曲线的长度，输入新的曲线长度10 mm，点击"确定"按钮完成延伸，如图2.3.29（a）所示；将延伸方法调整为"线性"

　　重复上述步骤并输入长度 10 mm,生成曲线如图 2.3.29(b)所示;将延伸方法调整为"线性"重复上述步骤并输入长度 4 mm,生成曲线如图 2.3.29(c)所示。

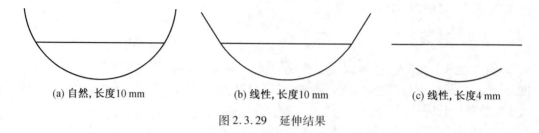

(a) 自然, 长度10 mm　　　　(b) 线性, 长度10 mm　　　　(c) 线性, 长度4 mm

图 2.3.29　延伸结果

第 3 章　UG NX 10.0 草图

草图是 UG NX 10.0 提供的进行曲线设计的重要模块,相对于第 2 章的曲线设计相关命令及操作,草图主要用于一些较复杂的平面曲线绘制。

3.1　草图创建

3.1.1　草图首选项设定

新建一个 UG 模型文件,然后进行命令调取:"首选项"|"草图",如图 3.1.1 所示,弹出"草图首选项"对话框,如图 3.1.2 所示。

图 3.1.1　"草图"命令调取路径　　　　图 3.1.2　"草图首选项"对话框

"草图首选项"对话框共有三栏,分别为草图设置、会话设置、部件设置,详细介绍如下。

(1)草图设置。主要对草图文件中的尺寸标注形式、文字高度、约束符号大小及是否自动约束和标注等进行设置。在"尺寸标签"下拉列表选择值,即尺寸标注时显示的是实际数值。将"创建自动判断约束"和"连续自动标注尺寸"复选框取消勾选。

(2)会话设置。将设置自由度箭头、动态草图、约束符号等显示关闭,保持系统默认设置即可,如图 3.1.3 所示。

(3)部件设置。对草图中涉及的各种类型曲线颜色进行设置,保持系统默认设置即可,如图 3.1.4 所示。

图 3.1.3 "会话设置"界面　　　　　　图 3.1.4 "部件设置"界面

3.1.2 进入和退出草图

1. 进入草图

完成草图首选项设置后,进入草图:"插入"|"在任务环境中绘制草图",如图 3.1.5 所示,弹出"创建草图"对话框,如图 3.1.6 所示。

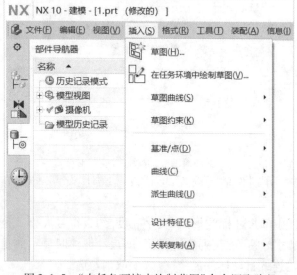

图 3.1.5 "在任务环境中绘制草图"命令调取路径　　图 3.1.6 "创建草图"对话框

系统提示选择草图平面,草图平面即设计曲线所在平面,在"创建草图"对话框中的"草图平面"一栏"平面方法"下拉列表选择创建平面。在"指定平面"下拉列表中选择合适的创建平面的方法,创建平面相关知识见 1.4.3 节。完成草图平面创建后点击"确定"按钮,进入草图绘制环境。

2. 退出草图

完成草图设计后,退出草图:"任务"|"完成草图",命令图标为 🏁 完成草图。也可以直接通过快捷键"Ctrl+Q"直接退出草图。

3.2 草图绘制

3.2.1 直线绘制

通过"直线"命令,可以快速生成直线,在草图环境中命令调取路径:"插入"|"曲线"|"直线"。

"直线"案例展示如下。

(1)新建一个"模型"文件。

(2)进入草图环境:"插入"|"在任务环境中绘制草图"。

(3)选择一个平面作为草图绘制平面,进入草图环境。

(4)调取"直线"命令:"插入"|"曲线"|"直线",图标为 / 直线(L)…,弹出"直线"对话框,如图3.2.1所示;同时弹出跟随着鼠标移动的坐标输入栏,如图3.2.2所示。

(5)绘制直线共需2步,第1步是确定直线的起点,在图3.2.2所示输入栏中输入起点XC、YC坐标值,对应图3.2.1中输入模式的"XY"。在输坐标值时需注意,输入XC值后按"Enter"键,光标会自动跳到YC坐标值一栏,输入YC坐标值后按"Enter"键,弹出长度、角度输入栏,如图3.2.3所示。

 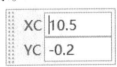 

图3.2.1 "直线"对话框　图3.2.2 起点坐标输入栏　图3.2.3 长度、角度输入栏

(6)绘制直线第2步,在图3.2.3所示输入栏中输入长度和角度值,对应图3.2.1中输入模式的"⊡"。在输入时需注意,输入长度值后按"Enter"键,光标会自动跳到角度一栏,输入角度值后按"Enter"键,完成直线绘制。

3.2.2 圆弧绘制

通过"圆弧"命令,可以快速生成圆弧,在草图环境中命令调取路径:"插入"|"曲线"|"圆弧"。

"圆弧"案例展示如下。

(1)新建一个"模型"文件,进入草图绘制环境。

(2)调取"圆弧"命令:"插入"|"曲线"|"圆弧",图标为 ⌒ 圆弧(A)…,弹出"圆弧"对话框,如图3.2.4所示;同时弹出跟随鼠标移动的坐标输入栏,如图3.2.5所示。

(3)绘制圆弧有2种方法,如图3.2.4中"圆弧方法"所示,第一种为通过圆上三点绘制圆弧,图标为 ⌒;第二种为通过圆心和两端点绘制圆弧,图标为 ⌒。此处选择第二种方法。

　　(4)在图 3.2.5 输入栏中输入 XC、YC 坐标值,确定圆弧中心,对应图 3.2.4 中输入模式的"XY"。同理每次输完坐标值后按"Enter"键。XC、YC 坐标值确定后弹出半径、角度输入栏,如图 3.2.6 所示。

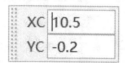
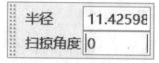

图 3.2.4　"圆弧"对话框　　　图 3.2.5　圆心坐标输入栏　　　图 3.2.6　半径、扫描角度输入栏

　　(5)在图 3.2.6 所示输入栏中输入半径和角度值,对应图 3.2.4 中输入模式的"⌷"。同理每次输完坐标值后按"Enter"键。

　　(6)完成上述步骤后,圆弧的圆心坐标、半径和弧长全部确定,即确定了圆弧的形状,最后在通过鼠标左键拾取圆弧所在的位置点进而生成圆弧。另外圆弧中心位置、半径及角度确定也可以通过鼠标左键点选方式完成。

3.2.3　圆的绘制

通过"圆"命令,可以快速生成圆,草图环境中命令调取路径:"插入"|"曲线"|"圆"。"圆"案例展示如下。

(1)新建一个"模型"文件,进入草图绘制环境。

(2)调取"圆"命令:"插入"|"曲线"|"圆",图标为 ○ 圆(C)…,弹出"圆"对话框,如图 3.2.7 所示;同时弹出跟随鼠标移动的坐标输入栏,如图 3.2.8 所示。

(3)绘制圆有 2 种方法,如图 3.2.7 中"圆方法"所示,第一种为通过圆心和半径绘制圆,图标为 ⊙。第二种为通过圆上三点绘制圆,图标为 ○。此处选择第一种方法。

(4)在图 3.2.8 所示输入栏中输入 XC、YC 坐标值,确定圆心位置,对应图 3.2.7 中输入模式的"XY"。同理每次输完坐标值后按"Enter"键。XC、YC 坐标值确定后弹出直径输入栏,如图 3.2.9 所示。

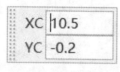

图 3.2.7　"圆"对话框　　　图 3.2.8　圆心坐标输入栏　　　图 3.2.9　直径输入栏

　　(5)在图 3.2.9 所示输入栏中输入直径,对应图 3.2.7 中输入模式的"⌷"。同理输完数值后按"Enter"键,完成圆的绘制。另外圆弧中心位置、直径的确定,也可以通过鼠标左键点选方式完成。

3.2.4　轮廓线绘制

通过"轮廓线"命令,可以快速生成圆弧和直线的组合曲线,在草图环境中命令调取路径:"插入"|"曲线"|"轮廓"。

"轮廓线"案例展示如下。

（1）新建一个"模型"文件，进入草图绘制环境。

（2）调取"轮廓线"命令："插入"|"曲线"|"轮廓"，图标为 🖊 轮廓(O)…，弹出"轮廓线"对话框，如图3.2.10所示；同时弹出跟随鼠标移动的坐标输入栏，如图3.2.11所示。

（3）选择对象类型。如图3.2.10"对象类型"所示，第一种为绘制直线，图标为 ╱ ；第二种为绘制圆弧，图标为 ⌒。可以选择绘制直线段，也可以选择绘制圆弧，也可以二者组合，例如绘制完直线段，通过鼠标左键点击绘制圆弧图标 ⌒，接着绘制相关联的圆弧。

（4）绘制直线段的方法和绘制圆弧的方法参照3.2.1和3.2.2节。需要注意的是，通过"轮廓"命令，绘制的是相连的线段及圆弧，可以通过按鼠标中键或者"Esc"键完成终止命令，轮廓线案例如图3.2.12所示。

图3.2.10　"轮廓线"对话框

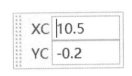
图3.2.11　起点坐标输入栏

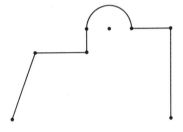
图3.2.12　轮廓线案例

3.2.5　矩形绘制

通过"矩形"命令，可以快速生成矩形，在草图环境中命令调取路径："插入"|"曲线"|"矩形"。

"矩形"案例展示如下。

（1）新建一个"模型"文件，进入草图绘制环境。

（2）调取"矩形"命令："插入"|"曲线"|"矩形"，图标为 ⬜ 矩形(R)…，弹出"矩形"对话框，如图3.2.13所示；同时弹出跟随鼠标移动的坐标输入栏，如图3.2.14所示。

（3）绘制矩形有3种方法，如图3.2.13中"矩形方法"所示，第一种为通过两个对角顶点，图标为 ▱；第二种为通过三个顺序相邻顶点，图标为 ▱；第三种为通过矩形中心点、一个边的中点和一个顶点，图标为 ▱。此处选择第一种方法。

（4）在起点坐标输入栏中输入XC、YC值，或者通过鼠标左键点取，起点确定后，弹出矩形宽度高度输入栏，如图3.2.15所示，输入宽度和高度值后，完成矩形绘制。

图3.2.13　"矩形"对话框

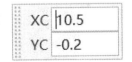
图3.2.14　起点坐标输入栏

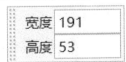
图3.2.15　宽度、高度输入栏

3.2.6 圆角绘制

通过"圆角"命令,可以对相交曲线进行倒圆角,在草图环境中命令调取路径:"插入"|"曲线"|"圆角"。

"圆角"案例展示如下。

(1)新建一个"模型"文件,进入草图绘制环境。

(2)在草图中生成一个长宽分别为 100 mm、50 mm 的矩形。

(3)调取"圆角"命令:"插入"|"曲线"|"圆角",图标为 圆角(F)…,弹出"圆角"对话框,如图 3.2.16 所示;同时弹出跟随鼠标移动的半径输入栏,如图 3.2.17 所示。

(4)创建圆角有 2 种方法,如图 3.2.16 中"圆角方法"所示,第一种为修剪,图标为 ,即生成圆角后,将两直线交点与圆弧相切点之间的直线修剪掉;第二种为取消修剪,图标为 ,即生成圆角后,将两直线交点与圆弧相切点之间的直线保留。此处选择第一种方法。

(5)在图 3.2.17 所示的半径输入栏中输入半径 20 mm,鼠标左键点选矩形的一条边,然后再次点选相邻的另外一条边,生成圆角如图 3.2.18 所示。注意,先输入倒圆角的半径尺寸,这样可以连续添加多个倒圆角操作。

图 3.2.16 "圆角"对话框　　图 3.2.17 半径输入栏　　图 3.2.18 生成圆角一

(6)重新生成一个长宽分别为 100 mm、50 mm 的矩形并调取"圆角"命令,在图 3.2.16 对话框中"圆角方法"选择第一种修剪方式,在"选项"区域将"创建备选圆角"选中,图标为 ,创建半径为 20 mm 的圆角,生成圆角如图 3.2.19 所示。即通过"创建备选圆角"可以在多组解之间进行切换,对于此矩形相邻两条边倒圆角,只有两组解,分别为优弧和劣弧。

(7)重新生成一个长宽分别为 100 mm、50 mm 的矩形并调取"圆角"命令,在图 3.2.16 对话框中"圆角方法"选择第一种修剪方式,在"选项"区域将"创建备选圆角"和"删除第三条曲线"都处于未选中状态,后者图标为 ,创建圆角,鼠标左键先后点选上下两条 100 mm 的边,通过移动鼠标可以选择圆角生成的位置。此处通过鼠标左键选取左侧竖直线,生成圆角圆心便在此竖直线上,生成圆角如图 3.2.20 所示。注意,圆角直接默认为两个 100 mm 平行直线之间的距离,无须输入。

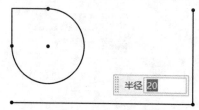
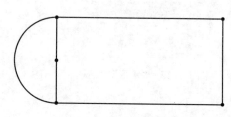

图 3.2.19 生成圆角二　　　　　　　　图 3.2.20 生成圆角三

（8）重新生成一个长宽分别为 100 mm、50 mm 的矩形并调取"圆角"命令，"圆角方法"选择"修剪"方式，将"创建备选圆角"处于未选中状态，将"删除第三条曲线"选中，创建圆角，仍然选取上下两条 100 mm 的边，生成圆角圆心位置仍然选取左侧竖直线，生成圆角如图 3.2.21 所示。中间竖直线被删除。

图 3.2.21　生成圆角四

3.2.7　斜角绘制

通过"倒斜角"命令，可以对相交曲线进行倒斜角，在草图环境中命令调取路径："插入"|"曲线"|"倒斜角"。

"倒斜角"案例展示如下。

（1）新建一个"模型"文件，进入草图绘制环境。

（2）在草图中生成一个长宽分别为 100 mm、50 mm 的矩形。

（3）调取"倒斜角"命令："插入"|"曲线"|"倒斜角"，图标为 　倒斜角(H)… ，弹出"倒斜角"对话框，如图 3.2.22 所示。

图 3.2.22　"倒斜角"对话框

（4）选择要进行倒斜角的两直线。勾选对话框中"修剪输入曲线"，则倒斜角后多余曲线被修剪，不勾选则不进行任何修剪。

（5）设置倒斜角尺寸，在"偏置"区域"倒斜角"下拉列表有 3 种尺寸设置方式，分别为对称、非对称、偏置和角度，如图 3.2.23 所示。其中对称即两直线上偏置距离相同；非对称两直线上偏置距离可设置不同；偏置和角度即倒斜角线段和两直线成设定角度及固定偏置距离。

另外"偏置"栏中（图 3.2.23），如果在"距离""距离 1""距离 2""距离、角度"任一复选框前进行勾选，则表示此选项被设定为固定值，可进行连续倒斜角操作。

(a) 对称　　　　　　　　　(b) 非对称　　　　　　　　(c) 偏置和角度

图 3.2.23　3 种倒斜角尺寸设定方式

（6）勾选"修剪输入曲线"，选择对称偏置方式，勾选"距离"并设定 15 mm，连续生成三个倒斜角如图 3.2.24 所示。

（7）勾选"修剪输入曲线"，选择非对称偏置方式，勾选"距离 1、距离 2"并设定距离 1 为 10 mm，距离 2 为 20 mm，连续生成三个倒斜角如图 3.2.25 所示。

（8）勾选"修剪输入曲线"，选择偏置和角度偏置方式，勾选"距离、角度"并设定距离为 15 mm，角度为 60°，连续生成三个倒斜角如图 3.2.26 所示。

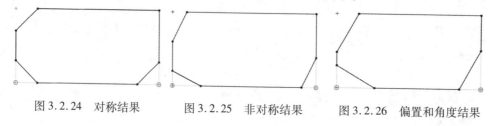

图 3.2.24　对称结果　　　图 3.2.25　非对称结果　　　图 3.2.26　偏置和角度结果

3.2.8　派生直线

通过"派生直线"命令，可以快速生成多条平行线或者两直线的角平分线，在草图环境中命令调取路径："插入"|"来自曲线集的曲线"|"派生直线"。

"派生直线"案例展示如下。

（1）打开文件。光盘:\案例文件\Ch03\ Ch03.02\1.prt，如图 3.2.27 所示。

（2）进入草图绘制环境："插入"|"在任务环境中进入草图"。

（3）调取"派生直线"命令："插入"|"来自曲线集的曲线"|"派生直线"，图标为 ⊿ 派生直线(I)… ，派生直线有 3 种生成方式。

①选择一条参考线则生成与参考线相距一定距离的平行线。

②选择两条平行线则生成与两平行线等间距的中间线。

③选择两条相交线则生成相交线的角平分线。注意，命令调取后没有任何对话框会弹出，只是在提示栏提示选择参考线。

（4）选择直线 1，弹出距离设定对话框 偏置 -1.5 ，输入偏置距离-1.5 回车，生成直线如图 3.2.28 所示。需要注意输偏置距离时，直线 1 上方为正值，直线 1 下方为负值。

（5）选择直线 1、直线 2，弹出直线长度对话框 长度 2.45 ，输入 3.5 回车，生成直线如图 3.2.29 所示，为直线 1、直线 2 的中间线，长度可自由设定。

（6）选择直线 2、直线 3，弹出直线长度对话框 长度 2.45 ，输入 1.5 回车，生成直线如图 3.2.30 所示。生成直线为直线 2、直线 3 的角平分线，长度可自由设定，通过移动鼠标可以在两相交直线形成的四个区间的任一个生成角平分线。

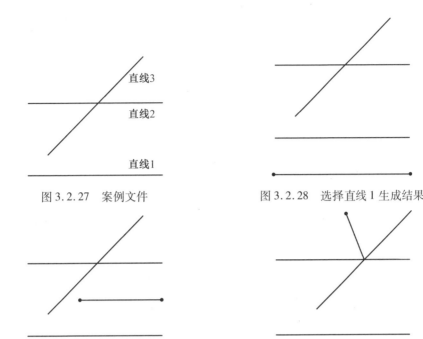

图 3.2.27 案例文件   图 3.2.28 选择直线 1 生成结果

图 3.2.29 选择直线 1、2 生成结果   图 3.2.30 选择直线 2、3 生成结果

3.3 草图编辑

3.3.1 编辑参数

通过"编辑曲线参数"命令,可以对已有曲线参数进行编辑,进而改变曲线形状,在草图环境中命令调取路径:"编辑"|"曲线"|"参数"。

"编辑曲线参数"案例展示如下。

(1)新建一个"模型"文件。

(2)进入草图环境:"插入"|"在任务环境中绘制草图"。

(3)利用"直线"命令在草图中生成一条水平直线。

(4)调取"编辑曲线参数"命令:"编辑"|"曲线"|"参数",图标为 ![参数(P)…] ,弹出"编辑曲线参数"对话框,如图 3.3.1 所示。

(5)系统提示选择要编辑的曲线,鼠标左键选择生成的直线,弹出"编辑直线参数"对话框,如图 3.3.2 所示。

(6)编辑直线的起点。起点坐标位置可以通过鼠标左键选取起点处正方形图形上下左右拖动完成,也可以通过键盘输入,如图 3.3.3 中"XC"输入栏、"YC"输入栏。

(7)编辑直线的终点。终点的位置可以通过鼠标左键选取终点处正方形上下左右拖动完成,直线长度可以通过鼠标左键选取终点区域的箭头拉动调整长度,也可以通过键盘输入,如图 3.3.3 中"终点"输入栏。

(8)编辑完成后点击"确定"按钮完成修改。

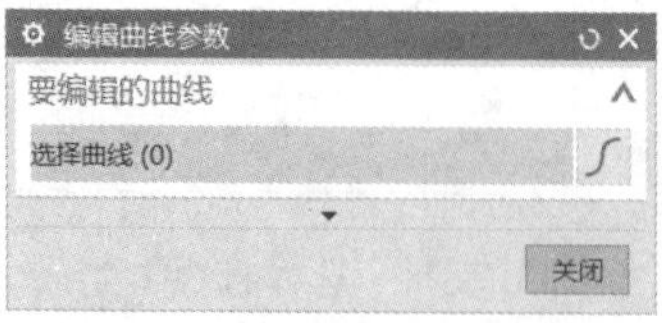

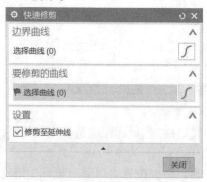

图 3.3.1 "编辑曲线参数"对话框起点　　图 3.3.2 "编辑直线参数"对话框终点

图 3.3.3 编辑直线起点和终点

3.3.2 快速修剪

通过"快速修剪"命令,可以对已有曲线进行快捷修剪,进而改变曲线形状,在草图环境中命令调取路径:"编辑"|"曲线"|"快速修剪"。

"快速修剪"案例展示如下。

(1)打开文件。光盘:\案例文件\Ch03\ Ch03.03\1. prt。

(2)进入草图环境:"插入"|"在任务环境中绘制草图"。

(3)调取"快速修剪"命令:"编辑"|"曲线"|"快速修剪",图标为 ⯭ 快速修剪(Q)...,弹出"快速修剪"对话框,如图 3.3.4 所示。

图 3.3.4 "快速修剪"对话框

(4)选择边界曲线。选择竖直线作为边界曲线,如图 3.3.5(a)所示。

(5)在"要修剪的曲线"区域选择"选择曲线",选择两条平行线中上面一条,修剪结果如图 3.3.5(b)所示。

(6)不进行边界曲线选择,勾选图 3.3.4 中"设置"区域的"修剪至延伸线"复选框,直接选择要修剪的曲线，选择两条平行线中上面一条，修剪结果如图3.3.5(c)所示，即在使用快速修剪命令时，可以不选择"边界曲线"，直接选择"要修剪的曲线"，曲线会在第一个交界处被修剪。

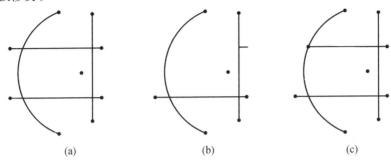

(a)　　　　　　　　　(b)　　　　　　　　　(c)

图3.3.5　快速修剪曲线结果

3.3.3　快速延伸

通过"快速延伸"命令，可以对已有曲线进行便捷延伸，进而改变曲线形状，在草图环境中命令调取路径："编辑"|"曲线"|"快速延伸"。

"快速延伸"案例展示如下。

(1)打开文件。光盘:\案例文件\Ch03\ Ch03.03\2. prt。

(2)进入草图环境："插入"|"在任务环境中绘制草图"。

(3)调取"快速延伸"命令："编辑"|"曲线"|"快速延伸"，图标为 ⟋ 快速延伸(X)… ，弹出"快速延伸"对话框，如图3.3.6所示。

图3.3.6　"快速延伸"对话框

(4)选择边界曲线。选择右侧圆弧曲线作为边界曲线，如图3.3.7(a)所示。

(5)在"要延伸的曲线"区域选择"选择曲线"，选择两条平行线中上面一条，延伸结果如图3.3.7(b)所示。

(6)不进行边界曲线选择，勾选图3.3.6中"设置"区域"延伸至延伸线"复选框，直接选择要延伸的曲线，选择两条平行线中上面一条，延伸结果如图3.3.7(c)所示，即在使用快速延伸命令时，可以不选择"边界曲线"，直接选择"要延伸的曲线"，曲线会延伸到第一个交界处。

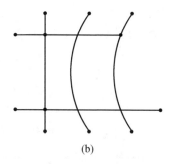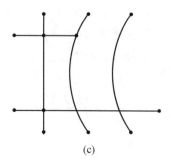

|(a)|(b)|(c)|

图 3.3.7 快速延伸曲线结果

3.3.4 制作拐角

通过"制作拐角"命令,可以对已有曲线进行倒角,在草图环境中命令调取路径:"编辑"|"曲线"|"制作拐角"。

"制作拐角"案例展示如下。

(1)新建一个"模型"文件。

(2)进入草图环境:"插入"|"在任务环境中绘制草图"。

(3)在草图中生成两条相交直线。

(4)调取"制作拐角"命令:"编辑"|"曲线"|"制作拐角",图标为 ,弹出"制作拐角"对话框,如图 3.3.8 所示。

(5)按照系统提示选择要保持区域的第一条曲线,如图 3.3.9(a)所示,在制作拐角时,有一部分曲线要被修剪掉,所以选择曲线时要用鼠标拾取曲线要保留的部分。

(6)按照系统提示选择要保持区域上靠近拐角的第二条曲线,如图 3.3.9(a)所示,同理,制作拐角时,有一部分曲线要被修剪掉,所以选择曲线时要用鼠标拾取曲线要保留的部分。

(7)生成拐角如图 3.3.9(b)所示。

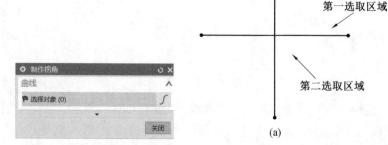

图 3.3.8 "制作拐角"对话框

图 3.3.9 制作拐角前后对比

3.3.5 偏置移动曲线

通过"偏置移动曲线"命令,可以对已有曲线进行平面内偏置,在草图环境中命令调取路径:"编辑"|"曲线"|"偏置和移动曲线"。

"偏置移动曲线"案例展示如下。

（1）新建一个"模型"文件。

（2）进入草图环境："插入"|"在任务环境中绘制草图"。

（3）在草图中生成一个矩形。

（4）调取"偏置移动曲线"命令："编辑"|"曲线"|"偏置移动曲线"，图标为 偏置移动曲线(O)… ，弹出偏置移动曲线对话框，如图3.3.10所示。

（5）按照系统提示，选择要偏置和移动的曲线，选择矩形的四个边。

（6）在"偏置"区域的"距离"输入栏输入20。

（7）通过调整偏置和移动曲线对话框"偏置"区域的"反向"箭头，可调整偏置方向，如图3.3.11所示。

（8）点击"确定"按钮完成偏置。

图3.3.10　"偏置移动曲线"对话框　　　图3.3.11　偏置预览

3.3.6　调整曲线大小

通过"调整曲线大小"命令，可以对已有圆弧曲线进行平面内偏置，此命令针对直线或者正方形、矩形等直线类图形不起作用。在草图环境中命令调取路径："编辑"|"曲线"|"调整曲线大小"。

"调整曲线大小"案例展示如下。

（1）新建一个"模型"文件并进入草图环境。

（2）在草图中生成一个直径为100 mm的圆。

（3）调取"调整曲线大小"命令："编辑"|"曲线"|"调整曲线大小"，图标为 调整曲线大小(R)… ，弹出"调整曲线大小"对话框，如图3.3.12所示。

（4）按照系统提示，选择要调整大小的曲线，选择圆曲线。

（5）圆曲线选中后，系统自动计算出圆的直径并在调整曲线大小对话框中显示出来，如图3.3.12所示。

（6）在"调整曲线大小"对话框的"直径"输入栏或者圆曲线旁边的"直径"输入栏输入新的直径80，点击"确定"按钮完成调整。调整后曲线如图3.3.13中的小圆所示。

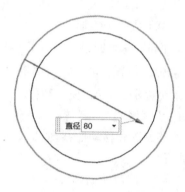

图 3.3.12 "调整曲线大小"对话框　　图 3.3.13 偏置预览

3.4 尺寸标注

3.4.1 快速尺寸

通过"快速尺寸"命令,可对图形的形状尺寸进行标注,包括直径、水平距离、竖直距离和角度等。在草图环境中命令调取路径:"插入"|"尺寸"|"快速"。

1. "调整曲线大小"案例展示

(1)新建一个"模型"文件并以"XC-YC 平面作为草图平面"进入草图环境。

(2)在草图环境中生成一个直径为 100 mm 的圆和长为 300 mm、高为 200 mm 的矩形及矩形的一条对角线,圆和矩形的中心重合,如图 3.4.1 所示。

(3)调取"快速标注"命令:"插入"|"尺寸"|"快速",图标为  快速(P)... ,弹出"快速尺寸"对话框,如图 3.4.2 所示。

(4)确定要标注的尺寸类型,如直径、角度和距离等,在"快速尺寸"对话框的"测量"区域"方法"下拉列表中,列举了所有快速尺寸可标注的尺寸类型,下拉列表如图 3.4.3 所示,包括自动判断、水平、竖直、点到点、垂直、圆柱坐标系、斜角、径向和直径等。

(5)标注矩形的长。测量方法中的"自动判断"即系统根据所选择对象自动识别标注类型,此时可以选择自动判断,也可以选择水平,本例中水平即沿着 XC 轴方向的距离,鼠标左键先后选取两点进行标注。

(6)标注矩形的高。选择测量方法竖直来标注矩形的高,本例中竖直即沿着 YC 轴方向的距离,鼠标左键先后选取两点进行标注。。

(7)标注矩形的对角线长。选择测量方法点到点来标注矩形的对角线长,点到点即两点之间的直线距离,鼠标左键先后选取两点进行标注。

(8)标注矩形对角线和底边的夹角。选择测量方法斜角,鼠标左键先后选取两直线进行标注。

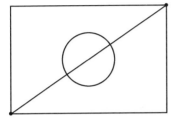

图3.4.1 案例图形

图3.4.2 "快速尺寸"对话框

图3.4.3 "方法"下拉列表

（9）标注圆的直径。选择测量方法径向或者直径,鼠标左键选取圆曲线进行标注,二者区别即一个显示半径,一个显示直径。

（10）标注圆心到矩形左侧边的距离,选择测量方法垂直,垂直即一点到直线的最短距离。鼠标左键先后选取圆心和矩形左侧竖直边进行标注。标注尺寸如图3.4.4所示。

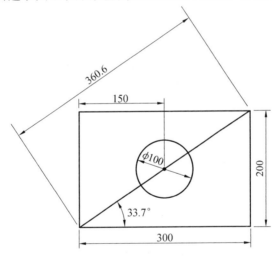

图3.4.4 标注尺寸(mm)

2."调整线性大小"案例展示

"线性"用于标注两个对象之间的线性距离,命令调取路径:"插入"|"尺寸"|"线性",图标为 线性(L)... ,使用方法参考"快速尺寸"中的"水平"距离标注。

3."调整径向大小"案例展示

"径向"用于标注圆角半径,命令调取路径:"插入"|"尺寸"|"径向",图标为 径向(R)... ,使用方法参考"快速尺寸"中的"径向"标注。

4."调整角度大小"案例展示

"角度"用于标注两对象间夹角,命令调取路径:"插入"|"尺寸"|"角度",图标为 角度(A)... ,使用方法参考"快速尺寸"中的"斜角"标注。

3.4.2 周长尺寸

通过"周长"命令，创建周长约束，进而控制选定直线和圆弧的集体长度，在草图环境中命令调取路径："插入"|"尺寸"|"周长"。

"周长尺寸"案例展示如下。

（1）新建一个"模型"文件并以 XC-YC 平面作为草图平面进入草图环境。

（2）通过样条曲线在草图环境中生成一条直线和一个圆弧相切，如图 3.4.5 所示。

（3）调取"周长"命令："插入"|"尺寸"|"周长"，图标为 ∮Σ周长(M)…，弹出"周长尺寸"对话框，如图 3.4.6 所示。

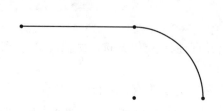

图 3.4.5　案例图形　　　　　　　图 3.4.6　"周长尺寸"对话框

（4）鼠标左键选取圆弧曲线和直线，"周长尺寸"对话框中的"距离"栏会显示已选直线和圆弧的总长度，如图 3.4.7 所示。如果尺寸无须更改，点击"确定"按钮，完成约束，此时直线和圆弧的长度都被约束，无法更改；也可以只选择直线或者圆弧进行单独约束。

图 3.4.7　"距离"栏显示对话框

3.5　草图约束

3.5.1 重合

作用是约束两个或多个点，使之重合。

在草图环境中命令调取路径："插入"|"几何约束"|"重合"，图标为 ↗重合 。

3.5.2 点在曲线上

作用是将顶点或点约束到曲线上。

在草图环境中命令调取路径："插入"|"几何约束"|"点在曲线上"，图标

为 ↑ 点在曲线上 。

3.5.3　相切

作用是约束两条曲线,使之相切。

在草图环境中命令调取路径:"插入"|"几何约束"|"相切",图标为 ↆ相切 。

3.5.4　平行

作用是约束两条或多条直线,使之平行。

在草图环境中命令调取路径:"插入"|"几何约束"|"平行",图标为 ∥平行 。

3.5.5　垂直

作用是约束两条或多条直线,使之垂直。

在草图环境中命令调取路径:"插入"|"几何约束"|"垂直",图标为 ⊥垂直 。

3.5.6　水平

作用是约束一条或多条直线,使之水平。

在草图环境中命令调取路径:"插入"|"几何约束"|"水平",图标为 ━水平 。

3.5.7　竖直

作用是约束一条或多条直线,使之竖直。

在草图环境中命令调取路径:"插入"|"几何约束"|"竖直",图标为 ∣竖直 。

3.5.8　中点

作用是约束顶点或点,使之与某条线的中点对齐。

在草图环境中命令调取路径:"插入"|"几何约束"|"中点",图标为 ┼中点 。

3.5.9　共线

作用是约束两条或多条直线,使之共线。

在草图环境中命令调取路径:"插入"|"几何约束"|"共线",图标为 ∖共线 。

3.5.10　同心

作用是约束两条或多条曲线,使之同心。

在草图环境中命令调取路径:"插入"|"几何约束"|"同心",图标为 ◎同心。

3.5.11　等长

作用是约束两条或多条直线,使之等长。

在草图环境中命令调取路径:"插入"|"几何约束"|"等长",图标为 ═等长 。

3.5.12 等半径

作用是约束两条或多条圆弧,使之具有等半径。

在草图环境中命令调取路径:“插入”|“几何约束”|“等半径”,图标为 等半径。

3.5.13 固定

作用是约束一个或多个曲线或顶点,使之固定。

在草图环境中命令调取路径:“插入”|“几何约束”|“固定”,图标为 固定。

3.5.14 完全固定

作用是约束一个或多个曲线和顶点,使之固定。

在草图环境中命令调取路径:“插入”|“几何约束”|“完全固定”,图标为 完全固定。

3.5.15 角度

作用是约束一条或者多条线,使之具有角度。

在草图环境中命令调取路径:“插入”|“几何约束”|“角度”,图标为 角度。

3.5.16 定长

作用是约束一条或者多条线,使之具有定长。

在草图环境中命令调取路径:“插入”|“几何约束”|“定长”,图标为 定长。

3.5.17 点在线串上

作用是约束一个顶点或点,使之位于(投影的)曲线串上。

在草图环境中命令调取路径:“插入”|“几何约束”|“点在线串上”,图标为 点在线串上。

第 4 章　UG NX 10.0 实体建模

实体建模是 UG NX 10.0 提供的三维造型设计的重要模块,主要包括设计特征、细节特征、组合、修剪、偏置缩放、关联复制、对象操作和同步建模等。

4.1　设计特征

4.1.1　拉伸

通过"拉伸"命令,可以实现由曲线生成曲面或者实体,在建模环境下命令调取路径: "插入"|"设计特征"|"拉伸"。

"拉伸"案例展示如下。

(1)打开文件。光盘:\案例文件\Ch04\ Ch04.01\1. prt。

(2)调取"拉伸"命令:"插入"|"设计特征"|"拉伸"。图标为 拉伸(E)…,弹出"拉伸"对话框,如图 4.1.1 所示。

图 4.1.1　"拉伸"对话框

(3)设置"选择工具条"。通过"选择工具条"来限定选择对象,如图 4.1.2 所示,其下拉列表如图 4.1.3 所示,共列出 7 种备选方案,分别为基准、尺寸、曲线、曲线特征、草图、边和面。此处选择曲线。

图 4.1.2 选择工具条   图 4.1.3 "选择工具条"下拉列表

（4）选择曲线。如图 4.1.1 所示，在"截面"区域"选择曲线"，鼠标左键选择打开文件中的所有曲线。

（5）确定拉伸方向。如图 4.1.1 所示，在"方向"区域"指定矢量"下拉列表，系统列出了 12 种矢量方向，此处选择沿着 ZC 轴方向。

（6）输入拉伸距离。如图 4.1.1 所示，在"限制"区域"开始距离"输入 0，在"结束距离"输入 35，代表将曲线沿着 ZC 轴方向拉伸 35 mm。

（7）其他全部保持默认设置，将图 4.1.1"拉伸"对话框中"设置"区域的"体类型"分别设置为片体和实体，如图 4.1.4 所示，点击"确定"按钮完成拉伸。原始曲线如图 4.1.5 所示；设置为片体拉伸结果如图 4.1.6 所示；设置为实体拉伸结果如图 4.1.7 所示。

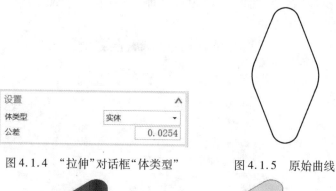

图 4.1.4 "拉伸"对话框"体类型"   图 4.1.5 原始曲线

图 4.1.6 片体拉伸结果   图 4.1.7 实体拉伸结果

（8）重复上述步骤，且输入相同的参数，将图 4.1.1"拉伸"对话框中"偏置"下拉列表选择为"两侧"，并在"开始"输入栏输入-5，在"结束"输入栏输入 5，如图 4.1.8 所示；点击"确定"按钮完成拉伸；生成实体如图 4.1.9 所示。由图可见，偏置是在与拉伸方向垂直的平面内向两侧偏移。同时只要有偏置值，则体类型不管选择实体还是片体，最终生成的都是实体。

图 4.1.8 "拉伸"对话框"偏置"

图 4.1.9 偏置后生成实体

(9)重复上述步骤,且输入相同的参数,将图4.1.1"拉伸"对话框中"拔模"下拉列表选择为"从起始限制",并在"角度"输入栏输入4,如图4.1.10所示。点击"确定"按钮完成拉伸,生成实体如图4.1.11所示。通过拔模,可以生成带有一定拔模角度的实体。

图 4.1.11 拔模后结果

图 4.1.10 "拉伸"对话框"拔模"

4.1.2 旋转

"旋转"即通过绕轴旋转截面来创建特征,在建模环境下命令调取路径:"插入"|"设计特征"|"旋转"。

"旋转"案例展示如下。

(1)打开文件。光盘:\案例文件\Ch04\ Ch04.01\2. prt。

(2)调取"旋转"命令:"插入"|"设计特征"|"旋转"。图标为 旋转(R)…,弹出"旋转"对话框,如图4.1.12所示。

(3)选择旋转对象。通过"选择工具条"限定选择对象,然后鼠标左键选择打开文件中的所有实线。

(4)确定旋转轴。如图4.1.12所示,在"轴"区域的"指定矢量"下拉列表,图标为 ,系统列出了12种矢量方向,此处选择YC轴方向。

(5)确定旋转轴所在位置。如图4.1.12所示,在"轴"区域"指定点"下拉列表,图标为 ,系统列出了11种定义点的方法,选择其中一种定义一个点,即旋转轴所在位置坐标;也可以点击点构造器,图标为 ,弹出点构造器对话框,如图4.1.13所示,在"类型"下拉列表系统列出13种定义点的方法,此处选择坐标原点作为旋转轴坐标位置。

图 4.1.12 "旋转"对话框

图 4.1.13 "点"对话框

(6)设定旋转角度。在"限制"区域"开始角度"输入0,在"结束角度"输入240,如图 4.1.14 所示。

(7)将图 4.1.2"旋转"对话框中"设置"区域的"体类型"分别设置为片体和实体,如图 4.1.15 所示,点击"确定"按钮完成旋转;原始曲线如图 4.1.16 所示,设置为片体和实体的旋转结果一致,如图 4.1.17 所示。即如果旋转的曲线不是封闭曲线,且旋转角度小于 360°,则生成片体。

图 4.1.14 旋转角度输入

图 4.1.15 体类型设置

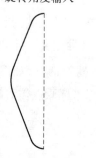

图 4.1.16 案例曲线

图 4.1.17 旋转结果一

（8）保持其他设置不变，选择旋转曲线时，将实线和虚线全部选中，即封闭曲线，生成图形如图4.1.18所示，此时"设置"区域的"体类型"只能设置为实体。即如果是封闭曲线，无法生成片体，所以选择片体会报错。

（9）保持其他设置不变，选择旋转曲线时，还是只选择实线，将图4.1.2旋转对话框中"偏置"设置为两侧，"开始"输入栏输入0，"结束"输入栏输入5，如图4.1.19所示；点击"确定"按钮完成旋转，旋转结果如图4.1.20所示。同理，设置偏置后只能生成实体。

图4.1.18　旋转结果二　　　图4.1.19　偏置输入栏　　　图4.1.20　旋转结果三

4.1.3　长方体

通过"长方体"命令可快速生成所需尺寸长方体，在建模环境下命令调取路径："插入"|"设计特征"|"长方体"。

"长方体"案例展示如下。

（1）建模环境下调取"长方体"命令："插入"|"设计特征"|"长方体"，图标为 长方体(K)...，弹出"块"对话框，如图4.1.21所示。

（2）系统提供了3种生成长方体的方法，分别为原点和边长、两点和高度、两个对角点。3种方式大同小异，以原点和边长为例，首先指定长方体顶点坐标，在对话框中"原点"区域"指定点"下拉列表，系统列出了11种定义点的方法，选择其中一种定义一个点；也可以点击点构造器，图标为 ，通过点构造器定义一点。此处选择坐标原点。

（3）如图4.1.21所示，在"尺寸"区域输入长方体的长、宽和高，点击"确定"按钮完成创建，如图4.1.22所示。

 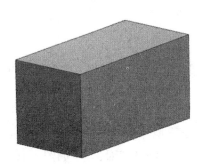

图4.1.21　"块"对话框　　　图4.1.22　生成长方体结果

4.1.4 圆柱体

通过"圆柱体"命令可快速生成所需尺寸圆柱体,在建模环境下命令调取路径:"插入"|"设计特征"|"圆柱体"。

"圆柱体"案例展示如下。

(1)建模环境下调取"圆柱体"命令:"插入"|"设计特征"|"圆柱体",图标为 圆柱体(C)... ,弹出"圆柱"对话框,如图4.1.23所示。

(2)系统提供了2种生成圆柱体的方法,分别为轴、直径和高度以及圆弧和高度。此处以轴、直径和高度为例,首先定义圆柱体的轴向,如图4.1.23所示,在"轴"区域"指定矢量"下拉列表,图标为 ,系统列出了12种矢量方向,任意选择一种方法定义轴向,此处选择 ZC 轴方向。

(3)定义轴所在位置。如图4.1.23所示,在"轴"区域"指定点"下拉列表,图标为 ,系统列出了11种定义点的方法,选择其中一种;也可以点击点构造器,图标为 ,通过点构造器定义轴所在位置坐标。此处选择坐标原点。

(4)如图4.1.23所示,在"尺寸"区域输入直径和高度值,点击"确定"按钮,完成创建,如图4.1.24所示。

图4.1.23 "圆柱"对话框

图4.1.24 生成圆柱体结果

4.1.5 圆锥

通过"圆锥"命令可快速生成所需尺寸圆锥体,在建模环境下命令调取路径:"插入"|"设计特征"|"圆锥"。

"圆锥"案例展示如下。

(1)建模环境下调取"圆锥"命令:"插入"|"设计特征"|"圆锥",图标为 圆锥(O)... ,弹出"圆锥"对话框,如图4.1.25所示。

(2)系统提供了5种生成圆锥的方法,此处以直径和高度为例,首先定义圆锥的轴向,如图4.1.25所示,在"轴"区域"指定矢量"下拉列表,图标为 ,系统列出了12种矢量方向,任意选择一种方法定义轴向,此处选择ZC轴方向。

图4.1.25 "圆锥"对话框

(3)定义轴所在位置。如图4.1.25所示,在"轴"区域"指定点"下拉列表,图标为 ⊹⁻·,系统列出了11种定义点的方法,选择其中一种;也可以点击点构造器,图标为 ⁺·,通过点构造器定义轴所在位置坐标。此处选择坐标原点。

(4)如图4.1.25所示,在"尺寸"区域输入底部直径、顶部直径和高度值,点击"确定"完成创建,如图4.1.26、图4.1.27所示。

图4.1.26 顶部直径为0 mm

图4.1.27 顶部直径不为0 mm

4.1.6 球

通过"球"命令可快速生成所需尺寸球体,在建模环境下命令调取路径:"插入"|"设计特征"|"球"。

"球"案例展示如下。

(1)建模环境下调取"球"命令:"插入"|"设计特征"|"球",图标为 ⬤ 球(S)…,弹出"球"对话框,如图4.1.28所示。

（2）系统提供了 2 种生成球的方法，分别为中心点和直径、圆弧。此处以中心点和直径为例，首先定义球的中心，如图 4.1.28 所示，在"中心点"区域"指定点"下拉列表，图标为 ，系统列出了 11 种定义点的方法，选择其中一种；也可以点击点构造器，图标为 ，通过点构造器定义中心点坐标。此处选择坐标原点。

（3）如图 4.1.28 所示，在"尺寸"区域输入直径值，点击"确定"按钮完成创建，如图 4.1.29 所示。

图 4.1.28　"球"对话框

图 4.1.29　生成球体

4.1.7　孔

通过"孔"特征可以在实体上生成各种功能性孔，如螺纹孔、螺钉过孔等，在建模环境下命令调取路径："插入"|"设计特征"|"孔"。

"孔"案例展示如下。

建模环境下生成一个长宽都为 100 mm、高度为 30 mm、一个顶点在坐标原点的长方体，要在长方体长宽都为 100 mm 的面上创建四个上部直径为 30 mm、下部直径为 20 mm 的沉头孔，孔中心距相邻两边距离都为 20 mm。

（1）调取"孔"命令："插入"|"设计特征"|"孔"，图标为 孔(H)… ，弹出"孔"对话框，如图 4.1.30 所示。

（2）选择孔的类型。如图 4.1.30 所示，在"类型"下拉列表列出了 5 种孔的类型，孔的类型不同，但创建方法一致。此处选择常规孔。

（3）鼠标点击孔中心所在位置。如图 4.1.30 所示，在"位置"区域"指定点"处用鼠标左键在长方体长宽都为 100 mm 的面上随意拾取一点，系统自动进入到草图模块，如图 4.1.31所示。

图4.1.30　"孔"对话框

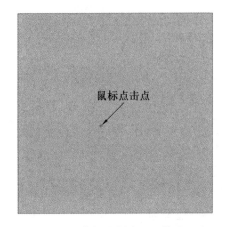

图4.1.31　鼠标左键在面上拾取一点

（4）调取"快速标注"命令。草图环境下调取路径："插入"｜"尺寸"｜"快速"，图标为 快速(P)... ，标注"鼠标点击点"到相邻两边距离都为 20 mm，如图4.1.32 所示。

（5）点击完成草图图标。图标为 完成草图，退出草图，进入到建模环境。

（6）如图4.1.30 所示，在"形状和尺寸"区域"形状"下拉列表选择孔的形状，包括简单孔、沉头孔、埋头孔和锥孔 4 种形状。选择沉头孔，具体尺寸如图4.1.33 所示，孔的形状不同，但创建方法一样。

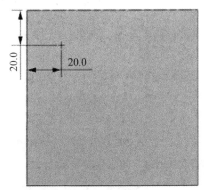

图4.1.32　约束尺寸

图4.1.33　"孔"对话框"形状和尺寸"

（7）点击"确定"按钮完成创建，如图4.1.34 所示；用相同的方法再创建三个相同的孔，如图4.1.35 所示。

图 4.1.34　创建一个孔　　　　　　图 4.1.35　创建四个孔

4.1.8　凸台

通过"凸台"特征,可以在实体表面生成各种尺寸的圆台,在建模环境下命令调取路径:"插入"|"设计特征"|"凸台"。

"凸台"案例展示如下。

建模环境下生成一个长宽都为 100 mm、高度为 30 mm、一个顶点在原点的长方体,要在长方体长宽都为 100 mm 的面上创建四个直径都为 20 mm 的凸台,凸台中心距相邻两边距离都为 20 mm。

(1)调取"凸台"命令:"插入"|"设计特征"|"凸台",图标为 ＿＿ 凸台(B)…,弹出"凸台"对话框,并输入直径 20、高度 30、锥角 0,如图 4.1.36 所示。

(2)设置凸台生成平面。如图 4.1.36 所示,在"过滤器"下拉列表列出了三个选项,分别为任意、面和基准平面。任意指圆台可以生成在所有平面上;面指圆台只能生成在实体表面或片体面上;基准平面指圆台只能生成在基准平面上。此处选择任意。

鼠标左键在长方体长宽都为 100 mm 的面上任意拾取一点,点击"确定"按钮,如图 4.1.37 所示;弹出定位对话框,如图 4.1.38 所示。

(3)选择垂直定位,图标为 ＿＿ ,鼠标左键选择左侧竖直边,如图 4.1.39 所示,将圆心距边的距离调整为 20 mm,点击"应用"按钮;再次选择垂直定位,鼠标左键选择下侧水平边,将圆心距边的距离调整为 20 mm,点击确定按钮,生成凸台如图 4.1.40 所示。

图 4.1.36　"凸台"对话框

图 4.1.37　选择生成平面

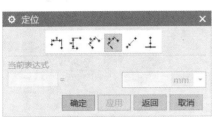

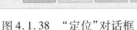

图 4.1.38 "定位"对话框

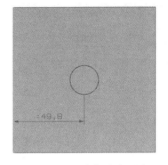

图 4.1.39 设定垂直距离

(4)用相同的方法生成剩余三个凸台,如图 4.1.41 所示。

图 4.1.40 生成凸台

图 4.1.41 创建四个凸台

4.2 细节特征

4.2.1 边倒圆

通过"边倒圆"命令,可以在实体棱上创建圆角,在建模环境下命令调取路径:"插入"|"细节特征"|"边倒圆"。

"边倒圆"案例展示如下。

创建一个长宽高都为 100 mm 且一个顶点在坐标原点的正方体。

(1)调取"边倒圆"命令:"插入"|"细节特征"|"边倒圆"。图标为 [图标],弹出"边倒圆"对话框,如图 4.2.1 所示。

(2)如图 4.2.1 所示,在"混合面连续性"下拉列表选择创建圆弧面的连续性,G1(相切)代表切率连续,G2(曲率)代表曲率连续。此处选择 G1(相切)。

(3)鼠标左键选择正方体同一面上两条棱线。

(4)如图 4.2.1 所示,在"形状"下拉列表选择圆弧截面曲线形状,圆形代表截面曲线为圆曲线,二次曲线代表截面曲线为二次曲线。此处选择圆形。

(5)如图 4.2.1 所示,在"半径 1"输入栏输入 30,点击"确定"按钮,生成边倒圆如图 4.2.2 所示。

图 4.2.1 "边倒圆"对话框

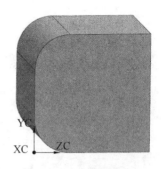

图 4.2.2 边倒圆结果

（6）保持其他参数不变，圆弧面的连续性选择 G2（曲率），在正方体另一面两条棱上创建倒角，如图 4.2.3、图 4.2.4 所示。

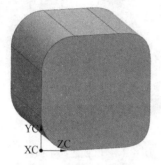

图 4.2.3 边倒圆视图一

图 4.2.4 边倒圆视图二

4.2.2 斜倒角

通过"斜倒角"命令，可以在实体棱上创建斜倒角，在建模环境下命令调取路径："插入"｜"细节特征"｜"斜倒角"。

"斜倒角"案例展示如下。

创建一个长宽高都为 100 mm 且一个顶点在坐标原点的正方体。

（1）调取"斜倒角"命令："插入"｜"细节特征"｜"斜倒角"。图标为 倒斜角(M)... ，弹出"斜倒角"对话框，如图 4.2.5 所示。

（2）选择要倒斜角的边，鼠标左键任意选择一条边。

（3）选择截面形状，如图 4.2.5 所示，在"横截面"下拉列表列出了 3 种截面形状定义方式，分别为对称、非对称、偏置和角度。此处选择对称。

（4）设定偏置距离，如图 4.2.5 所示，在"距离"输入栏输入 20，点击"确定"按钮完成创建，如图 4.2.6 所示。

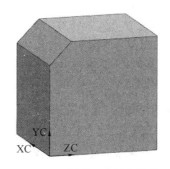

图 4.2.5 "斜倒角"对话框一 　　　　　图 4.2.6 创建对称斜角结果

(5)重复上述步骤,如图4.2.5所示;在"横截面"下拉列表选择非对称,"距离1"输入栏输入20,"距离2"输入栏输入40,如图4.2.7所示;创建斜角如图4.2.8所示。

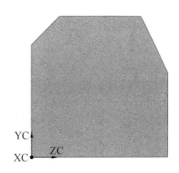

图 4.2.7 "斜倒角"对话框二 　　　　　图 4.2.8 增加非对称斜角

(6)重复上述步骤,如图4.2.5所示;在"横截面"下拉列表选择偏置和角度,在"距离"输入栏输入20,在"角度"输入栏输入70,如图4.2.9所示;创建斜角如图4.2.10所示。

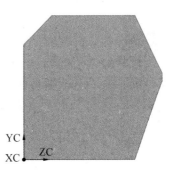

图 4.2.9 "斜倒角"对话框三 　　　　　图 4.2.10 增加偏置和角度斜角

4.2.3 拔模

通过"拔模"命令,可以在已有实体上创建拔模面,在建模环境下命令调取路径:"插入"|"细节特征"|"拔模"。

"拔模"案例展示如下。

创建一个长宽高都为 100 mm 且一个顶点在坐标原点的正方体。

(1)调取"拔模"命令:"插入"|"细节特征"|"拔模"。图标为 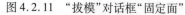 拔模(T)...,弹出"拔模"对话框,如图 4.2.11 所示。

(2)选择拔模类型。如图 4.2.11 所示,在"类型"下拉列表列出了 4 种拔模类型,分别为从平面或曲面、从边、与多个面相切和至分型边。此处选择从平面或曲面。

(3)指定脱模方向。选择 ZC 轴方向。

(4)设定拔模参考。如图 4.2.11 所示,在"拔模方法"下拉列表列出了 3 种拔模方法,分别为固定面、分型面、固定面和分型面。此处选择固定面。

(5)选择固定面。鼠标左键选择正方体上表面为固定面,此后在创建拔模面的过程中,此固定面形状不会发生变化。

(6)选择要拔模的面。鼠标左键选择正方体侧面的四个面,此后在创建拔模面的过程中,此四个面会发生变化。

(7)输入拔模角度 15,点击"确定"按钮,完成创建,如图 4.2.12 所示。

图 4.2.11 "拔模"对话框"固定面"

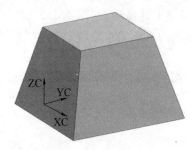

图 4.2.12 固定面拔模结果

(8)重复上述步骤,拔模类型选择从边,如图 4.2.13 所示,脱模方向依然选择 ZC 轴方向;选择正方体上表面任一边作为固定边,输入拔模角度 30,结果如图 4.2.14 所示。

图 4.2.13 "拔模"对话框"从边"

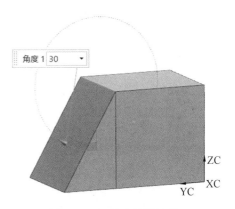

图 4.2.14 从边拔模结果

4.2.4 拔模体

通过"拔模体"命令,可以实现在分型面的两侧添加并匹配拔模,在建模环境下命令调取路径:"插入"|"细节特征"|"拔模体"。

"拔模体"案例展示如下。

(1)打开文件。光盘:\案例文件\Ch04\ Ch04.02\1.prt。

(2)调取"拔模体"命令:"插入"|"细节特征"|"拔模体"。图标为 拔模体(O)… ,弹出"拔模体"对话框,如图 4.2.15 所示。

(3)选择拔模类型。如图 4.2.15 所示,在"类型"下拉列表,系统列出了 2 种拔模类型,分别为要拔模的面和从边。此处选择要拔模的面。

(4)选择分型对象。如图 4.2.15 所示,在"分型对象"区域,提示选择分型对象,鼠标左键选择圆柱和正方体相交的平面作为分型面。

(5)指定脱模方向。选择 ZC 轴方向。

(6)选择要拔模的面。鼠标左键选择正方体侧面和圆柱体侧面。

(7)在"拔模角"区域输入角度 15,点击确定完成创建,如图 4.2.16 所示,4.2.16(a)为原始案例文件,4.2.16(b)为拔模后实体。

(8)重复上述步骤,拔模类型选择从边,如图 4.2.17 所示,分型对象依然选择圆柱面和正方体相交的平面,脱模方向选择 ZC 轴方向。

(9)如图 4.2.17 所示,在"固定边"区域"位置"下拉列表,系统列出了 3 种固定边的方式,分别为上面和下面、仅分型上面和仅分型下面。此处选择上面和下面,即同时固定分型面上面的边,也固定分型面下面的边。

(10)选择分型上面的边,选择圆柱体上面的边,如图 4.2.18(a)所示。

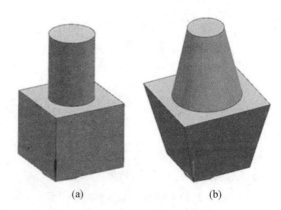

图 4.2.15 "拔模体"对话框"复拔模的面"   图 4.2.16 创建拔模结果

（11）选择分型下面的边。选择正方体底面的四条边,如图 4.2.18(a)所示。

（12）设定拔模角为 15°,点击"确定"完成创建,如图 4.2.18(b)所示。

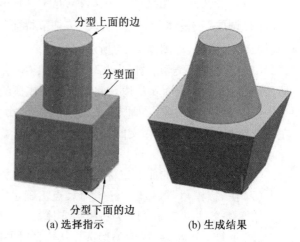

图 4.2.17 "拔模体"对话框"从边"   图 4.2.18 拔模前后结果

4.3 组　　合

4.3.1 合并

通过"合并"命令,可以将多个实体合并为一个实体,在建模环境下命令调取路径:"插入"|"组合"|"合并"。

"合并"案例展示如下。

(1) 打开文件。光盘:\案例文件\Ch04\ Ch04.03\1. prt,如图 4.3.1 所示。

(2) 调取"合并"命令:"插入"|"组合"|"合并"。图标为 ![icon] 合并(U)…,弹出"合并"对话框,如图 4.3.2 所示。

(3) 选择目标体。将实体二合并到实体一上面,合并后整个实体的属性都将继承实体一的属性,比如颜色显示、图层位置等,则实体一即目标体。此处鼠标左键选择倒圆角后的长方体为目标体。

(4) 选择工具体。将实体二合并到实体一上面,合并后整个实体的属性都将继承实体一的属性,比如颜色显示、图层位置等,则实体二即为工具体。此处鼠标左键选择圆柱体为工具体。

(5) 合并选项设置。包括保留目标、保留工具。保留目标即目标体和工具体合并成一个整体的同时,目标体依然被保留。保留工具即目标体和工具体合并成一个整体的同时,工具体依然被保留。此处二者都不勾选。

(6) "合并"对话框中"设置"区域"公差"输入栏,系统显示 0.025 4 mm,即系统允许的最大误差值为此值,保持默认设置即可。

(7) 点击"确定"按钮完成合并。合并前如图 4.3.3 所示,为两个独立的实体;合并后如图 4.3.4 所示,为一个整体。

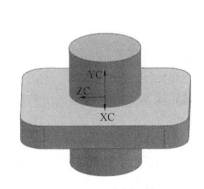

图 4.3.1　案例文件

图 4.3.2　"合并"对话框

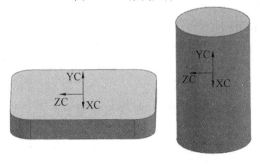

图 4.3.3　合并前两个独立实体

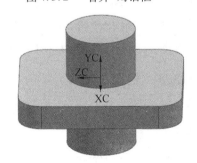

图 4.3.4　合并后结果

4.3.2　减去

通过"减去"命令,可以将一个或多个实体从另外一个实体中减去,在建模环境下命令调取路径:"插入"|"组合"|"减去"。

"减去"案例展示如下。

(1)打开文件。光盘:\案例文件\Ch04\ Ch04.03\1.prt,如图 4.3.1 所示;二者独立显示如图 4.3.3 所示。

(2)调取"减去"命令:"插入"|"组合"|"减去"。图标为 减去(S)…,弹出"求差"对话框,如图 4.3.5 所示。

图 4.3.5　"求差"对话框

(3)选择目标体。将实体二从实体一中减去,最后保留下来的是实体一未被减去的部分,实体一即目标体。此处选择倒圆角的长方体为目标体。

(4)选择工具体。将实体二从实体一中减去,最后保留下来的是实体一未被减去的部分,实体二即工具体。此处选择圆柱体为工具体。

(5)减去选项设置。包括保留目标、保留工具。保留目标即减去操作结束后,目标体依然被保留。保留工具即减去操作结束后,工具体依然被保留。此处二者都不勾选。

(6)"求差"对话框中"设置"区域的"公差"输入栏,系统显示 0.025 4 mm,即系统允许的最大误差值为此值,保持默认设置即可。

(7)点击"确定"按钮完成减去操作,如图 4.3.6 所示。

(8)重复上述步骤,将目标体和工具体互换,结果如图 4.3.7 所示。

4.3.3　相交

通过"相交"命令,可以将两个实体的公共部分创建出来,在建模环境下命令调取路径:"插入"|"组合"|"相交"。

"相交"案例展示如下。

(1)打开文件。光盘:\案例文件\Ch04\ Ch04.03\1.prt,如图 4.3.1 所示;二者独立显示如图 4.3.3 所示。

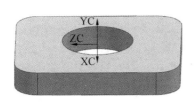

图 4.3.6　减去结果一　　　　　图 4.3.7　减去结果二

（2）调取"相交"命令："插入"|"组合"|"相交"。图标为 相交⑴… ，弹出"求交"对话框，如图 4.3.8 所示。

（3）选择目标体。两个实体公共部分被留下，留下部分将继承目标体的属性，此处选择倒圆角后的长方体为目标体。

（4）选择工具体。未被继承属性的实体为工具体，此处选择圆柱体为工具体。

（5）相交选项设置。包括保留目标、保留工具。保留目标即相交操作结束后，目标体依然被保留。保留工具即相交操作结束后，工具体依然被保留。此处二者都不勾选。

（6）如图 4.3.8 所示，在"设置"区域的"公差"输入栏，系统显示 0.025 4 mm，即系统允许的最大误差值为此值，保持默认设置即可。

（7）点击"确定"按钮完成相交操作，如图 4.3.9 所示。

（8）重复上述步骤，将目标体和工具体互换，形状一致，只是继承属性不一样。

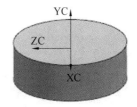

图 4.3.8　"求交"对话框　　　　　图 4.3.9　相交结果

4.3.4　缝合

通过"缝合"命令，可以将多个片体缝合成一个整体，在建模环境下命令调取路径："插入"|"组合"|"缝合"。

"缝合"案例展示如下。

（1）打开文件。光盘：\案例文件\Ch04\ Ch04.03\2.prt。

（2）调取"缝合"命令："插入" | "组合" | "缝合"。图标为  缝合(W)... ，弹出"缝合"对话框，如图4.3.10所示。

（3）如图4.3.10所示，在"类型"下拉列表选择缝合类型，包括实体、片体，此命令主要多应用与片体缝合。此处选择片体。

（4）选择目标体。将曲面二、曲面三等缝合到曲面一上，形成一个整体曲面，此整体曲面继承曲面一的属性，比如颜色、图层等，则曲面一即为目标体。此处选择最外围的面作为目标体。

（5）选择工具体。将曲面二、曲面三等缝合到曲面一上，形成一个整体曲面，此整体曲面继承曲面一的属性，比如颜色、图层等，则曲面二、曲面三即为工具体。此处选剩余所有曲面为工具体。

（6）点击"确定"按钮，完成缝合，缝合前如图4.3.11（a）所示；缝合后的整体如图4.3.11（b）所示。

图4.3.10　"缝合"对话框

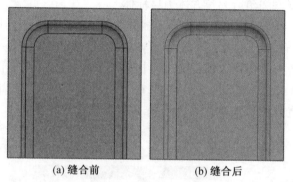

图4.3.11　缝合前后结果

4.3.5　取消缝合

通过"取消缝合"命令，可以将缝合好的整体曲面分解成缝合前的单独曲面状态，在建模环境下命令调取路径："插入" | "组合" | "取消缝合"。

"取消缝合"案例展示如下。

（1）打开文件。光盘：\案例文件\Ch04\ Ch04.03\3.prt。

（2）调取"取消缝合"命令："插入" | "组合" | "取消缝合"。图标为 取消缝合(N)... ，弹出"取消缝合"对话框，如图4.3.12所示。

（3）如图4.3.12所示，在"类型"下拉列表选择类型，包括面和边。此处选择边，即通过选择一组封闭的边线，则此封闭边线包围的曲面就会从整体曲面中单独分离出来，形成一个单独的曲面，选择后的边线如图4.3.13所示。

图 4.3.12　"取消缝合"对话框　　　　图 4.3.13　选择边线

（4）点击"确定"按钮，完成取消缝合操作，两曲面组合一起如图 4.3.14(a)所示；分开显示分别如图 4.3.14(b)、(c)所示。

(a) 取消缝合后组合图　　　　(b) 取消缝合单独图一　　　　(c) 取消缝合单独图二

图 4.3.14　取消缝合后的结果

4.4　修　　剪

4.4.1　修剪体

"修剪体"命令，即使用面或平面修剪掉实体上的一部分，在建模环境下命令调取路径："插入"|"修剪"|"修剪体"。

"修剪体"案例展示如下。

（1）打开文件。光盘:\案例文件\Ch04\ Ch04.04\1.prt,如图 4.4.1 所示。

（2）调取"修剪体"命令："插入"|"修剪"|"修剪体"。图标为 🔲 修剪体(T)… ,弹出"修剪体"对话框，如图 4.4.2 所示。

（3）选择要修剪的实体。在"目标"区域"选择体"处用鼠标左键选择打开文件中的实体。

（4）定义修剪面。如图 4.4.2 所示，在"工具"区域"工具选项"下拉列表，系统提供了 2 种定义修剪面的方式，分别为面或平面、新建平面。

①面或平面指选择现有的面或平面进行修剪。

②新建平面指利用下方"指定平面"下拉列表中新建平面的方法重新创建修剪面。

"指定平面"下拉列表中提供了 14 种创建平面的方法,参照 1.4.3 节详细介绍。此处选择面或平面,然后鼠标左键选择打开文件中的圆弧曲面。

（5）如图 4.4.2 所示,在"设置"区域的"公差"输入栏,系统显示 0.025 4 mm,即系统允许的最大误差值为此值,保持默认设置即可。

（6）勾选"预览"区域的"预览"选项,即可以预览修剪后的效果。

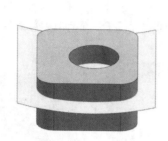

图 4.4.1　案例文件　　　　　　　图 4.4.2　"修剪体"对话框

（7）点击"确定"按钮,完成修剪,如图 4.4.3 所示。通过调节"工具"区域的"反向"箭头，可以改变修剪方向。点击反向箭头后修剪结果如图 4.4.4 所示。

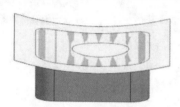

图 4.4.3　修剪体结果　　　　　　图 4.4.4　反向修剪体结果

4.4.2　拆分体

"拆分体"命令,即使用面或基准平面或另一个几何体,将一个体分割为多个体,在建模环境下命令调取路径:"插入"|"修剪"|"拆分体"。

"拆分体"案例展示如下。

（1）打开文件。光盘:\案例文件\Ch04\ Ch04.04\1. prt。

（2）调取"拆分体"命令:"插入"|"修剪"|"拆分体"。图标为 拆分体(P)... ,弹出"拆分体"对话框,如图 4.4.5 所示。

（3）选择要拆分的实体。如图 4.4.5 拆分体对话框中"目标"区域的"选择体",此处鼠标左键选择打开文件中的实体。

（4）定义拆分面。在拆分体对话框中"工具"区域"工具选项"下拉列表,系统提供了 4 种定义拆分面的方式,分别为面或平面、新建平面、拉伸和旋转。

①面或平面指选择现有的面或平面进行拆分。

②新建平面指利用下方"指定平面"下拉列表中新建平面的方法重新创建拆分面。

"指定平面"下拉列表中提供了 14 种创建平面的方法。

③拉伸指通过拉伸草图曲线、曲线或实体的边线生成拆分面。

④旋转指通过旋转草图曲线、曲线或实体的边线生成拆分面。

此处选择面或平面,然后鼠标左键选择打开文件中的圆弧曲面。

(5)"设置"区域的"公差"输入栏,系统显示 0.025 4 mm,即系统允许的最大误差值为此值,保持默认设置即可。

(6)点击"确定"按钮,完成拆分,如图 4.4.6(a)所示;将上面实体向上移动 5 mm 显示效果如图 4.4.6(b)所示。

图 4.4.5 "拆分体"对话框

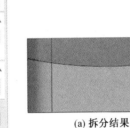
(a) 拆分结果

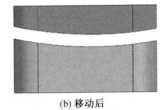
(b) 移动后

图 4.4.6 拆分体结果

4.4.3 分割面

"分割面"命令,即使用曲线、面或基准平面将一个面分割为多个面,在建模环境下命令调取路径:"插入"|"修剪"|"分割面"。

"分割面"案例展示如下。

(1)打开文件。光盘:\案例文件\Ch04\ Ch04.04\2. prt。

(2)调取"分割面"命令:"插入"|"修剪"|"分割面"。图标为 分割面(D)…,弹出"分割面"对话框,如图 4.4.7 所示。

(3)选择要分割的面。如图 4.4.7 所示,在"要分割的面"区域"选择面"处用鼠标左键选择打开文件中实体的上表面,如图 4.4.8 所示。

(4)定义分割对象。如图 4.4.7 所示,在"分割对象"区域"工具选项"下拉列表,系统提供了 4 种定义分割对象的方式,分别为对象、两点定直线、在面上偏置曲线和等参数曲线。此处选择两点定直线。

①对象指现有的面或者曲线。

②两点定直线、在面上偏置曲线和等参数曲线指生成新的分割曲线。

图 4.4.7 "分割面"对话框

图 4.4.8 要分割的面

（5）定义直线的起点。在"指定起点"下拉列表选择端点，图标为 ╱，如图 4.4.9 所示；鼠标左键选择圆弧右侧端点，如图 4.4.10 所示。

图 4.4.9 分割对象选取

（6）定义直线的终点。在"指定终点"下拉列表选择端点，图标为 ╱，如图 4.4.9 所示；鼠标左键选择圆弧右侧端点，如图 4.4.10 所示。

（7）定义投影方向。如图 4.4.7 所示，在"投影方向"下拉列表，系统提供了 3 种定义投影方向的方式，分别为垂直与面、垂直与曲线平面和沿矢量。此投影方向只是针对所定义的分割曲线不在要分割的面上的情况，此案例分割曲线在要分割的面上，所以选择哪一个结果都一样，此处选择垂直与面。

（8）点击"确定"按钮，完成分割，如图 4.4.11 所示，实体上表面被分割成两个面。

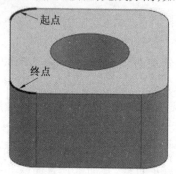

图 4.4.10 定义直线

图 4.4.11 分割面结果

4.4.4 修剪片体

"修剪片体"命令，即使用曲线、面或基准平面修剪片体的一部分，在建模环境下命令调取路径："插入"|"修剪"|"修剪片体"。

"修剪片体"案例展示如下。

（1）打开文件。光盘:\案例文件\Ch04\ Ch04.04\3. prt。

（2）调取"修剪片体"命令:"插入"|"修剪"|"修剪片体"。图标为 ，弹出"修剪片体"对话框,如图4.4.12所示。

（3）选择要修剪的片体。如图4.4.12所示,在"目标"区域"选择片体"处用鼠标左键选择打开文件中的片体,如图4.4.13所示。

图4.4.12 "修剪片体"对话框   图4.4.13 要修剪的片体

（4）选择边界对象。如图4.4.12所示,在"边界"区域"选择对象",选择打开文件中的曲线作为边界对象,如图4.4.14所示。

（5）定义投影方向。如图4.4.12所示,在"投影方向"下拉列表,系统提供了3种定义投影方向的方式,分别为垂直与面、垂直与曲线平面和沿矢量。此投影方向只是针对所定义的分割曲线不在要分割的面上的情况,此案例分割曲线在要分割的面上,所以选择哪一个结果都一样,此处选择垂直与面。

（6）选择区域。如图4.4.12所示,在"选择区域"复选框,系统提供了两个选项,保留和放弃。此处选择修剪片体对象时拾取曲线左侧区域,选择区域时选择保留。

①保留即在选择修剪片体对象时,鼠标拾取位置所在区域修剪后被保留下来。

②放弃即在选择修剪片体对象时,鼠标拾取位置所在区域修剪后被修剪掉。

（7）点击"确定"按钮,修剪后如图4.4.15所示。

（8）重复上述步骤,选择修剪片体对象时拾取曲线左侧区域,选择区域时选择放弃,修剪后如图4.4.16所示。

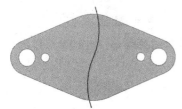  

图4.4.14 边界对象曲线   图4.4.15 修剪结果一   图4.4.16 修剪结果二

4.4.5 删除边

"删除边"命令,即删除片体中的边或边链,以移除内部或外部边界,在建模环境下命令调取路径:"插入"|"修剪"|"删除边"。

"删除边"案例展示如下。

(1)打开文件。光盘:\案例文件\Ch04\ Ch04.04\4. prt,如图 4.4.17 所示。

(2)调取"删除边"命令:"插入"|"修剪"|"删除边"。图标为 删除边(E)...,弹出"删除边"对话框,如图 4.4.18 所示。

(3)选择要删除的边。如图 4.4.18 所示,在"边"区域"选择边"处用鼠标左键选择案例文件中片体最左侧的边线,如图 4.4.17 所示。

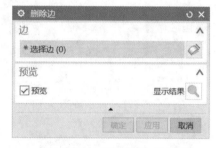

图 4.4.17　案例文件　　　　　图 4.4.18　"删除边"对话框

(4)点击"确定"按钮,结果如图 4.4.19 所示。

(5)重复上述步骤,选择要删除的边时选择两个圆孔中较大的一个,结果如图 4.4.20 所示。

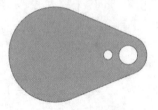
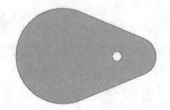

图 4.4.19　删除边结果一　　　　图 4.4.20　删除边结果二

4.4.6 取消修剪

"取消修剪"命令,即移除修剪过的边界,以形成边界自然的面,在建模环境下命令调取路径:"插入"|"修剪"|"取消修剪"。

"取消修剪"案例展示如下。

(1)打开文件。光盘:\案例文件\Ch04\ Ch04.04\5. prt,如图 4.4.21 所示。

(2)调取"取消修剪"命令:"插入"|"修剪"|"取消修剪"。图标为 取消修剪(U)...,弹出"取消修剪"对话框,如图 4.4.22 所示。

图 4.4.21 案例文件　　　　　图 4.4.22 "取消修剪"对话框

（3）选择要取消修剪的面,如图 4.4.22 所示,在"要取消修剪的面"区域"选择面"处用鼠标左键选择打开文件中的片体。

（4）点击"确定"按钮,结果如图 4.4.23 所示。

（5）重复上述步骤,勾选图 4.4.22 对话框中"设置"区域的"隐藏原先的"选择框。点击"确定"按钮,结果如图 4.4.24 所示,以前的片体被隐藏。

图 4.4.23 修剪结果一　　　　　图 4.4.24 修剪结果二

4.4.7 删除体

"删除体"命令,即将拆分或者其他操作命令后产生的实体进行删除,在建模环境下命令调取路径:"插入"|"修剪"|"删除体"。

"删除体"案例展示如下。

（1）打开文件。光盘:\案例文件\Ch04\ Ch04.04\6.prt,如图 4.4.25 所示。

（2）调取"拆分体"命令:"插入"|"修剪"|"拆分体",将实体拆分,拆分面选择打开文件中曲面。

（3）调取"删除体"命令:"插入"|"修剪"|"删除体",图标为 <img> 删除体(L)... ,弹出"删除体"对话框,如图 4.4.26 所示。

（4）选择要删除实体。如图 4.4.26 所示,在"要删除的体"区域"选择要删除的体"处,用鼠标左键选择被拆分后的两实体中上面的实体,结果如图 4.4.27 所示。

（5）重复上述步骤,此处鼠标左键选择被拆分后的两实体中下面的实体,结果如图 4.4.28所示。

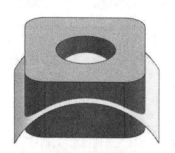

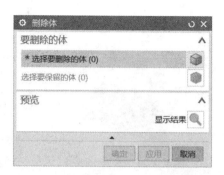

图 4.4.25 案例文件 　　　　图 4.4.26 "删除体"对话框

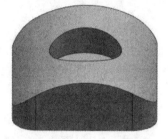

图 4.4.27 删除体结果一 　　　　图 4.4.28 删除体结果二

4.4.8 延伸片体

"延伸片体"命令,即将片体延伸一个偏置量或延伸后与其他片体相交,在建模环境下命令调取路径:"插入"|"修剪"|"延伸片体"。

"延伸片体"案例展示如下。

(1)打开文件。光盘:\案例文件\Ch04\ Ch04.04\7.prt,如图 4.4.29 所示。

(2)调取"延伸片体"命令:"插入"|"修剪"|"延伸片体",图标为 延伸片体(X)…,弹出"延伸片体"对话框,如图 4.4.30 所示。

图 4.4.29 案例文件 　　　　图 4.4.30 "延伸片体"对话框

（3）选择要延伸片体的边线。在"延伸片体"对话框中"边"区域的"选择边"处，选择案例文件曲面的右侧圆弧边线。

（4）设定限制条件。在"延伸片体"对话框中"限制"下拉列表列出了2种延伸边界限定方式，分别为偏置和直至选定。此处选择偏置，在下方偏置输入栏输入20。

①偏置即设定好延伸距离即可。

②直至选定即延伸到选定边界即可。

（5）点击"确定"按钮，生成结果如图4.4.31所示。

（6）重复上述步骤，在"限制"下拉列表选择直至选定，如图4.4.32所示。

（7）选择案例文件中右侧长方形平面为边界，点击确定按钮，延伸结果如图4.4.33所示。

（8）将"延伸片体"对话框中"设置"下拉列表点开，如图4.4.34所示，"设置"下拉列表主要对延伸出的新曲面形状及属性进行限定。

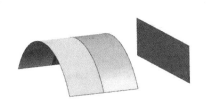

图4.4.31　偏置延伸片体结果

图4.4.32　"延伸片体"对话框"直至选定"

图4.4.33　直至选定延伸片体结果

图4.4.34　"延伸片体"对话框"设置"

（9）如图4.4.34所示，在"设置"区域"曲面延伸形状"下拉列表，系统提供了3种曲面形状延伸方式，分别为自然曲率、自然相切和镜像。此处选择延伸结果为自然曲率。

①自然曲率即延伸带有小区域的 B 曲面，它在边界处曲率连续，随后相切至该区域外，如图4.4.35所示。

②自然相切即延伸一个从边界开始相切的 B 曲面,如图 4.4.36 所示。

③镜像即通过对 B 曲面的曲率连续形状进行镜像,延伸一个 B 曲面,如图 4.4.37 所示。

  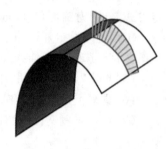

图 4.4.35　自然曲率　　　　　图 4.4.36　自然相切　　　　　图 4.4.37　镜像

(10)如图 4.4.34 所示,在"设置"区域"边延伸形状"下拉列表,系统提供了 3 种边延伸方式,分别为自动、相切和正交。此处选择延伸结果为自动。

①自动是指根据系统默认设置延伸相邻边界。

②相切是指延伸与边界相切的相邻边界,且保持其形状不变,如图 4.4.38 所示。

③正交是指延伸相邻边界,使其与要延伸的边正交,如图 4.4.39 所示。

 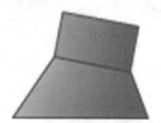

图 4.4.38　相切　　　　　　　　　图 4.4.39　正交

(11)如图 4.4.34 所示,在"设置"区域"体输出"下拉列表,系统提供了 3 种方式,分别为延伸原片体、延伸为新面和延伸为新片体。此处选择延伸结果为延伸为新片体。

①延伸原片体即延伸部分和原片体属于同一片体,具有相同属性,如图 4.4.40 所示。

②延伸为新面即创建一个新面附加到原面上,而不是与原面合并,如图 4.4.41 所示。

③延伸为新片体即创建一个新片体,与原片体分开,具有新的属性,如图 4.4.42 所示。

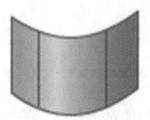 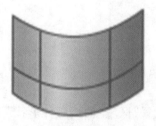 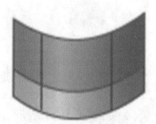

图 4.4.40　延伸原片体　　　　　图 4.4.41　延伸为新面　　　　　图 4.4.42　延伸为新片体

4.4.9　修剪与延伸

"修剪与延伸"即修剪或延伸一组边或面,以与另一组边或面相交。在建模环境下命令调取路径:"插入"|"修剪"|"修剪与延伸"。

"修剪与延伸"案例展示如下。

(1)打开文件。光盘:\案例文件\Ch04\ Ch04.04\7. prt,如图 4.4.43 所示。

(2)调取"修剪与延伸"命令:"插入"|"修剪"|"修剪与延伸",图标为

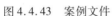 修剪与延伸(N)… ,弹出"修剪与延伸"对话框,如图 4.4.44 所示。

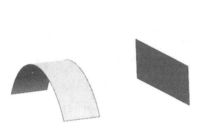

图 4.4.43　案例文件　　　　图 4.4.44　"修剪与延伸"对话框

(3)选择要修剪与延伸的类型。如图 4.4.44 所示,在"修剪和延伸类型"下拉列表,选择直至选定。

(4)选择要修剪与延伸的边线。在"目标"区域"选择面或边"处选择案例文件曲面的右侧圆弧边线。

(5)设定限制条件。如图 4.4.44 所示,在"工具"区域"选择对象"处选择边界,鼠标左键选择案例文件中矩形片体。

(6)点击"确定"按钮,延伸结果如图 4.4.45 所示。

(7)将"修剪与延伸"对话框中"设置"下拉列表点开,如图 4.4.46 所示,"设置"下拉列表主要对延伸出的新曲面形状及属性进行限定。

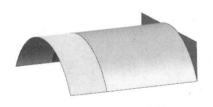

图 4.4.45　修剪与延伸结果　　　　图 4.4.46　设置区域

(8)如图 4.4.46 所示,在"设置"区域"曲面延伸形状"下拉列表,系统提供了 3 种延伸方式,分别为自然曲率、自然相切和镜像。此处选择延伸为自然曲率。

①自然曲率即延伸带有小区域的 B 曲面,它在边界处曲率连续,随后相切至该区域外,如图 4.4.47 所示。

②自然相切即延伸一个从边界开始相切的 B 曲面,如图 4.4.48 所示。

③镜像即通过对 B 曲面的曲率连续形状进行镜像,延伸一个 B 曲面,如图 4.4.49 所示。

图 4.4.47 自然曲率　　　　图 4.4.48 自然相切　　　　图 4.4.49 镜像

(9)如图 4.4.46 所示,在"设置"区域"体输出"下拉列表,系统提供了 3 种方式,分别为延伸原片体、延伸为新面和延伸为新片体。此处选择延伸为新片体。

①延伸原片体即延伸部分和原片体属于同一片体,具有相同属性,如图 4.4.50 所示。

②延伸为新面即创建一个新面附加到原面上,而不是与原面合并,如图 4.4.51 所示。

③延伸为新片体即创建一个新片体,与原片体分开,具有新的属性,如图 4.4.52 所示。

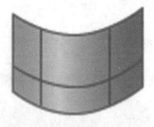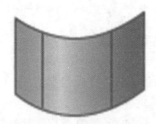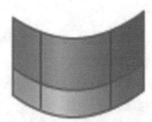

图 4.4.50 延伸原片体　　　　图 4.4.51 延伸为新面　　　　图 4.4.52 延伸为新片体

4.5　偏置缩放

4.5.1　抽壳

"抽壳"即将实体中间部分去除,形成有壁厚的壳体,在建模环境下命令调取路径:"插入"|"偏置/缩放"|"抽壳"。

"抽壳"案例展示如下。

(1)打开文件。光盘:\案例文件\Ch04\ Ch04.05\1. prt,如图 4.5.1 所示。

(2)调取"抽壳"命令:"插入"|"偏置/缩放"|"抽壳"。图标为 📦 抽壳(H)…,弹出"抽壳"对话框,如图 4.5.2 所示。

图 4.5.1　案例文件　　　　　　图 4.5.2　"抽壳"对话框

（3）选择抽壳类型。在"抽壳"对话框"类型"下拉列表，系统列出了2种抽壳类型，分别为移除面然后抽壳和对所有面抽壳。此处选择移除面然后抽壳。

①移除面然后抽壳指抽壳后，开始选择的面被移除掉，形成一个开放的壳体。

②对所有面抽壳指抽壳后，不移除任何面，形成一个封闭的壳体。

（4）选择抽壳起始对象。如图4.5.2所示，在"要穿透的面"区域"选择面"处选择案例文件上下两个相同表面的一个。

（5）设定壳体厚度。在对话框"厚度输入栏"输入2，即抽壳后壁厚为2 mm。点击"确定"按钮，抽壳结果如图4.5.3所示。抽壳后，壁厚为选择面外轮廓线所在面向内偏移2 mm形成。

（6）重复上述步骤，点击"抽壳"对话框"厚度"区域"反向"图标 $\times$，点击"确定"按钮，抽壳结果如图4.5.4所示。抽壳后，壁厚为选择面外轮廓线所在面向外偏移2 mm形成。

图 4.5.3　抽壳结果　　　　　　图 4.5.4　反向抽壳结果

（7）重复上述步骤，抽壳类型选择移除面然后抽壳，抽壳起始对象选择案例文件侧面四个相同表面的一个，厚度设置2 mm，抽壳结果如图4.5.5所示。

（8）重复上述步骤，抽壳类型选择对所有面抽壳，抽壳起始对象选择案例文件侧面四个相同表面的一个，厚度设置2 mm，抽壳结果如图4.5.6所示；此时抽壳后形成一个封闭的空腔壳体，其截面图如图4.5.7所示。

图 4.5.5 抽壳结果一

图 4.5.6 抽壳结果二

图 4.5.7 截面图

4.5.2 加厚

"加厚"是通过为一组面增加厚度来创建实体,在建模环境下命令调取路径:"插入"|"偏置/缩放"|"加厚"。

"加厚"案例展示如下。

(1)打开文件。光盘:\案例文件\Ch04\ Ch04.05\2. prt,如图 4.5.8 所示。

(2)调取"加厚"命令:"插入"|"偏置/缩放"|"加厚"。图标为 加厚(I)...,弹出"加厚"对话框,如图 4.5.9 所示。

图 4.5.8 案例文件

图 4.5.9 "加厚"对话框

(3)选择要加厚的面。如图 4.5.9 所示,在"面"区域"选择面"处用鼠标左键选择案例文件。

(4)设置加厚值,即片体增厚厚度值。如图 4.5.9 所示,在"厚度"区域。"偏置 1"设置为 20 mm,"偏置 2"设置为 0 mm,点击"确定"按钮,结果如图 4.5.10 所示。

(5)重复上述步骤,设置加厚值。"偏置 1"设置为 20 mm,"偏置 2"设置为 15 mm,点击"确定"按钮,结果如图 4.5.11 所示。由此结果可以发现,"偏置 1"为开始选择的加厚面上表面的偏移量,"偏置 2"为加厚面下表面的偏移量,而且二者有共同的偏移方向标准,比如偏移量为正值时,二者都向同一方向偏移。

图 4.5.10 加厚结果一　　　　图 4.5.11 加厚结果二

4.5.3 缩放体

"缩放体"即按照一定比例缩放实体或者片体,生成新的实体或片体,在建模环境下命令调取路径:"插入"|"偏置/缩放"|"缩放体"。

"缩放体"案例展示如下。

(1)打开文件。光盘:\案例文件\Ch04\ Ch04.05\3. prt,如图 4.5.12 所示。

(2)调取"缩放体"命令:"插入"|"偏置/缩放"|"缩放体"。图标为 缩放体(S)…,弹出"缩放体"对话框,如图 4.5.13 所示。

图 4.5.12 案例文件　　　　图 4.5.13 "缩放体"对话框

(3)选择缩放类型。如图 4.5.13 所示,在"类型"下拉列表列出了 3 种缩放类型,分别为均匀、轴对称和常规。常用的为均匀,此处选择均匀。

(4)选择要缩放的体。如图 4.5.13 所示,在"体"区域"选择体"处用鼠标左键选择案例文件。

(5)确定缩放点。如图 4.5.13 所示,在"缩放点"区域"指定点"下拉列表,系统列出了 11 种选择或者定义点的方法,选择其中一种即可,此处选择圆心,图标为⊕,选择案例文件左侧圆孔的圆心。"缩放点"即缩放参考点,在实体缩放的时候所有尺寸参考此点进行缩放,此点不发生任何变化。

(6)设定比例因子。如图 4.5.13 所示,在"比例因子"区域"均匀"输入栏输入缩放比例,比例因子等于1时,表示1:1缩放,即实体尺寸不发生变化;比例因子大于1时,则实体放大,比如2,则实体尺寸变为原来的2倍;比例因子小于1时,则实体缩小,比如0.5,则实体尺寸变为原来的0.5倍。此处设定0.1。

(7)点击"确定"按钮,生成实体如图4.5.14所示;将生成的实体平移到原实体右侧,结果如图4.5.15所示。

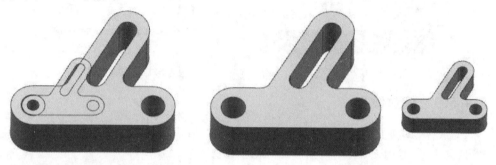

图4.5.14　缩放体结果　　　　　　　　　图4.5.15　平移后对比结果

4.5.4　偏置曲面

"偏置曲面"即通过将一组面沿着某个方向偏置一定距离生成新的面,在建模环境下命令调取路径:"插入"|"偏置/缩放"|"偏置曲面"。

"偏置曲面"案例展示如下。

(1)打开文件。光盘:\案例文件\Ch04\ Ch04.05\4.prt,如图4.5.16所示。

(2)调取"偏置曲面"命令:"插入"|"偏置/缩放"|"偏置曲面"。图标为 偏置曲面(O)…,弹出"偏置曲面"对话框,如图4.5.17所示。

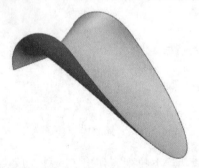
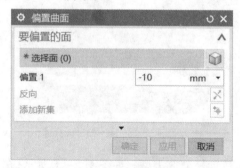

图4.5.16　案例文件　　　　　　　　图4.5.17　"偏置曲面"对话框

(3)选择要偏置的曲面。如图4.5.17所示,在"要偏置的面"区域"选择面"处用鼠标左键选择案例文件曲面。

(4)设定偏置距离。如图4.5.17所示,在"偏置1"输入栏输入偏置距离10。点击"确定"按钮完成偏置,结果如图4.5.18所示,上侧曲面为偏置后新曲面。

(5)重复上述步骤,偏置距离依然设置为10 mm,点击"偏置曲面"对话框"反向"按钮 ,点击"确定"按钮,完成偏置,结果如图4.5.19所示,下侧曲面为偏置后新曲面。

图 4.5.18　偏置曲面结果一　　　　图 4.5.19　反向偏置曲面结果二

4.5.5　可变偏置

"可变偏置"使面偏置一个距离,该距离在四个点处可能有所变化,在建模环境下命令调取路径:"插入"|"偏置/缩放"|"可变偏置"。

"可变偏置"案例展示如下。

(1)打开文件。光盘:\案例文件\Ch04\ Ch04.05\5.prt,如图 4.5.20 所示。

(2)调取"可变偏置"命令:"插入"|"偏置/缩放"|"可变偏置"。图标为 可变偏置(V)…,弹出"可变偏置"对话框,如图 4.5.21 所示。

图 4.5.20　案例文件　　　　图 4.5.21　"可变偏置"对话框

(3)确定并调整偏置方向。点击"可变偏置"对话框"反向"按钮,可以将偏置方向调整为相反方向,此处保持不调整。

(4)设置偏置距离。如图 4.5.21 所示,在"偏置"区域"在 A 处偏置""在 B 处偏置""在 C 处偏置""在 D 处偏置",输入四处的偏置距离分别为 10 mm、20 mm、30 mm、40 mm。如图 4.5.22 所示,左下角顶点为 A 处、左上角顶点为 B 处、右上角顶点为 C 处、右下角顶点为 D 处。

注意,此处如果勾选"全部应用"选择框,则四处偏置距离系统自动设置为相同值。

(5)设置曲面阶次。如图 4.5.21 所示,在"设置"区域"方法"下拉列表,系统提供了

2 种曲面阶数计算方法,分别为线性和三次。此处选择三次。

(6)点击"确定"按钮,偏置结果如图 4.5.23 所示。

图 4.5.22　设置偏置距离　　　　　　图 4.5.23　可变偏置俯视图

4.5.6　大致偏置

"大致偏置"是从一组面或片体上创建无自相交、无锐边和无拐角的偏置片体,此种偏置方法各点处偏置的距离精度比较低,在建模环境下命令调取路径:"插入"│"偏置/缩放"│"大致偏置"。

"大致偏置"案例展示如下。

(1)打开文件。光盘:\案例文件\Ch04\ Ch04.05\6. prt,如图 4.5.24 所示。

(2)调取"大致偏置"命令:"插入"│"偏置/缩放"│"大致偏置"。图标为

大致偏置(R)…,弹出"大致偏置"对话框,如图 4.5.25 所示。

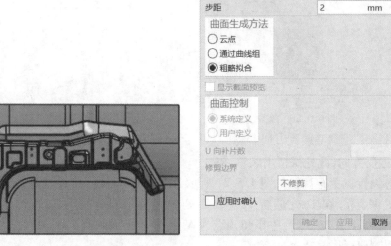

图 4.5.24　案例文件　　　　　　图 4.5.25　"大致偏置"对话框

(3)系统提示选择要大致偏置的曲面,"大致偏置"对话框中图标为 。鼠标左键框

选案例文件所有曲面。

(4)设置 WCS 坐标系。"大致偏置"对话框中图标为 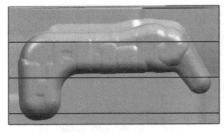。系统默认的偏置方向为 WCS 的 ZC 轴方向。如果 WCS 坐标轴 ZC 轴方向不是偏置的方向,需要旋转 WCS 坐标系,将 ZC 轴方向调整到与偏置方向一致。

(5)设置过滤器选项。如图 4.5.25 所示,在"大致偏置"对话框中"过滤器"下拉列表,系统提供了 4 种类型,分别为任意、面、片体和小平面体。此处选择任意。

①任意即包含过滤器下拉列表的其他三项。

②面即所有的面。

③片体即所有的片体。

面和片体的区别是实体的表面为面,但它不是片体,一个片体同时也是一个面,所以面可以是实体上的,而片体始终是片体,和实体对立。

④小平面体即导入的其他格式的一类文件模型。

(6)设置偏置距离。如图 4.5.25 所示,在"偏置距离"输入栏输入 50。

(7)设置偏置偏差。如图 4.5.25 所示,在"偏置偏差"输入栏输入 1,即最大允许偏差量为 1 mm。

(8)设置步距。如图 4.5.25 所示,在"步距"输入栏输入 2。

(9)曲面生成方法系统提供了 3 种方式,分别为云点、通过曲线组和粗略拟合。精度要求比较低的时候可以选择粗略拟合。此处选择粗略拟合。

(10)点击"确定"按钮完成粗略偏置,如图 4.5.26 所示。

(11)重复上述步骤,将偏置距离设置为 10 mm,偏置后如图 4.5.27 所示。对比偏置距离 50 mm 和偏置距离 10 mm,可以发现,偏置距离越大,最后偏置生成曲面与原曲面偏差越大,即生成面精度越低。

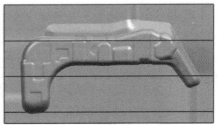

图 4.5.26　偏置 50 mm 结果　　　　图 4.5.27　偏置 10 mm 结果

4.5.7　偏置面

"偏置面"即使一组面偏离当前位置,在建模环境下命令调取路径:"插入"|"偏置/缩放"|"偏置面"。

"偏置面"案例展示如下。

(1)打开文件。光盘:\案例文件\Ch04\ Ch04.05\7. prt,如图 4.5.28 所示。

(2)调取"偏置面"命令:"插入"|"偏置/缩放"|"偏置面"。图标为 偏置面(F)…,弹出"偏置面"对话框,如图 4.5.29 所示。

图 4.5.28 案例文件 　　　　　　　　　图 4.5.29 "偏置面"对话框

（3）选择要偏置的面。如图 4.5.29 所示，在"要偏置的面"区域"选择面"处用鼠标左键选择案例文件四个侧面中的任意一个，由于侧面都进行了倒圆角，选择任一个，系统会将侧面所有的面自动全部选中。

（4）设置偏置距离。如图 4.5.29 所示，在"偏置"输入栏输入 -6，生成结果如图 4.5.30 所示。在设置偏置距离的时候，输入偏置距离后，比如 6 mm，系统默认向外偏置，即实体变大，此时点击偏置面对话框"反向"按钮 ，则偏置方向变成向内偏置，实体变小。即通过"反向"按钮可以调整偏置方向。

（5）设置预览。如图 4.5.29 所示，在"偏置面"对话框勾选"预览"选项框，则在完成偏置操作前可以预览到偏置效果，如图 4.5.30 所示。

（6）点击"应用"或"确定"按钮，完成偏置，"应用"和"确定"区别是指点击"应用"按钮，偏置操作完成后，"偏置面"对话框依然保留，可以继续进行下一次偏置面操作；点击"确定"按钮，偏置操作完成后，"偏置面"对话框关闭，要想进行下一次偏置面操作，需要重新调取"偏置面"命令。

（7）重复上述步骤，此次要偏置的面选择案例文件中心的圆孔面，偏置距离设定为 -12 mm。

（8）点击"确定"按钮，完成偏置，如图 4.5.31 所示，中心孔变大，此处如果偏置距离输入正值，则中心孔变小。

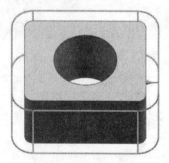

图 4.5.30 预览效果 　　　　　　　　　图 4.5.31 偏置面结果

4.6　关联复制

4.6.1　抽取几何特征

"抽取几何特征"即为同一部件中的体、面、曲线、点和基准创建关联副本,在建模环境下命令调取路径:"插入"|"关联复制"|"抽取几何特征"。

"抽取几何特"征案例展示如下。

(1)打开文件。光盘:\案例文件\Ch04\ Ch04.06\1. prt,如图4.6.1所示。

(2)调取"抽取几何特征"命令:"插入"|"关联复制"|"抽取几何特征"。图标为
抽取几何特征(E)... ,弹出"抽取几何特征"对话框,如图4.6.2所示。

图4.6.1　案例文件　　　　　　　图4.6.2　"抽取几何特征"对话框

(3)选择抽取类型。在"抽取几何特征"对话框"类型"下拉列表,系统列出了7种抽取类型,如图4.6.3所示,选择复合曲线。鼠标左键选择实体上下表面的边线。

(4)点击"确定"按钮,完成抽取,如图4.6.4所示。

图4.6.3　"类型"下拉列表　　　　　　图4.6.4　抽取曲线结果

(5)重复操作。在"抽取几何特征"对话框"类型"下拉列表选择面。鼠标左键选择实体侧面曲面。

(6)点击"确定"按钮,完成抽取,如图4.6.5所示。

(7)重复操作。在"抽取几何特征"对话框"类型"下拉列表选择面。鼠标左键选择

实体上下较大曲面中的一个。

（8）点击"确定"按钮，完成抽取，如图 4.6.6 所示。注意，此时在"抽取几何特征"对话框"类型"下拉列表选择点或基准时，鼠标左键在实体上进行选取时，是无法选中的，因为没有此两类特征存在。

图 4.6.5　抽取面结果一　　　　　图 4.6.6　抽取面结果二

4.6.2　阵列特征

"阵列特征"将特征复制到阵列或布局（比如线形、圆形、多边形）中，在建模环境下命令调取路径："插入"｜"关联复制"｜"阵列特征"。

1. "阵列特征：圆形阵列"案例展示

（1）打开文件。光盘：\案例文件\Ch04\ Ch04.06\2. prt，如图 4.6.7 所示。

（2）调取"阵列特征"命令："插入"｜"关联复制"｜"阵列特征"。图标为 阵列特征(A)… ，弹出"阵列特征"对话框，如图 4.6.8 所示。

（3）选择阵列的特征。如图 4.6.8 所示，在"要形成阵列的特征"区域"选择特征"处用鼠标左键选择案例文件长方体上的圆孔特征。

（4）选择参考点。如图 4.6.8 所示，在"参考点"区域"指定点"下拉列表，系统提供了11 种定义点的方法，选择其中一种定义参考点，此处选择案例文件孔的圆心。

（5）选择阵列布局。如图 4.6.8 所示，在"布局"下拉列表，系统列出了 7 种布局，分别为线性、圆形、多边形、螺旋式、沿、常规和参考。此处选择圆形。

（6）定义圆形阵列旋转轴的方向。在"阵列特征"对话框"旋转轴"区域"指定矢量"下拉列表，系统提供了 12 种定义轴的方法，此处选择 ZC 轴，即旋转时绕 ZC 轴旋转。

（7）定义圆形阵列旋转轴的位置。在"阵列特征"对话框"旋转轴"区域"指定点"下拉列表，系统提供了 11 种定义点的方法，此处选择交点，图标为 ，选择案例文件中两条相交直线的交点为旋转轴位置点。

（8）定义特征复制数量。在"阵列特征"对话框"角度和方向"区域"间距"下拉列表系统提供了 4 种计算方法，原理都一样，此处选择数量和节距；在"数量"输入栏输入 12；在"节距角"输入栏输入 30。

（9）点击"确定"按钮，完成阵列，如图 4.6.9 所示。

2. "阵列特征：线形阵列"案例展示

（1）打开文件。光盘：\案例文件\Ch04\ Ch04.06\2. prt，如图 4.6.7 所示。

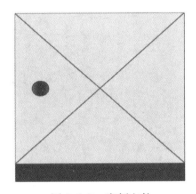

图 4.6.7 案例文件　　　　　　　图 4.6.8 "阵列特征"对话框

(2)调取"阵列特征"命令。

(3)选择阵列特征。选择案例文件长方体上的圆孔特征。

(4)选择参考点。选择案例文件孔的圆心。

(5)选择阵列布局。选择线性。

(6)定义阵列方向。线性布局最常用的即水平方向上复制特征和竖直方向上复制特征,特征形成一个矩形布局。如图 4.6.10 所示,在"方向 1"区域"指定矢量"下拉列表,选择 XC 轴方向;在"方向 2"区域"指定矢量"下拉列表,选择 YC 轴方向。

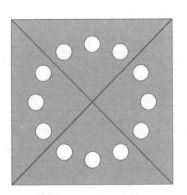

图 4.6.9 圆形阵列结果　　　图 4.6.10 "阵列特征"对话框"阵列定义"

（7）定义"方向1"复制特征数量。在"数量"输入栏输入数量6，"节距"输入栏输入11，因为孔径为10 mm，所以节距最好大于孔径。

（8）定义"方向2"复制特征数量。在"数量"输入栏输入数量1，"节距"输入栏输入11，因为孔径为10 mm，所以节距最好大于孔径。

（9）点击"确定"按钮，完成阵列，如图4.6.11所示。

（10）重复上述步骤，在"方向1"的"数量"输入栏输入数量6，"节距"输入栏输入11；在"方向2"的"数量"输入栏输入数量6，"节距"输入栏输入11。

（11）点击"确定"按钮，完成阵列，如图4.6.12所示。

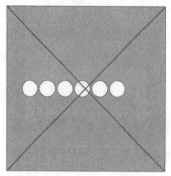 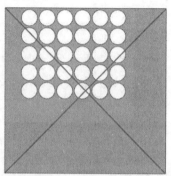

图4.6.11　线性阵列结果一　　　　　图4.6.12　线性阵列结果二

4.6.3　阵列面

"阵列面"将一组面复制到阵列或布局（比如线形、圆形、多边形）中，然后将生成陈列面添加到母体上，在建模环境下命令调取路径："插入"|"关联复制"|"阵列面"。

1."阵列面：圆形"案例展示

（1）打开文件。光盘:\案例文件\Ch04\ Ch04.06\3. prt，如图4.6.13所示。

（2）调取"阵列面"命令："插入"|"关联复制"|"阵列面"。图标为 阵列面(F)… ，弹出阵列面对话框，如图4.6.14所示。

（3）选择要阵列的面。如图4.6.14所示，在"面"区域"选择面"处用鼠标左键选择案例文件大圆台上环形圆筒的内表面、外表面和上表面。

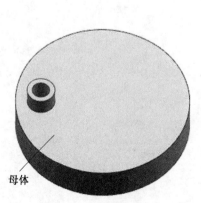 

图4.6.13　案例文件　　　　　图4.6.14　"阵列面"对话框

（4）选择阵列布局。在"阵列面"对话框中"布局"下拉列表，系统列出了 8 种布局，分别为线性、圆形、多边形和螺旋式、沿、常规、参考、螺旋线。此处选择圆形。

（5）定义圆形阵列旋转轴的方向。在"阵列面"对话框"旋转轴"区域"指定矢量"下拉列表，系统提供了 12 种定义轴的方法，此处选择 ZC 轴，即旋转时绕 ZC 轴旋转。

（6）定义圆形阵列旋转轴的位置。在"阵列面"对话框"旋转轴"区域"指定点"下拉列表，系统提供了 11 种定义点的方法，此处选择圆心，图标为 ⊕ ，选择案例文件中大圆台的圆心。

（7）定义特征复制数量。在"阵列面"对话框"角度方向"区域"间距"下拉列表系统提供了 4 种计算方法，原理都一样，此处选择数量和节距；在"数量"输入栏输入 12；在"节距角"输入栏输入 30。

（8）点击"确定"按钮，完成阵列，如图 4.6.15 所示。

2."阵列面:线形"案例展示

（1）打开文件。光盘:\案例文件\Ch04\ Ch04.06\3. prt，如图 4.6.13 所示。

（2）调取"阵列面"命令。

（3）选择要阵列的面。选择案例文件大圆台上面环形圆筒的内表面、外表面和上表面。

（4）选择阵列布局。选择线性。

（5）定义阵列方向。线性布局最常用的方向即水平方向和竖直方向，特征形成一个矩形布局。如图 4.6.16 所示，在"方向 1"区域"指定矢量"下拉列表，选择 XC 轴方向；在"方向 2"区域"指定矢量"下拉列表，选择 YC 轴方向。

（7）定义"方向 1"复制特征数量。在"数量"输入栏输入数量 5，"节距"输入栏输入 17，节距最好大于环形圆柱体外孔径。

（8）定义"方向 2"复制特征数量。在"数量"输入栏输入数量 1，"节距"输入栏输入 17，同理节距最好大于环形圆柱体外孔径。

（9）点击"确定"按钮，完成阵列，如图 4.6.17 所示。

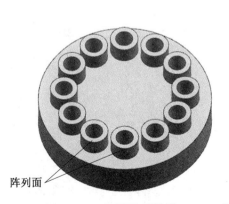

图 4.6.15　圆形阵列结果　　图 4.6.16　"阵列面"对话框"方向 1"和"方向 2"

（10）重复上述步骤，在"方向 1"的"数量"输入栏输入数量 5，"节距"输入栏输入 17；在"方向 2"的"数量"输入栏输入数量 2，"节距"输入栏输入 17。

（11）点击"确定"按钮，完成阵列，如图 4.6.18 所示。

（12）重复上述步骤，在"方向 1"的"数量"输入栏输入数量 5，"节距"输入栏输入 17；在"方向 2"的"数量"输入栏输入数量 2，"节距"输入栏输入 17。勾选阵列面对话框中"方向 2"区域的"对称"选择框。

（13）点击"确定"按钮，完成阵列，如图 4.6.19 所示。

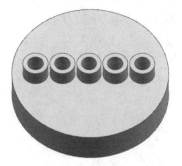  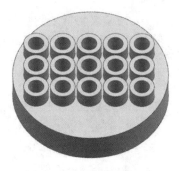

图 4.6.17 阵列面结果一　　　图 4.6.18 阵列面结果二　　　图 4.6.19 阵列面结果三

4.6.4 阵列几何体特征

"阵列几何体特征"将几何体复制到阵列或布局（比如线形、圆形、多边形）中，在建模环境下命令调取路径："插入"|"关联复制"|"阵列几何体"。

1. "阵列几何体特征：圆形"案例展示

（1）打开文件。光盘：\案例文件\Ch04\ Ch04.06\4. prt，如图 4.6.20 所示。

（2）调取"阵列几何体特征"命令："插入"|"关联复制"|"阵列几何体特征"。图标为 阵列几何特征(I)… ，弹出"阵列几何体特征"对话框，如图 4.6.21 所示。

图 4.6.20 案例文件　　　图 4.6.21 "阵列几何体特征"对话框

（3）选择要阵列的几何体。如图 4.6.21 所示，在"要形成阵列的几何特征"区域"选择对象"处用鼠标左键选择案例文件实体。

（4）选择阵列布局。在"阵列几何体特征"对话框中"布局"下拉列表,系统列出了8种布局,分别为线性、圆形、多边形、螺旋式、沿、常规、参考和螺旋线。此处选择圆形。

（5）定义圆形阵列旋转轴的方向。在"阵列几何体特征"对话框"旋转轴"区域"指定矢量"下拉列表,系统提供了12种定义轴的方法,此处选择ZC轴,即旋转时绕ZC轴旋转。

（6）定义圆形阵列旋转轴的位置。在"阵列几何体特征"对话框"旋转轴"区域"指定点"下拉列表,系统提供了11种定义点的方法,此处选择坐标原点。

（7）定义特征复制数量。在"阵列几何体特征"对话框"角度和方向"区域"间距"下拉列表系统提供了4种计算方法,选择数量和节距;在"数量"输入栏输入8;在"节距角"输入栏输入45。

（8）点击"确定"按钮,完成阵列,如图4.6.22所示。

2."阵列几何体特征:多边形"案例展示

（1）打开文件。光盘:\案例文件\Ch04\ Ch04.06\4. prt,如图4.6.20所示。

（2）调取"阵列几何体"命令。

（3）选择要阵列的几何体。还是选择案例文件实体。

（4）选择阵列布局。选择多边形,如图4.6.23所示。

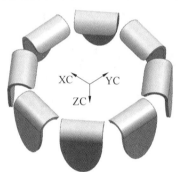

图4.6.22　圆形阵列结果　　　　图4.6.23　"旋转轴"和"多边形定义"

（5）定义旋转轴的方向。在"阵列几何体特征"对话框"旋转轴"区域"指定矢量"下拉列表,系统提供了12种定义轴的方法,此处选择ZC轴,即旋转时绕ZC轴旋转。

（6）定义旋转轴的位置。在"阵列几何体特征"对话框"旋转轴"区域"指定点"下拉列表,系统提供了11种定义点的方法,此处选择坐标原点。

（7）定义多边形。在"阵列几何体特征"对话框"多边形定义"区域"边数"输入栏输入6,即此处为六边形;在"间距"下拉列表选择每边数目;在"数量"输入栏输入4,即六边形每个边上复制四个几何体;在"跨距"输入栏输入360,即复制几何体操作在六边形六条边上都进行。

（8）点击"确定"按钮,复制结果如图4.6.24所示。

（9）重复上述步骤,定义多边形,在"阵列几何体特征"对话框"多边形定义"区域"边数"输入栏输入6;在"间距"下拉列表选择每边数目;在"数量"输入栏输入5;在"跨距"

输入栏输入 360。

（10）点击"确定"按钮，完成阵列，如图 4.6.25 所示。

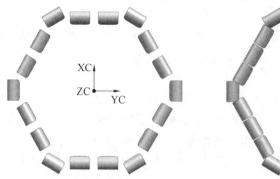

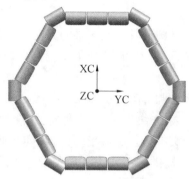

图 4.6.24　阵列几何体结果一　　　　图 4.6.25　阵列几何体结果二

4.6.5　镜像特征

"镜像特征"是指复制特征并通过某一平面进行镜像，在建模环境下命令调取路径：
"插入"｜"关联复制"｜"镜像特征"。

"镜像特征"案例展示如下。

（1）打开文件。光盘：\案例文件\Ch04\ Ch04.06\5. prt，如图 4.6.26 所示。

（2）调取"镜像特征"命令："插入"｜"关联复制"｜"镜像特征"。图标为 ，
弹出"镜像特征"对话框，如图 4.6.27 所示。

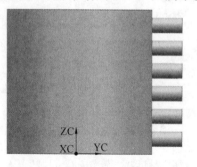

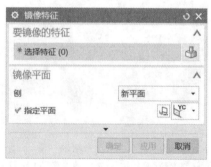

图 4.6.26　案例文件　　　　图 4.6.27　"镜像特征"对话框"新平面"

（3）选择要镜像的特征。如图 4.6.27 所示，在"要镜像的特征"区域"选择特征"处用
鼠标左键选择案例文件实体上六个小圆柱体。

（4）选择镜像平面。在"镜像特征"对话框中"刨"下拉列表，系统列出了两个选项，
分别为现有平面和新平面。此处选择现有平面，则"镜像特征"对话框转变成如图 4.6.28
所示。

①现有平面指已经存在的可以直接通过鼠标选取作为镜像平面使用的。

②新平面指不存在的需要通过定义或创建而产生的镜像平面。

（5）系统提示选择现有平面。由于此案例文件中没有已经存在的平面，此处只能选
择新平面。对话框如图 4.6.27 所示。

（6）定义镜像平面。在"镜像特征"对话框中"指定平面"下拉列表，系统提供了 14 种

定义平面的方法,此处选择 XC-ZC 平面,图标为。

(7)点击"确定"按钮,镜像结果如图 4.6.29 所示。

图 4.6.28 "镜像特征"对话框"现有平面"

图 4.6.29 镜像特征结果

4.6.6 镜像面

"镜像面"即复制一组面并通过某一平面进行镜像,在建模环境下命令调取路径:"插入"|"关联复制"|"镜像面"。

"镜像面"案例展示如下。

(1)打开文件。光盘:\案例文件\Ch04\ Ch04.06\6. prt,如图 4.6.30 所示。

(2)调取"镜像面"命令:"插入"|"关联复制"|"镜像面"。图标为,弹出"镜像面"对话框,如图 4.6.31 所示。

图 4.6.30 案例文件

图 4.6.31 "镜像面"对话框"新平面"

(3)选择要镜像的面。如图 4.6.31 所示,在"镜像面"对话框中"选择面"处,鼠标左键选择案例文件实体上六个小圆孔面。

(4)选择镜像平面。在"镜像面"对话框中"刨"下拉列表,系统列出了两个选项,分别为现有平面和新平面。

①现有平面指已经存在的可以直接通过鼠标选取作为镜像平面使用的。

②新平面指不存在的需要通过定义或创建而产生的镜像平面。

此处选择现有平面,则"镜像面"对话框转变成如图4.6.32所示。

(5)系统提示选择现有平面。此案例文件中没有已经存在的平面,所以此处只能选择新平面,对话框如图4.6.31所示。

(6)定义镜像平面。如图4.6.31所示,在"镜像面"对话框中"指定平面"下拉列表,系统提供了14种定义平面的方法,此处选择 XC-ZC 平面,图标为 _{YC}。

(7)点击"确定"按钮,镜像结果如图4.6.33所示。

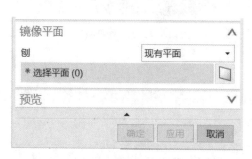

图4.6.32 "镜像面"对话框"现有平面"

图4.6.33 镜像面结果

4.6.7 镜像几何体

"镜像几何体"即复制几何体并通过某一平面进行镜像,在建模环境下命令调取路径:"插入"|"关联复制"|"镜像几何体"。

"镜像几何体"案例展示如下。

(1)打开文件。光盘:\案例文件\Ch04\ Ch04.06\7. prt,如图4.6.34所示。

(2)调取"镜像几何体"命令:"插入"|"关联复制"|"镜像几何体"。图标为 镜像几何体(G)...,弹出"镜像几何体"对话框,如图4.6.35所示。

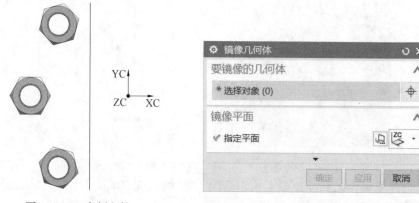

图4.6.34 案例文件

图4.6.35 "镜像几何体"对话框

(3)选择要镜像的几何体。如图4.6.35所示,在"镜像几何体"对话框中"选择对象"处用鼠标左键选择案例文件三个螺母。

（4）定义镜像平面。在"镜像几何体"对话框中"指定平面"下拉列表，系统提供了 14 种定义平面的方法，此处选择 YC–ZC 平面，图标为 ↳xc。

（5）点击"确定"按钮，镜像结果如图 4.6.36 所示。

（6）重新如上步骤，选择案例文件中的三个螺母。

（7）定义镜像平面。在"镜像几何体"对话框中"指定平面"下拉列表，此处选择通过对象，图标为 ↺，选择案例文件中的片体。

（8）点击"确定"按钮，镜像结果如图 4.6.37 所示。

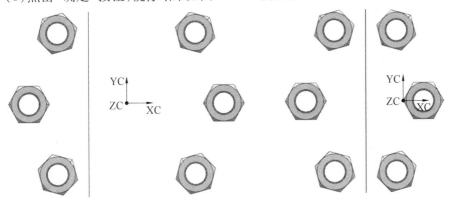

图 4.6.36　YC–ZC 平面镜像几何体结果一　　　图 4.6.37　通过对象镜像几何体结果二

4.7　对象操作

4.7.1　移动对象

"移动对象"即将一组对象进行移动或复制，改变其位置关系，在建模环境下命令调取路径："编辑"│"移动对象"。

1."距离"移动对象案例展示

（1）打开文件。光盘：\案例文件\Ch04\ Ch04.07\1．prt，如图 4.7.1 所示。

（2）调取"移动对象"命令："编辑"│"移动对象"。图标为 ☐ 移动对象(O)...，弹出"移动对象"对话框，如图 4.7.2 所示。

（3）选择要移动的几何体。如图 4.7.2 所示，在"移动对象"对话框中"选择对象"处用鼠标左键选择案例文件实体。

（4）定义移动的类型。在"移动对象"对话框中"变换"区域"运动"下拉列表，系统提供了 10 种移动对象的类型，如图 4.7.3 所示，其中常用的为距离、角度、点到点，此处首先选择距离，图标为 ✎ 距离，即将选定对象沿着指定的运动方向移动一定距离。

（5）定义移动方向。在"移动对象"对话框"变换"区域"指定矢量"下拉列表，系统提供了 12 种定义轴的方法，此处选择 XC 轴，即沿着 XC 轴方向移动。

图 4.7.1　案例文件　　　　　图 4.7.2　"移动对象"对话框

（6）设定移动距离。在"移动对象"对话框"变换"区域"距离"输入栏输入 60，即沿着 XC 轴正方向移动 60 mm；如果此处输入 -60，则沿着 XC 轴负方向移动 60 mm。

（7）设置移动方式。"移动对象"结果显示设置栏如图 4.7.4 所示，移动方式有 2 种，分别为移动原先的和复制原先的。此处选择复制原先的。

①移动原先的即将初始选择对象直接进行移动操作。

②复制原先的指初始选择对象位置不变，复制一个完全相同的新对象进行移动。

（8）设置图层选项。如图 4.7.4 所示，在"图层选项"下拉列表，系统提供了 3 种方式，分别为原始的、工作的和按指定的。此处选择原始的。

①原始的指移动后对象仍然放在初始选择对象所在图层。

②工作的指移动后对象放在工作图层中。

③按指定的指移动后对象放在设定的特定图层中。

（9）设定距离分割。如图 4.7.4 所示，在"距离/角度分割"输入栏输入 1，按照输入距离进行移动或复制；输入 2，则按照输入距离的一半进行移动或复制，以此类推。此处输入 1。

（10）设定非关联副本数。如图 4.7.4 所示，在"非关联副本数"输入栏输入整数值 n，指初始选择对象被移动或复制 n 次。此处输入 5。

（11）设置预览。如图 4.7.2 所示，在"预览"区域"预览"复选框，通过勾选或者不勾选实现移动或复制后结果预览显示与否。通过预览可以提前评估设置距离或者方向合理与否。此处选择勾选，预览结果如图 4.7.5 所示。

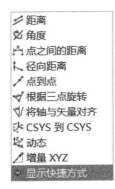

图 4.7.3　移动类型　　　　　　　　　图 4.7.4　结果设置栏

（12）点击"确定"按钮，完成复制，如图 4.7.6 所示，由图可知，通过操作，沿着 XC 轴复制了五个初始选择对象。

图 4.7.5　预览结果　　　　　　　　　图 4.7.6　移动对象结果

2."角度"移动对象案例展示

（1）打开文件。光盘：\案例文件\Ch04\ Ch04.07\1.prt，如图 4.7.1 所示。

（2）调取"移动对象"命令："编辑"|"移动对象"，如图 4.7.2 所示。

（3）选择要移动的几何体。如图 4.7.2 所示，在"移动对象"对话框中"选择对象"处用鼠标左键选择案例文件实体。

（4）定义移动的类型。在"移动对象"对话框中"变换"区域"运动"下拉列表，系统提供了 10 种移动对象的类型，如图 4.7.3 所示，此处选择角度，图标为 ⊠ 角度 ，即将选定对象绕着指定的轴旋转一定角度。此时"移动对象"对话框如图 4.7.7 所示。

（5）定义旋转轴。在"移动对象"对话框"变换"区域"指定矢量"下拉列表，系统提供了 12 种定义轴的方法，此处选择 ZC 轴，即沿着 ZC 轴方向旋转。

（6）指定旋转轴所在位置。在"移动对象"对话框"变换"区域"指定轴点"下拉列表，系统提供了 12 种定义点的方法，此处点击下拉列表前面的"点构造器"图标 ，弹出了"点"对话框，如图 4.7.8 所示。在"点"对话框"输出坐标"区域的"参考"下拉列表选择绝对-工作部件，并在 "X、Y、Z"坐标输入栏都输入 0，点击"确定"按钮，即将旋转轴位置设定到绝对坐标原点位置。

（7）设定旋转角度。在"移动对象"对话框 "角度"输入栏输入旋转角度输入 45，即绕着 ZC 轴沿逆时针方向旋转 45°。如果此处输入 −45，则沿着 ZC 轴顺时针方向旋转 45°。

（8）设置移动方式。在移动对象结果显示设置栏如图 4.7.4 所示，移动方式有 2 种，分别为移动原先的和复制原先的。此处选择复制原先的。

①移动原先的即将初始选择对象直接进行旋转操作。

②复制原先的指初始选择对象位置不变，复制一个完全相同的新对象进行旋转。

(9)设置图层选项。如图 4.7.4 所示,在"图层选项"下拉列表,系统提供了 3 种方式,分别为原始的、工作的和按指定的。此处选择原始的。

①原始的指旋转后对象仍然放在初始选择对象所在图层。

②工作的指旋转后对象放在工作图层中。

③按指定的指旋转后对象放在设定的特定图层中。

图 4.7.7 "移动对象"对话框

图 4.7.8 "点"对话框

(10)设定距离分割。如图 4.7.4 所示,在"距离/角度分割"输入栏输入 1,按照输入角度进行旋转;输入 2,则按照输入角度的一半进行旋转,以此类推。此处输入 1。

(11)设定非关联副本数。如图 4.7.4 所示,在"非关联副本数"输入栏输入整数值 n,指初始选择对象被旋转复制 n 次。此处输入 7。

(12)设置预览。如图 4.7.2 所示,在"预览"区域"预览"复选框,通过勾选或者不勾选来实现旋转复制后结果预览显示与否。通过预览可以提前评估旋转角度或者方向合理与否。此处选择勾选。

(13)点击"确定"按钮,完成旋转复制,如图 4.7.9 所示。

(14)先将案例实体文件沿着 XC 轴或 YC 轴移动 50 mm,再将移动后的实体绕 ZC 轴进行旋转操作,结果如图 4.7.10 所示。

3."点到点"移动对象案例展示

(1)打开文件。光盘:\案例文件\Ch04\ Ch04.07\2. prt,如图 4.7.11 所示。

(2)调取"移动对象"命令:"编辑"|"移动对象"。

(3)选择要移动的几何体。如图 4.7.2 所示,在"移动对象"对话框中"选择对象"处用鼠标左键选择案例文件中的实体(不选择线段)。

(4)定义移动的类型。在"移动对象"对话框中"变换"区域"运动"下拉列表,系统提供 10 种移动对象的类型,如图 4.7.3 所示,此处选择点到点,图标为 点到点,即将选定对象按一点到另一点的距离进行移动。点到点"移动对象"对话框如图 4.7.12 所示。

图 4.7.9 旋转结果一　　　　　　图 4.7.10 旋转结果二

（5）指定点到点中的第一个点，即指定出发点。"移动对象"对话框"变换"区域"指定出发点"，下拉列表系统提供了 11 种定义点的方法，此处选择端点，图标为 ╱ ，鼠标左边选择案例文件中的直线，系统会默认捕捉到直线的端点（直线有两个端点，鼠标左键在拾取直线时，直线两个端点中距离拾取点近的那个点会被定义为此次选择的端点），此处选择直线下方的那个点为出发点。

（6）指定点到点中的第二个点，即指定目标点。在"移动对象"对话框"变换"区域"指定目标点"，下拉列表系统提供了 11 种定义点的方法，此处选择"端点"，图标为 ╱ ，鼠标左边选择案例文件中的直线，系统会默认捕捉到直线的端点（鼠标左键在拾取直线时，拾取点要靠近另外一个未被定义为出发点的端点）。此处选择直线上方的那个点为目标点。

图 4.7.11 案例文件　　　　　　图 4.7.12 "移动对象"对话框

（7）设置移动方式。移动对象结果显示设置栏如图 4.7.4 所示，移动方式有 2 种，分别为移动原先的和复制原先的。此处选择复制原先的。

①移动原先的即将初始选择对象直接进行移动操作。

②复制原先的指初始选择对象位置不变,复制一个完全相同的新对象进行移动。

(8)设置图层选项。如图4.7.4所示,"图层选项"下拉列表,系统提供了3种方式,分别为原始的、工作的和按指定的。此处选择原始的。

①原始的指移动后对象仍然放在初始选择对象所在图层。

②工作的指移动后对象放在工作图层中。

③按指定的指移动后对象放在设定的特定图层中。

(9)设定距离分割。如图4.7.4所示,在"距离/角度分割"输入栏输入1。

(10)设定非关联副本数。如图4.7.4所示,在"非关联副本数"输入栏输入整数值1。

(11)设置预览。勾选"移动对象"对话框"预览"复选框。

(12)点击"确定"按钮,完成复制,如图4.7.13所示。

(13)重复上述步骤,所有选项都设置相同,只是将出发点和目标点调换,即选择直线上方那个端点为出发点,选择直线下方那个端点为目标点,点击"确定"按钮,生成实体如图4.7.14所示。

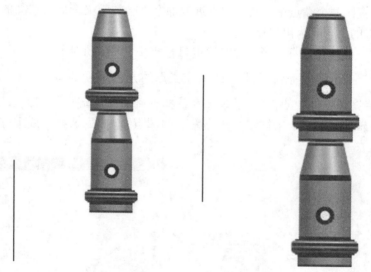

图4.7.13　移动对象结果一　　　　图4.7.14　移动对象结果二

4.7.2　变换对象

"变换对象"即将一组对象进行比例缩放、通过一直线镜像、矩形阵列、圆形阵列和通过一平面镜像等操作,在建模环境下命令调取路径:"编辑"|"变换"。

1."比例"案例展示

(1)打开文件。光盘:\案例文件\Ch04\ Ch04.07\3. prt,如图4.7.15所示。

(2)调取"变换"命令:"编辑"|"变换"。图标为 🗗 变换(M)… ,弹出"变换"对话框,如图4.7.16所示。

图 4.7.15 案例文件

图 4.7.16 "变换"对话框

（3）选择要变换的几何体。如图 4.7.16 所示，在"选择对象"处用鼠标左键选择案例实体，点击"确定"按钮。弹出"变换"类型选择对话框，如图 4.1.17 所示。

（4）如图 4.7.17 所示，系统提供了 6 种变换类型，分别为比例、通过一直线镜像、矩形阵列、圆形阵列、通过一平面镜像和点拟合。此处选择比例，比例即将变换对象按照一定比例进行缩放，改变变换对象大小。点击比例，弹出"点"对话框，如图 4.7.18 所示。

（5）比例变换基准点即在放大缩小过程中的参考点，此参考点的位置始终不变，其他各点根据比例相对于此参考点进行变换。如图 4.7.18 所示，在"点"对话框中"类型"下拉列表，系统提供了 14 种定义点的方法，如图 4.7.19 所示，详细介绍见 1.4.1 节。此处选择圆弧中心/椭圆中心/球心，图标为 ⊙ 圆弧中心/椭圆中心/球心。然后鼠标左键选择案例文件的球体，此时球心就被捕捉并选择，弹出"比例值输入"，如图 4.7.20 所示。

图 4.7.17 "变换"类型选择对话框

图 4.7.18 "点"对话框

（6）定义缩放比例。在图 4.7.20 对话框中，可以输入不同比例数值，比例数值为 1时，代表 1∶1 缩放，即大小不发生变化；比例数值大于 1，代表对象将被放大；比例数值小于 1，代表对象将被缩小。此处输入比例数值 2，点击"确定"按钮。弹出"变换"结果设定对话框，如图 4.7.21 所示。

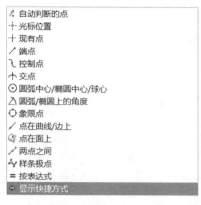

图 4.7.19 "类型"下拉列表

图 4.7.20 "变换"对话框"比例值输入"

(7)如图4.7.21所示,选择移动,则原变换对象不保留,直接更新为新对象;选择复制,则原变换对象保留,另外生成一个新对象。此处选择复制。生成新旧实体对比结果如图4.7.22所示。

图 4.7.21 "变换"结果设定对话框

图 4.7.22 变换前后对比

2."通过一直线镜像"案例展示

(1)打开文件。光盘:\案例文件\Ch04\ Ch04.07\4. prt,如图4.7.23所示。

(2)调取"变换"命令:"编辑"|"变换",弹出"变换"对话框,如图4.7.24所示。

(3)选择要变换的几何体。如图4.7.24所示,在"选择对象"处用鼠标左键选择案例文件中的实体球,然后点击"确定"按钮,弹出"变换"类型选择对话框,如图4.1.25所示。

图 4.7.23 案例文件   图 4.7.24 "变换"选择对象对话框

（4）如图 4.7.25 所示，系统提供了 6 种变换类型，分别为比例、通过一直线镜像、矩形阵列、圆形阵列、通过一平面镜像和点拟合。此处选择通过一直线镜像，通过一直线镜像即将变换对象以一直线作为参考进行镜像并生成新的实体。点击通过一直线镜像，弹出"直线生成方式"对话框，如图 4.7.26 所示。

图 4.7.25 "变换"类型选择对话框   图 4.7.26 "直线生成方式"对话框

（5）定义参考直线。如图 4.7.26 所示，系统提供了 3 种定义参考直线的方式，分别为两点、现有直线、点和矢量。3 种方式大同小异，此处选择现有直线。然后鼠标左键选择案例文件中的直线，系统弹出"变换"结果设定对话框，如图 4.7.27 所示。

（6）如图 4.7.27 所示，选择移动，则原变换对象不保留，直接更新为新对象；选择复制，则原变换对象保留，另外生成一个新对象。此处选择复制。生成新旧实体对比结果如图 4.7.28 所示。

图 4.7.27 "变换"结果设定对话框

图 4.7.28 通过一直线镜像结果

3. "通过一平面镜像"案例展示

(1)打开文件。光盘:\案例文件\Ch04\ Ch04.07\5. prt,如图 4.7.29 所示。

(2)调取"变换"命令:"编辑"|"变换"。弹出"变换"对话框,如图 4.7.30 所示。

图 4.7.29 案例文件

图 4.7.30 "变换"对话框

(3)选择要变换的几何体。如图 4.7.30 所示,在"选择对象"处用鼠标左键选择案例文件中的所有实体文件,然后点击"确定"按钮,弹出"变换"类型选择对话框,如图4.7.31所示。

(4)如图 4.7.31 所示,系统提供了 6 种变换类型,分别为比例、通过一直线镜像、矩形阵列、圆形阵列、通过一平面镜像、点拟合。此处选择通过一平面镜像,通过一平面镜像即将变换对象以一平面作为参考进行镜像并生成新的实体。点击通过一平面镜像,弹出"平面生成方式"对话框,如图 4.7.32 所示。

图 4.7.31 "变换"类型选择对话框　　图 4.7.32 "平面生成方式"对话框

（5）定义参考平面。如图 4.7.32 所示，在"类型"下拉列表系统提供了 15 种创建或生成平面的方式，如图 4.7.33 所示。每种方式使用方法见 1.4.3 节，此处选择 XC-YC 平面，图标为 XC-YC 平面，点击"确定"按钮，系统弹出"变换"结果设定对话框，如图 4.7.34 所示。

图 4.7.33 创建平面方式

图 4.7.34 "变换"结果设定对话框

（6）选择复制，则原实体被保留，生成新的镜像实体，结果如图 4.7.35 所示。

图 4.7.35 通过一平面镜像结果

4."矩形阵列"案例展示

（1）打开文件。光盘:\案例文件\Ch04\ Ch04.07\5. prt，如图 4.7.36 所示。

（2）调取"变换"命令:"编辑"|"变换"。弹出"变换"对话框，如图 4.7.37 所示。

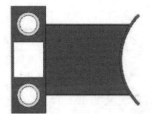

图 4.7.36 案例文件　　　　　　　图 4.7.37 "变换"对话框

（3）选择要变换的几何体。如图 4.7.37 所示，在"选择对象"处用鼠标左键选择案例文件中的所有实体文件，然后点击"确定"按钮，弹出"变换"类型选择对话框，如图 4.7.38 所示。

（4）如图 4.7.38 所示，系统提供了 6 种变换类型，分别为比例、通过一直线镜像、矩形阵列、圆形阵列、通过一平面镜像和点拟合。此处选择矩形阵列，矩形阵列即将对象复制到矩形布局中。点击矩形阵列，弹出"点"对话框，如图 4.7.39 所示。

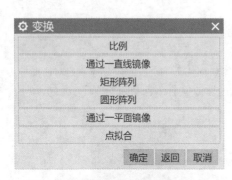

图 4.7.38 "变换"类型选择对话框　　　图 4.7.39 "点"对话框

（5）定义矩形阵列参考点。如图 4.7.39 所示，在"类型"下拉列表系统提供了 14 种创建或者生成点的方式，如图 4.7.40 所示。每种方式使用方法见 1.4.1 节，此处选择自动判断的点，图标为 自动判断的点，然后选择案例文件左下角顶点，如图 4.7.41 所示，然后点击"确定"按钮，系统再次弹出"点"对话框，如图 4.7.39 所示。

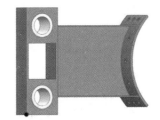

图 4.7.40　创建点的方式　　　　　图 4.7.41　选择参考点

（6）定义矩形阵列圆点。系统第二次弹出"点"对话框目的是定义阵列原点，仍然选择案例文件左下角顶点，如图 4.7.41 所示，点击"确定"按钮，系统弹出"阵列参数"对话框，如图 4.7.42 所示。

（7）输入阵列参数。如图 4.7.42 所示，其中 DXC 为水平方向移动距离，DYC 为竖直方向移动距离，列（X）为水平方向数量，行（Y）为竖直方向数量。输入后的阵列参数如图 4.7.43 所示。

图 4.7.42　"阵列参数"对话框一

图 4.7.43　输入后的阵列参数

（8）输入阵列参数后并点击"确定"按钮，系统弹出"变换"结果设定对话框，如图 4.7.44所示。点击"复制"，完成矩形阵列，结果如图 4.7.45 所示，可以看出水平方向即列（X）为 5 列，竖直方向即行（Y）为 4 行，且水平、竖直间距都为 1 000 mm。

图 4.7.44　"变换"结果设定对话框

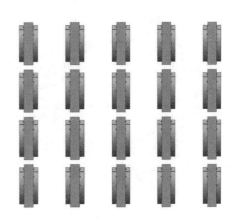

图 4.7.45　矩形阵列结果一

（9）重复上述步骤,改变阵列参数,如图 4.7.46 所示,阵列结果如图 4.7.47 所示。

图 4.7.46　"阵列参数"对话框二　　　　图 4.7.47　矩形阵列结果二

（10）重复上述步骤,改变阵列参数,如图 4.7.48 所示;阵列结果如图 4.7.49 所示。可以看出阵列角度的意义所在。

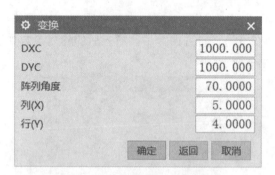

图 4.7.48　"阵列参数"对话框三　　　　图 4.7.49　矩形阵列结果三

5."圆形阵列"案例展示

（1）打开文件。光盘:\案例文件\Ch04\ Ch04.07\6. prt,如图 4.7.50 所示。

（2）调取"变换"命令:"编辑"|"变换"。弹出"变换"对话框,如图 4.7.51 所示。

图 4.7.50　案例文件　　　　图 4.7.51　"变换"对话框

（3）选择要变换的几何体。鼠标左键选择案例文件中的所有实体文件,然后点击"确定"按钮,弹出"变换"类型选择对话框,如图 4.7.52 所示。

（4）系统提供了 6 种变换类型,分别为比例、通过一直线镜像、矩形阵列、圆形阵列、通过一平面镜像和点拟合。此处选择圆形阵列,圆形阵列即将对象复制到圆形布局中,点击圆形阵列,弹出"点"对话框,如图 4.7.53 所示。

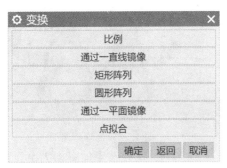
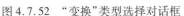

图 4.7.52　"变换"类型选择对话框　　　　图 4.7.53　"点"对话框

（5）定义圆形阵列参考点。如图 4.7.53 所示,在"类型"下拉列表系统提供了 14 种创建或者生成点的方式,此处选择圆弧中心/椭圆中心/球心,图标为⊙圆弧中心/椭圆中心/球心,然后选择案例文件最外层圆形实体任一边线,再次弹出"点"对话框,如图 4.7.53 所示。

（6）定义圆形阵列圆点。系统第二次弹出"点"对话框,在"类型"下拉列表系统提供了 14 种创建或者生成点的方式,此处选择圆弧中心/椭圆中心/球心,图标为⊙圆弧中心/椭圆中心/球心,如图 4.7.54 所示,然后选择案例文件最外层圆形实体任一边线,将选中边线圆心定义为阵列原点。

（7）输入阵列参数。如图 4.7.55 所示,其中"半径"为环形阵列的半径;"起始角"为生成的第一个阵列实体的角度位置;"角度增量"为各阵列实体间的夹角;"数量"为生成数量,输入后的阵列参数如图 4.7.55 所示。

图 4.7.54　创建点的方式　　　　图 4.7.55　输入后的阵列参数一

（8）输入阵列参数后，点击"确定"按钮，系统弹出"变换"结果设定对话框，如图4.7.56所示；点击"复制"，完成圆形阵列，结果如图4.7.57所示。

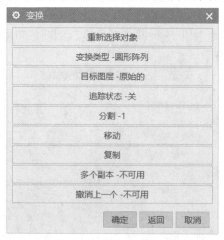

图4.7.56 "变换"结果设定对话框　　　图4.7.57 阵列结果一

（9）重复上述步骤，改变阵列参数，如图4.7.58所示，阵列结果如图4.7.59所示。

图4.7.58 输入后的阵列参数二　　　图4.7.59 阵列结果二

4.8 同步建模

同步建模是 UG 10.0 提供的高级造型命令，具有高效、快捷等优点，尤其是在一些造型完成进行修改的情况下，同步建模更具优势。

4.8.1 移动面

"移动面"即移动一组面并调整要适应的相邻面，在建模环境下命令调取路径："插入"|"同步建模"|"移动面"。其中面的移动有多种方式，包括距离、角度和点到点等，具体介绍如下。

1."移动面：距离"案例展示

（1）打开文件。光盘：\案例文件\Ch04\ Ch04.08\1.prt，如图4.8.1所示。

（2）调取"移动面"命令："插入"|"同步建模"|"移动面"，图标为  移动面(M)... ，弹出"移动面"对话框，如图4.8.2所示。

图4.8.1　案例文件　　　　　　　图4.8.2　"移动面"对话框

（3）选择要移动的面。如图4.8.2所示，在"选择面"处用鼠标左键选择长方体一个平面，如图4.8.3所示。

（4）定义变换类型。在"移动面"对话框中"变换"区域"运动"下拉列表，系统提供了10种移动对象的类型。如图4.8.4所示，其中常用的为距离、角度和点到点，此处首先选择距离，图标为 距离，即将选定面沿着指定的运动方向移动一定距离。

图4.8.3　选择要移动的面　　　　　　图4.8.4　变换类型

（5）定义移动方向。在"移动面"对话框"变换"区域"指定矢量"下拉列表，系统提供了12种定义轴的方法，此处选择ZC轴，图标为^{ZC}↑，即沿着ZC轴方向移动。

（6）设定移动距离。在"移动面"对话框"变换"区域"距离"输入栏输入移动距离，此处输入 40,即沿着 ZC 轴正方向移动 40 mm,点击"确定"按钮,移动后结果如图 4.8.5 所示;如果此处输入−40,则沿着 ZC 轴负方向移动 40 mm,点击"确定"按钮,移动结果如图 4.8.6 所示。

图 4.8.5　移动 40 mm 结果　　　　　图 4.8.6　移动−40 mm 结果

(7)设置移动方式。在"移动面"对话框"设置"区域,可以对移动面的"溢出行为"进行设置,下拉列表主要有自动、延伸更改面、延伸固定面、延伸端盖面等。可以设置不同的溢出选项进行观察,此处选择自动。

2."移动面:角度"案例展示

(1)打开文件。光盘:\案例文件\Ch04\ Ch04.08\2. prt。

(2)调取"移动面"命令:"插入"|"同步建模"|"移动面",图标为 🎲 移动面(M)...,弹出"移动面"对话框,如图 4.8.7 所示。

(3)选择要移动的面。如图 4.8.7 所示,在"选择面"处用鼠标左键选择正方体一平面,如图 4.8.8 所示。

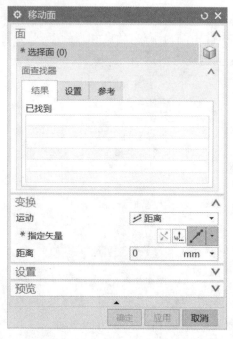
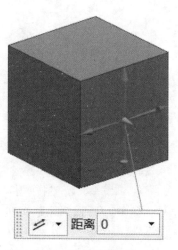

图 4.8.7　"移动面"对话框　　　　　图 4.8.8　选择要移动的面

（4）定义移动的类型。在"移动面"对话框中"变换"区域"运动"下拉列表，系统提供了 10 种移动对象的类型，此处选择角度，图标为 ☒角度 。即将选定对象绕指定的轴旋转一定角度。此时"移动面"对话框如图 4.8.9 所示。

（5）定义旋转轴。在"移动面"对话框"变换"区域"指定矢量"下拉列表，系统提供了 12 种定义轴的方法，此处选择 XC 轴，即沿着 XC 轴方向旋转。

（6）指定旋转轴所在位置。在"移动面"对话框"变换"区域"指定轴点"下拉列表，系统提供了 11 种定义点的方法，此处选择"端点"，图标为 ╱；然后鼠标左键选择正方体边线，如图 4.8.10 所示。

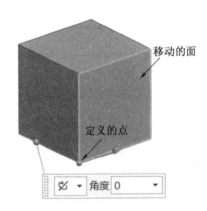

图 4.8.9 "移动面"对话框"角度"　　图 4.8.10 选择旋转轴的位置点

（7）"移动面"对话框"角度"输入栏输入 40，点击"确定"按钮，移动结果如图 4.8.11 所示；"移动面"对话框"角度"输入栏输入 -40，点击"确定"按钮，移动结果如图 4.8.12 所示。

图 4.8.11 40°移动结果　　　　　图 4.8.12 -40°移动结果

3."移动面：点到点"案例展示：

（1）打开文件。光盘：\案例文件\Ch04\ Ch04.08\2. prt。

（2）调取"移动面"命令："插入"|"同步建模"|"移动面"，图标为  移动面(M)...，弹出"移动面"对话框，如图4.8.7所示。

（3）选择要移动的面。如图4.8.7所示，在"选择面"处用鼠标左键选择正方体一平面，如图4.8.8所示。

（4）定义移动的类型。在"移动面"对话框中"变换"区域"运动"下拉列表，系统提供了10种移动对象的类型，此处选择点到点，图标为 点到点 。即将选定对象按一点到另一点的距离进行移动。选择后的"移动面"对话框如图4.8.13所示。

（5）指定点到点中的第一个点，即指定出发点，在"移动面"对话框"变换"区域"指定出发点"，下拉列表系统提供了11种定义点的方法，此处选择端点，图标为 ，鼠标左边选择案例文件中的直线，系统会默认捕捉到直线的端点（直线有两个端点，鼠标左键在拾取直线的时候，直线两个端点中距离拾取点近的那个点会被定义为此次选择的端点），此处选择正方体的一个顶点作为出发点，如图4.8.14所示。

（6）指定点到点中的第二个点，即指定目标点。在"移动面"对话框"变换"区域"指定目标点"，下拉列表系统提供了11种定义点的方法，此处选择端点，图标为 ，鼠标左边选择案例文件中的直线，系统会默认捕捉到直线的端点（鼠标左键在拾取直线时，拾取点要靠近另外一个未被定义为出发点的端点）。此处选择正方体的另外一个顶点作为出发点，如图4.8.14所示。

图4.8.13 "移动面"对话框"点到点"

图4.8.14 指定出发点和目标点

（7）设置移动方式。在"移动面"对话框"设置"区域，可以对移动面的"溢出行为"进行设置，下拉列表主要有自动、延伸更改面、延伸固定面和延伸端盖面等。可以设置不同的溢出选项进行观察。此处选择自动。

（8）设置预览。在"移动面"对话框"预览"复选框，可以对移动面的结果在完成移动操作前进行预览,进而确定移动距离及移动方向是否正确。此处勾选"预览"复选框,预览结果如图 4.8.15 所示。

(9)点击"确定"按钮,完成移动,移动结果如图 4.8.16 所示。

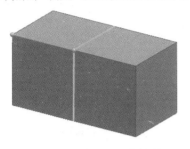 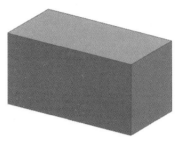

图 4.8.15　移动面预览结果　　　　图 4.8.16　移动面结果

4."移动面:距离-角度"案例展示

(1)打开文件。光盘:\案例文件\Ch04\ Ch04.08\3.prt,如图 4.8.17 所示。

(2)调取"移动面"命令:"插入"|"同步建模"|"移动面",图标为 移动面(M)…,弹出"移动面"对话框,如图 4.8.7 所示。

(3)选择要移动的面。如图 4.8.7 所示,在"选择面"处用鼠标左键选择左侧长方体上表面,如图 4.8.18 所示。

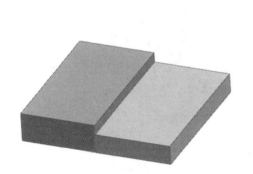 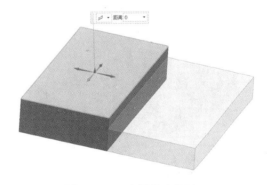

图 4.8.17　案例文件　　　　图 4.8.18　选择移动的面

(4)定义移动的类型。在"移动面"对话框中"变换"区域"运动"下拉列表,系统提供了 10 种移动对象的类型,此处选择距离-角度,图标为 距离-角度,即将选定面沿着某一方向移动一定距离,同时有一定的角度偏转。选择后的"移动面"对话框如图 4.8.19 所示。

(5)指定距离矢量。在"移动面"对话框"变换"区域"指定距离矢量",下拉列表系统提供了 12 种定义矢量的方法,此处选择 XC 轴,图标为 XC,即选定面将绕 XC 轴方向转动和偏移。

(6)指定枢轴点。在"移动面"对话框"变换"区域"指定枢轴点",下拉列表系统提供了 11 种定义点的方法,此处选择端点,图标为 ∕,鼠标左键选择右侧长方体棱线,如图 4.8.20 所示。

图 4.8.19　"移动面"对话框"距离角度"

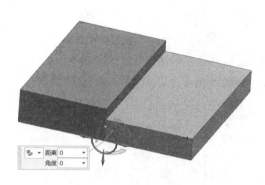

图 4.8.20　选择枢轴点

(7)输入移动距离。在"移动面"对话框"变换"区域"距离"输入栏,输入距离 10。

(8)输入偏转角度。在"移动面"对话框"变换"区域"角度"输入栏,输入角度 10。

(9)点击"确定"按钮,结果如图 4.8.21 所示。

(10)重复上述步骤,所有参数都采用相同设置数据,只是将枢轴点位置调整到右侧长方体棱线中点位置,如图 4.8.22 所示;点击"确定"按钮,结果如图 4.8.23 所示。

图 4.8.21　移动面结果一　　　　　　　　图 4.8.22　指定出发点和目标点

(11)重复上述步骤,所有参数都采用相同设置数据,将距离矢量调整为 ZC 轴方向,图标为 $^{ZC}\!\uparrow$,且枢轴点位置为右侧长方体棱线端点位置,如图 4.8.20 所示;点击"确定"按钮,结果如图 4.8.24 所示。

图 4.8.23　移动面结果二

图 4.8.24　移动面结果三

（12）重复上述步骤,所有参数都采用相同设置数据,将距离矢量调整为 ZC 轴方向,图标为 ZC↑,且枢轴点位置为右侧长方体棱线中点位置,如图 4.8.22 所示;点击"确定"按钮,结果依然如图 4.8.24 所示,即在此条棱线任意位置处定义为枢轴点,移动结果都一样。

4.8.2 拉出面

"拉出面"即从模型中抽取面形成实体,或将面反向延伸到模型中,减去实体,在建模环境下命令调取路径:"插入"|"同步建模"|"拉出面"。其中拉出面的形式有多种,包括距离、点到点之间的距离、径向和点到点等,具体介绍如下。

1."拉出面:距离"案例展示

（1）打开文件。光盘:\案例文件\Ch04\ Ch04.08\4. prt,如图 4.8.25 所示。

（2）调取"拉出面"命令:"插入"|"同步建模"|"拉出面",图标为 拉出面(P)... ,弹出"拉出面"对话框,如图 4.8.26 所示。

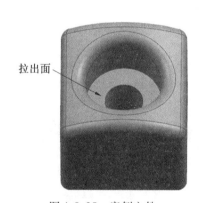

图 4.8.25 案例文件   图 4.8.26 "拉出面"对话框

（3）选择要拉出的面。如图 4.8.26 所示,在"选择面"处用鼠标左键选择圆柱形空腔的底面,如图 4.8.25 所示。

（4）定义移动类型。在"拉出面"对话框中"变换"区域"运动"下拉列表,系统提供了 4 种移动对象的类型,分别为距离、点到点之间的距离、径向和点到点。此处选择距离,图标为 距离,即选定面沿着指定的运动方向拉出延伸一定距离。

（5）定义拉出方向。在"拉出面"对话框"变换"区域"指定矢量"下拉列表,系统提供了 12 种定义轴的方法,此处选择 YC 轴,图标为 YC,即沿着 YC 轴方向拉出。

（6）设定拉出距离。在"拉出面"对话框"变换"区域"距离"输入栏输入拉出距离,此处输入70,即沿着 YC 轴正方向移动 70 mm,点击"确定"按钮,移动后结果如图 4.8.27 所示;如果此处输入-70,则沿着 YC 轴负方向移动 70 mm,点击"确定"按钮,移动结果如图 4.8.28 所示。

图 4.8.27 拉出 70 mm 结果 　　　　图 4.8.28 拉出-70 mm 结果

2. "拉出面：点到点"案例展示

（1）打开文件。光盘：\案例文件\Ch04\ Ch04.08\4.prt，如图 4.8.25 所示。

（2）调取"拉出面"命令："插入"|"同步建模"|"拉出面"，图标为 拉出面(P)…，弹出"拉出面"对话框，如图 4.8.26 所示。

（3）选择要拉出的面。如图 4.8.26 所示，在"选择面"处用鼠标左键选择弧形顶面，如图 4.8.29 所示。

（4）定义移动的类型。在"拉出面"对话框中"变换"区域"运动"下拉列表，系统提供了 4 种移动对象的类型，此处选择点到点，图标为 点到点，即将选定面按一点到另一点的距离进行移动。选择后的拉出面对话框如图 4.8.30 所示。

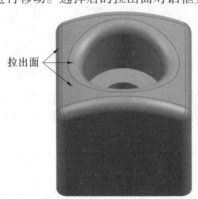

拉出面

图 4.8.29 要拉出的面 　　　　图 4.8.30 "拉出面"对话框

（5）指定点到点中的第一个点，即指定出发点。在"拉出面"对话框"变换"区域"指定出发点"，下拉列表系统提供了 11 种定义点的方法，此处选择端点，图标为 ，鼠标左边选择案例文件中的直线，系统会默认捕捉到直线的端点（直线有两个端点，鼠标左键在拾取直线时，直线两个端点中距离拾取点近的点会被定义为此次选择的端点），此处选择直线下端点为出发点，如图 4.8.31 所示。

（6）指定点到点中的第二个点，即指定目标点。在"拉出面"对话框"变换"区域"指定目标点"，下拉列表系统提供了 11 种定义点的方法，此处选择端点，图标为 ，鼠标左边选择案例文件中的直线，系统会默认捕捉到直线的端点（鼠标左键在拾取直线时，拾取点要靠近另外一个未被定义为出发点的端点)。此处直线上端点为目标点,如图4.8.31所示。

(7)设置预览。"拉出面"对话框"预览"区域"预览"复选框,可以对拉出面的结果在完成移动操作前进行预览,进而确定移动距离及移动方向是否正确。此处勾选"预览"复选框。

(8)点击"确定"按钮,完成移动,拉出面结果如图4.8.32所示。

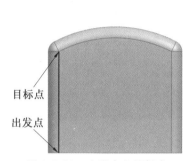

图4.8.31　出发点和目标点　　　图4.8.32　拉出面结果

4.8.3　偏置区域

"偏置区域"即使一组面偏离当前位置并调节相邻面以适应,在建模环境下命令调取路径:"插入"|"同步建模"|"偏置区域"。

"偏置区域"案例展示如下。

(1)打开文件。光盘:\案例文件\Ch04\ Ch04.08\4.prt,如图4.8.25所示。

(2)调取"偏置区域"命令:"插入"|"同步建模"|"偏置区域",图标为 偏置区域(O)…,弹出"偏置区域"对话框,如图4.8.33所示。

(3)选择要偏置的面。如图4.8.33所示,在"选择面"处用鼠标左键选择圆孔面,如图4.8.34所示。

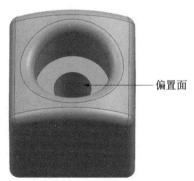

图4.8.33　"偏置区域"对话框　　　图4.8.34　要偏置的面

（4）设定偏置距离。在"偏置区域"对话框"距离"输入栏，输入-50，即沿着孔变大的方向偏移；输入50，即沿着孔变小的方向偏移；也可以保持输入数值不变，都为50。通过调节方向按钮调整偏置方向，图标为 $\boxed{\times}$。偏置-50 mm 结果如图 4.8.35 所示；偏置50 mm结果如图 4.8.36 所示。

图 4.8.35　偏置-50 mm 结果　　　　　图 4.8.36　偏置50 mm 结果

（5）同时也可以偏置圆角，将上表面圆角进行偏置，如图 4.8.37 所示，输入偏置距离-5，点击"确定"按钮，偏置结果如图 4.8.38 所示，圆角变小。

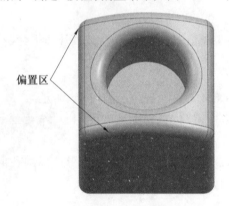 

图 4.8.37　要偏置的圆角　　　　　　　图 4.8.38　偏置-5 mm 结果

4.8.4　调整面大小

"调整面大小"即更改圆柱形或球形面的直径并调整相邻面以适应，在建模环境下命令调取路径："插入"丨"同步建模"丨"调整面大小"。

"调整面大小"案例展示如下。

（1）打开文件。光盘：\案例文件\Ch04\ Ch04.08\5. prt，如图 4.8.39 所示。

（2）调取"调整面大小"命令："插入"丨"同步建模"丨"调整面大小"，图标为

调整面大小(Z)…，弹出"调整面大小"对话框，如图 4.8.40 所示。

图 4.8.39　案例文件　　　　　　图 4.8.40　"调整面大小"对话框

（3）选择要调整的面,如图 4.8.40 所示,在"选择面"处用鼠标左键选择案例文件圆柱外表面。

（4）选择圆曲面后,系统会自动将圆柱现直径计算出来并显示到"调整面大小"对话框"直径"输入栏,此时直径为 100 mm,将 100 mm 改为 150 mm,点击"确定"按钮,完成圆柱面直径调整,如图 4.8.41 所示,通过"调整面大小"命令,可以测量圆曲面的直径,也可以改变圆曲面的直径。

（5）重复上述步骤,此次选择 5 个小圆孔的内表面,系统将小圆孔直径计算并显示出来,现直径为 15 mm,将 15 mm 改为 25 mm,点击"确定"按钮,完成圆柱面直径调整,如图 4.8.42 所示。由此可知,可以同时调整多个圆柱面或者圆孔面的直径。

图 4.8.41　直径 150 mm 结果　　　　　图 4.8.42　直径 25 mm 结果

4.8.5　替换面

"替换面"即将一组面替换为另外一组面,在建模环境下命令调取路径:"插入"|"同步建模"|"替换面"。

"替换面"案例展示如下。

（1）打开文件。光盘:\案例文件\Ch04\ Ch04.08\6.prt,如图 4.8.43 所示。

（2）调取"替换面"命令："插入"|"同步建模"|"替换面"，图标为  替换面(R)... ，弹出
"替换面"对话框，如图4.8.44所示。

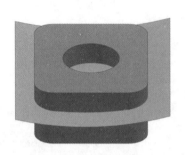

图4.8.43　案例文件

图4.8.44　"替换面"对话框

（3）选择要替换的面。如图4.8.44所示，在"要替换的面"区域"选择面"处用鼠标左
键选择案例文件实体上表面，如图4.8.45所示。要替换的面就是要被改变的面。

（4）选择替换面。如图4.8.44所示，在"替换面"区域"选择面"处用鼠标左键选择案
例文件中的片体，如图4.8.45所示。

（5）点击"确定"按钮，完成替换，如图4.8.46、图4.8.47所示。

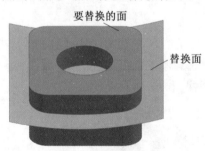

图4.8.45　选择"要替换的面"和"替换面"

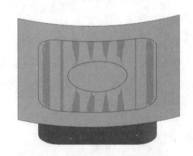

图4.8.46　替换结果一

（6）重复上述步骤，"要替换的面"和"替换面"和上述过程选择一致，在"替换面"对
话框中"距离"输入栏输入数值10，代表替换后再沿着箭头指示方向延伸10 mm，如图
4.8.48所示，替换结果如图4.8.49所示。也可以通过反向箭头调整延伸方向，反向箭头
图标为 ，点击反向箭头后替换并延伸结果如图4.8.50所示。

图4.8.47　替换结果二

图4.8.48　延伸10 mm预览图

图4.8.49　替换并沿箭头方向延伸结果　　　图4.8.50　替换并沿箭头反向延伸结果

4.8.6　调整倒圆大小

"调整倒圆大小"即更改圆角面的半径,而不考虑它的特征历史记录。在建模环境下命令调取路径:"插入"|"同步建模"|"细节特征"|"调整倒圆大小"。

"调整倒圆大小"案例展示如下。

(1)打开文件。光盘:\案例文件\Ch04\ Ch04.08\7. prt,如图4.8.51所示。

(2)调取"调整倒圆大小"命令:"插入"|"同步建模"|"细节特征"|"调整倒圆大小",图标为  ,弹出"调整倒圆大小"对话框,如图4.8.52所示。

(3)选择要调整的圆角面。如图4.8.52所示,在"选择圆角面"处用鼠标左键选择案例文件竖直方向的任一圆角。

(4)调整圆角半径。如图4.8.52所示,在对话框中"半径"输入栏,系统会自动计算出所选择圆角的半径,此处系统显示所选择圆角面半径为10 mm,将10 mm改成20 mm。

图4.8.51　案例文件　　　　　　　图4.8.52　"调整倒圆大小"对话框

(5)点击"确定"按钮,调整结果如图4.8.53所示。

(6)重复上述步骤,此处圆角半径选择上表面周圈圆角面,系统显示所选择圆角面半径为5 mm,将5 mm改成2 mm,点击"确定"按钮,调整结果如图4.8.54所示。

图4.8.53　圆角面半径为20 mm的调整结果　　　图4.8.54　圆角面半径为2 mm的调整结果

4.8.7　调整倒斜角大小

"调整倒斜角大小"即更改斜角面的大小,而不考虑它的特征历史记录。在建模环境下命令调取路径:"插入"|"同步建模"|"细节特征"|"调整倒斜角大小"。

"调整倒斜角大小"案例展示如下。

(1)打开文件。光盘:\案例文件\Ch04\ Ch04.08\8.prt,如图 4.8.55 所示。

(2)调取"调整倒斜角大小"命令:"插入"|"同步建模"|"细节特征"|"调整倒斜角大小",图标为  调整倒斜角大小(R)…,弹出"调整倒斜角大小"对话框,如图 4.8.56 所示。

图 4.8.55　案例文件　　　　　　图 4.8.56　"调整倒斜角大小"对话框"对称偏置"

(3)选择要调整的斜角面。如图 4.8.56 所示,在"选择面"处用鼠标左键选择案例文件上表面圆圈直边部分斜角,四个圆弧部分不选择,如图 4.8.57 所示。

(4)设置偏置方法。如图 4.8.56 所示,在"横截面"下拉列表,系统提供了 3 种调整斜角形状的方式,分别为对称偏置、非对称偏置、偏置和角度。此处选择对称偏置,对称偏置即斜角在两个相邻面上的偏置量相同。

(5)设置偏置距离。在"调整倒斜角大小"对话框中"偏置 1"输入栏输入偏置距离 10,点击"确定"按钮,结果如图 4.8.58 所示。由结果可知,"调整倒斜角大小"命令可以对相连接的众多面中的任一单独面进行斜角大小调整。

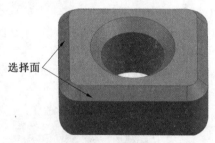

图 4.8.57　选择面　　　　　　　图 4.8.58　对称偏置调整结果

(6)重复上述步骤,重新选择要调整的斜角面,此次鼠标左键依然选择案例文件上表面周圈直边部分斜角,同时包含四个圆弧部分。

(7)设置偏置方法。此处选择非对称偏置,非对称偏置即斜角在两个相邻面上的偏置量不相同。"调整倒斜角大小"对话框如图 4.8.59 所示。

(8)设置偏置距离。在"调整倒斜角大小"对话框中"偏置 1"输入栏输入偏置距离

20,"偏置 2"输入栏输入偏置距离 5,点击"确定"按钮,结果如图 4.8.60 所示。由图可知,在竖直面上的偏置量明显大于顶部水平面上的偏置量,即竖直面上偏置量为 20 mm。

图 4.8.59 "调整倒斜角大小"对话框"非对称偏置" 图 4.8.60 非对称偏置调整倒斜角结果

(9)再次重复上述步骤,重新选择要调整的斜角面,此次鼠标左键依然选择案例文件上表面周圈直边部分斜角,同时包含四个圆弧部分。

(10)设置偏置方法。此处选择偏置和角度,偏置和角度即通过设定斜角和相邻面的夹角以及偏置量来完成偏置。"调整倒斜角大小"对话框如图 4.8.61 所示。

(11)设置偏置距离和角度。在"调整倒斜角大小"对话框中"距离"输入栏输入偏置距离 20,"角度"输入栏输入偏置角度 10,点击"确定"按钮,结果如图 4.8.62 所示。由图以及测量可知,偏置面和竖直方向的夹角为 10°,竖直方向距离为 20 mm。

图 4.8.61 "调整倒斜角大小"对话框"偏置和角度" 图 4.8.62 偏置和角度调整倒斜角结果

4.8.8 删除面

"删除面"即删除体的面,并延伸剩余面以封闭空区域。在建模环境下命令调取路径:"插入"|"同步建模"|"删除面"。

"删除面"案例展示如下。

(1)打开文件。光盘:\案例文件\Ch04\ Ch04.08 \9.prt,如图 4.8.63 所示。

(2)调取"删除面"命令:"插入"|"同步建模"|"删除面",图标为 ,弹出

"删除面"对话框,如图 4.8.64 所示。

图 4.8.63　案例文件　　　　　　　　图 4.8.64　"删除面"对话框

（3）选择要删除的面的类型。如图 4.8.64 所示,在"类型"下拉列表,系统提供了 4 种类型,分别为面、圆角、孔和圆角大小。此处选择面。

（4）选择要删除的面。如图 4.8.64 所示,在"选择面"处用鼠标左键选择案例文件上表面周圈圆弧部分,不选择直边部分,如图 4.8.65 所示。

图 4.8.65　选择面一　　　　　　　　图 4.8.66　删除面结果

（5）点击"确定"按钮,结果如图 4.8.66 所示。

（6）重复上述步骤,重新选择面,如图 4.8.67 所示三个面中的任意面,点击"确定"按钮后,系统弹出报错提示栏,如图 4.8.68 所示,被选择面删除后,剩余面无法形成封闭空间的就会报错,删除面无法执行。

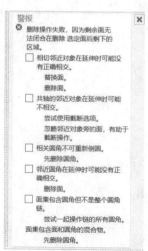

图 4.8.67　选择面二　　　　　　　　图 4.8.68　报错提示栏

第 5 章　UG NX 10.0 曲面设计

曲面设计是 UG NX 10.0 提供的三维造型中关于产品面设计的重要模块,主要包括网格曲面、扫掠、弯曲曲面和曲面倒圆。

5.1　网格曲面

5.1.1　直纹

"直纹"即在两个组线之间创建曲面。在建模环境下命令调取路径:"插入"|"网格曲面"|"直纹"。

"直纹"案例展示如下。

(1)打开文件。光盘:\案例文件\Ch05\ Ch05.01\1.prt,如图 5.1.1 所示。

(2)调取"直纹"命令:"插入"|"网格曲面"|"直纹"。图标为 直纹(R)...,弹出"直纹"对话框,如图 5.1.2 所示。

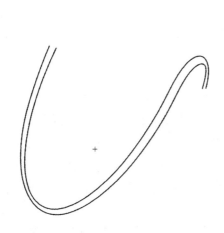

图 5.1.1　案例文件

图 5.1.2　"直纹"对话框

(3)选择第一截面线。如图 5.1.2 所示,在"截面线串 1"处用鼠标左键选择案例文件中两条曲线中的任一条,鼠标中键确认。

(4)选择第二截面线。如图 5.1.2 所示,在"截面线串 2"处用鼠标左键选择案例文件中另一条曲线。

（5）选择对齐方式。在"直纹"对话框中"对齐"下拉列表，系统提供了 7 种对齐方式，分别为参数、弧长、根据点、距离、角度、脊线和可扩展。此处选择参数，即按等参数间隔沿截面对齐等参数曲线。

（6）选择体类型。在"直纹"对话框中"体类型"下拉列表，系统提供了 2 种类型供选择，分别为实体、片体。此处选择片体。

（7）设置预览。在"直纹"对话框中，勾选"预览"复选框，可以在生成片体或实体前预览结果。

（8）点击"确定"按钮，生成直纹面如图 1.5.3 所示。

（9）重复上述步骤，选择第一截面线时，选择案例文件中的点。

（10）选择第二截面线时，选择案例文件中两条曲线中的一条，其他参数不变，点击"确定"按钮，生成直纹面如图 5.1.4 所示。

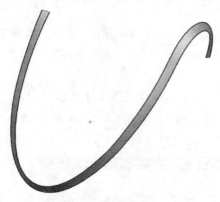

图 5.1.3　生成直纹面结果一　　　　图 5.1.4　生成直纹面结果二

5.1.2　通过曲线组

"通过曲线组"即通过多个截面线创建曲面，在建模环境下命令调取路径："插入"|"网格曲面"|"通过曲线组"。

1."通过曲线组:无相邻面"案例展示

（1）打开文件。光盘:\案例文件\Ch05\ Ch05.01\2. prt，如图 5.1.5 所示。

（2）调取"通过曲线组"命令："插入"|"网格曲面"|"通过曲线组"。图标为 通过曲线组(T)... ，弹出"通过曲线组"对话框，如图 5.1.6 所示。

（3）选择截面线。如图 5.1.6 所示，在"选择曲线或点"处用鼠标左键选择案例文件中三条曲线中的第一条，鼠标中键确认；再选择第二条，鼠标中键确认；最后选择第三条，鼠标中键确认，完成截面线选择。

（4）截面线方向确认。每条截面线拾取并鼠标中键确认后，会弹出一个箭头，三条截面线选择后，矢量方向如图 5.1.7 所示，要确保三条截面线的矢量方向一致，否则生成的面扭曲或无法生成面。要保证矢量方向一致，拾取截面线时尽量都从同一侧拾取。

（5）点击"确定"按钮，生成曲面如图 5.1.8 所示。

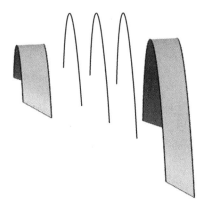

图 5.1.5 案例文件　　　　　　图 5.1.6 "通过曲线组"对话框

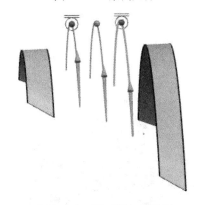

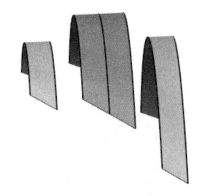

图 5.1.7 截面线矢量显示　　　　　　图 5.1.8 生成曲面

2. "通过曲线组:有相邻面"案例展示

(1) 打开文件。光盘:\案例文件\Ch05\ Ch05.01\2.prt,如图 5.1.5 所示。

(2) 调取"通过曲线组"命令:"插入"|"网格曲面"|"通过曲线组"。图标为 通过曲线组(L)...,弹出"通过曲线组"对话框,如图 5.1.9 所示。

(3) 选择截面线。如图 5.1.9 所示,在"选择曲线或点"处用鼠标左键依次选择案例文件中的五条截面线,并按鼠标中键确认。五条截面线如图 5.1.10 所示。

(4) 截面线方向确认。每条截面线拾取并鼠标中键确认后,会弹出一个矢量箭头,要确保五条截面线的矢量方向一致,否则生成的面扭曲或无法生成面。

(5) 确定第一截面连续性。如图 5.1.9 所示,在"通过曲线组"对话框中"第一截面"下拉列表,系统提供了 3 种连续性选项,分别为 G0(位置)、G1(相切)和 G2(曲率)。选择其中一种,然后鼠标左键拾取第一截面线所在的曲面,按鼠标中键确认。如果选择 G0(位置),不需要拾取截面线所在曲面。此处选择 G0(位置)。

(6) 确定最后截面连续性。如图 5.1.9 所示,在"通过曲线组"对话框中"最后截面"下拉列表,系统提供了 3 种连续性选项,分别为 G0(位置)、G1(相切)和 G2(曲率)。选择 G0(位置),然后鼠标左键拾取最后截面线所在的曲面。如果选择 G0(位置),不需要拾取截面线所在的曲面。此处选择 G0(位置)。

图 5.1.9 "通过曲线组"对话框　　　　　图 5.1.10 截面线

（7）设置预览。在"通过曲线组"对话框中，勾选"预览"复选框，可以在生成片体或实体前预览结果，预览效果如图 5.1.11 所示。

（8）点击"确定"按钮，G0（位置）生成曲面如图 5.1.12 所示。

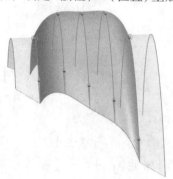

图 5.1.11 预览效果　　　　　　　　图 5.1.12 G0（位置）生成曲面

（9）重复上述步骤，分别将连续性设置为 G1（相切）和 G2（曲率），生成曲面如图 5.1.13、图 5.1.14 所示。

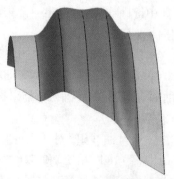

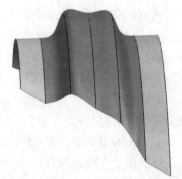

图 5.1.13 G1（相切）生成曲面　　　　图 5.1.14 G2（曲率）生成曲面

5.1.3 通过曲线网格

"通过曲线网格"即通过一个方向的截面网络和另一个方向的引导线创建面,在建模环境下命令调取路径:"插入"|"网格曲面"|"通过曲线网格"。

1."通过曲线网格:无相邻面"案例展示

(1)打开文件。光盘:\案例文件\Ch05\ Ch05.01\3.prt,如图 5.1.15 所示。

(2)调取"通过曲线网格"命令:"插入"|"网格曲面"|"通过曲线网格"。图标为 通过曲线网格(M)…,弹出"通过曲线网格"对话框,如图 5.1.16 所示。

(3)选择主曲线。如图 5.1.16 所示,在"选择曲线或点"处用鼠标左键依次选择案例文件中的曲线 1、曲线 2 并点击鼠标中键确认,再次点击鼠标中键,跳转到交叉曲线选择区域。

(4)选择交叉曲线。如图 5.1.16 所示,在"选择曲线"处用鼠标左键依次选择案例文件中的曲线 3、曲线 4 并点击鼠标中键确认。

(5)确认主曲线和交叉曲线的矢量方向。主曲线和交叉曲线全部选择完成后结果如图 5.1.17 所示,要确保两条主曲线的矢量方向相同,否则生成的曲面扭曲或无法生成曲面。同时要确保两条交叉曲线的矢量方向相同,否则生成的曲面扭曲或无法生成曲面。

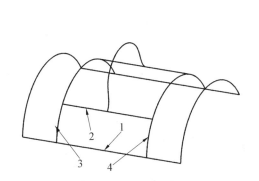

图 5.1.15 案例文件

图 5.1.16 "通过曲线网格"对话框

(6)确定连续性。如图 5.1.16 所示,在"通过曲线网格"对话框中"连续性"区域,由于生成曲面在两条主曲线处以及两条交叉曲线处没有相邻曲面,所以都选择 G0(位置)连续。

(7)点击"确定"按钮,生成曲面结果如图 5.1.18 所示。

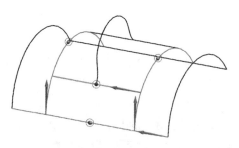

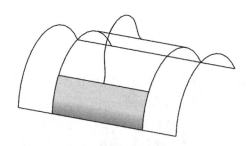

图 5.1.17　曲线矢量确认　　　　　　　　　　图 5.1.18　生成曲面

2."通过曲线网格:有相邻面"案例展示

(1)打开文件。光盘:\案例文件\Ch05\ Ch05.01\4. prt,如图 5.1.19 所示。

(2)调取"通过曲线网格"命令:"插入"|"网格曲面"|"通过曲线网格"。图标为
通过曲线网格(M)… ,弹出"通过曲线网格"对话框,如图 5.1.20 所示。

(3)选择主曲线。如图 5.1.20 所示,在"选择曲线或点"处用鼠标左键依次选择案例文件中的曲线 1、曲线 2 和曲线 3 并点击鼠标中键确认,再次鼠标中键,跳转到交叉曲线选择区域。

(4)选择交叉曲线。如图 5.1.20 所示,在"选择曲线"处用鼠标左键依次选择案例文件中的曲线 4、曲线 5 并点击鼠标中键确认。

(5)确认主曲线和交叉曲线的矢量方向。主曲线和交叉曲线全部选择完成后,要确保三条主曲线的矢量方向相同,否则生成的曲面扭曲或无法生成曲面。同时要确保两条交叉曲线的矢量方向相同,否则生成的曲面扭曲或无法生成曲面。

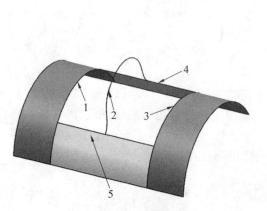

图 5.1.19　案例文件　　　　　　　　图 5.1.20　"通过曲线网格"对话框

（6）确定连续性。如图 5.1.20 所示，在"连续性"区域，由于生成曲面在主曲线 1、主曲线 3 位置以及交叉曲线 4、交叉曲线 5 位置有相邻面，所以相邻区域可以设置连续性，即新生成的曲面和相邻面之间的连续性，系统提供了 3 种选项，分别为 G0（位置）、G1（相切）和 G2（曲率）。此处都选择 G1（相切）。

（7）选择相切面。如图 5.1.21 所示，第一主线串相切面选择曲面 1，最后主线串相切面选择曲面 2，第一交叉线串相切面选择曲面 3，最后交叉线串相切面选择曲面 4，如图 5.1.22 所示。。

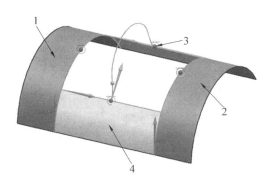

图 5.1.21　设置相切　　　　　　　　　　图 5.1.22　相切面选择

（8）点击"确定"按钮，生成曲面如图 5.1.23 所示。

（9）重复上述步骤，三条主曲线、两条交叉线还是按照图 5.1.19 所示选取。

（10）连续性区域全部选择 G0（位置）。

（11）相切面依然按照图 5.1.22 所示选取。

（12）点击"确定"按钮，生成曲面如图 5.1.24 所示。

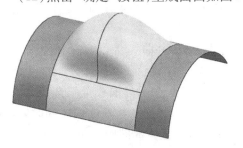

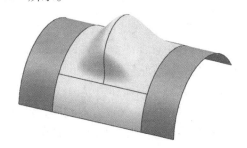

图 5.1.23　生成曲面结果一　　　　　　　图 5.1.24　生成曲面结果二

5.1.4　艺术曲面

"艺术曲面"即通过任意数量的截面线和引导线创建曲面，在建模环境下命令调取路径："插入"|"网格曲面"|"艺术曲面"。

"艺术曲面"案例展示如下。

（1）打开文件。光盘:\案例文件\Ch05\ Ch05.01\4.prt，如图 5.1.25 所示。

（2）调取"艺术曲面"命令："插入"|"网格曲面"|"艺术曲面"。图标为 艺术曲面(U)...，弹出"艺术曲面"对话框，如图 5.1.26 所示。

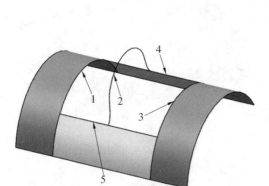

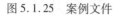

图 5.1.25　案例文件　　　　　　图 5.1.26　"艺术曲面"对话框

（3）选择截面曲线。如图 5.1.26 所示，在"截面（主要）曲线"区域"选择曲线"处用鼠标左键依次选择案例文件中的曲线 1、曲线 2、曲线 3 并鼠标中键确认。选择完截面曲线且不选择引导曲线就可以生成曲面。

（4）选择引导曲线。如图 5.1.26 所示，在"引导（交叉）曲线"区域"选择曲线"处用鼠标左键依次选择案例文件中的曲线 4、曲线 5 并鼠标中键确认。

（5）确认截面曲线和引导曲线的矢量方向。截面曲线和引导曲线全部选择完成后，要确保三条截面线的矢量方向相同，否则生成的曲面扭曲或无法生成曲面。同时要确保两条引导曲线的矢量方向相同，否则生成的曲面扭曲或无法生成曲面。

（6）确定连续性。生成曲面在截面线 1、截面线 3 位置以及引导线 4、引导线 5 位置有相邻面，所以相邻区域可以设置连续性，即新生成的曲面和相邻面之间的连续性，图 5.1.26 中"艺术曲面"对话框中"连续性"区域，系统提供了 3 种选项，分别为 G0（位置）、G1（相切）和 G2（曲率）。此处都选择 G1（相切）。

（7）选择相切面。如图 5.1.27 所示，第一截面相切面选择曲面 1，最后截面相切面选择曲面 2，第一条引导线相切面选择曲面 3，最后一条引导线相切面选择曲面 4，如图 5.1.28所示。

图 5.1.27 设置相切

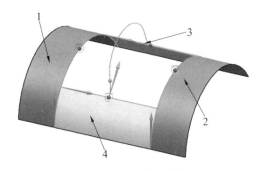

图 5.1.28 相切面选择

(8)点击"确定"按钮,生成曲面如图 5.1.29 所示。

(9)重复上述步骤,第一截面选择 G2(曲率),最后截面选择 G2(曲率),点击"确定"按钮,生成曲面如图 5.1.30 所示。

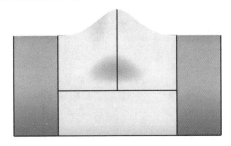

图 5.1.29 生成曲面结果一

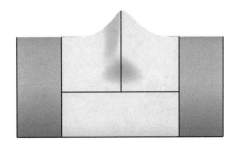

图 5.1.30 生成曲面结果二

5.1.5 N 边曲面

"N 边曲面"即创建由一组端点相连曲线封闭的曲面,在建模环境下命令调取路径:"插入"|"网格曲面"|"N 边曲面"。

1."N 边曲面:无约束面"案例展示

(1)打开文件。光盘:\案例文件\Ch05\ Ch05.01\5. prt,如图 5.1.31 所示。

(2)调取"N 边曲面"命令:"插入"|"网格曲面"|"N 边曲面"。图标为 ⬚ N边曲面...,弹出"N 边曲面"对话框,如图 5.1.32 所示。

(3)选择类型。如图 5.1.32 所示,在"N 边曲面"对话框中"类型"下拉列表,系统提供了 2 种类型,分别为已修剪和三角形。此处选择已修剪。

(4)选择外环曲线。在"N 边曲面"对话框中"选择曲线"处用鼠标左键依次选择案例文件曲面中间孔的六边形边线。

(5)选择约束面。在"N 边曲面"对话框中"约束面",此处不做任何选择,即放弃约束面。

(6)选择 UV 方位方式,在"N 边曲面"对话框中"UV 方位"下拉列表,系统提供了 3 种计算方式,分别为脊线、矢量和面积。此处选择面积。

(7)形状控制。在"N 边曲面"对话框中"连续性"下拉列表,系统提供了 2 种连续控制方式,分别为 G0(位置)和 G1(相切)。由于选择放弃约束面,此处选择 G0(位置)。

图5.1.31 案例文件　　　　　　　　图5.1.32 "N边曲面"对话框

（8）修剪边界。在"N边曲面"对话框中"设置"区域"修剪到边界"复选框,此处选择不勾选。

（9）设置预览。在"N边曲面"对话框中"预览"复选框,此处选择勾选。

（10）点击"确定"按钮,生成曲面如图5.1.33所示。

（11）重复上述步骤,勾选"修剪到边界"复选框,生成曲面如图5.1.34所示。

图5.1.33 生成曲面结果一　　　　　　图5.1.34 生成曲面结果二

2."N 边曲面:有约束面"案例展示

(1)打开文件。光盘:\案例文件\Ch05\ Ch05.01\5.prt,如图5.1.31所示。

(2)调取"N 边曲面"命令:"插入"|"网格曲面"|"N 边曲面"。图标为 N 边曲面... ,弹出"N 边曲面"对话框,如图5.1.32所示。

(3)选择类型。如图5.1.32所示,在"N 边曲面"对话框中"类型"下拉列表,系统提供了2种类型,分别为已修剪和三角形。此处选择已修剪。

(4)选择外环曲线。在"N 边曲面"对话框中"选择曲线"处用鼠标左键依次选择案例文件曲面中间孔的六边形边线。

(5)选择约束面。在"N 边曲面"对话框中"约束面"处用此处选择案例文件曲面。

(6)选择 UV 方位方式。在"N 边曲面"对话框中"UV 方位"下拉列表,系统提供了3种计算方式,分别为脊线、矢量和面积。此处选择面积。

(7)形状控制。在"N 边曲面"对话框中"连续性"下拉列表,系统提供了2种连续控制方式,分别为 G0(位置)和 G1(相切)。此处选择 G0(位置)。

(8)修剪边界。在"N 边曲面"对话框中"设置"区域"修剪到边界"复选框,此处选择勾选。

(9)设置预览。在"N 边曲面"对话框中"预览"复选框,此处选择勾选。

(10)点击"确定"按钮,生成曲面如图5.1.35所示。

(11)重复上述步骤,形状控制选择 G1(相切),生成曲面如图5.1.36所示。

 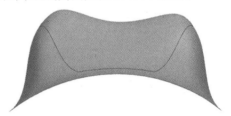

图5.1.35　生成曲面结果一　　　　图5.1.36　生成曲面结果二

5.2　扫　　掠

5.2.1　通过"扫掠"生成曲面

"扫掠"即通过沿一条或多条引导线移动轮廓线来创建曲面。在建模环境下命令调取路径:"插入"|"扫掠"|"扫掠"。

1."扫掠:1 条引导线"案例展示

(1)打开文件。光盘:\案例文件\Ch05\ Ch05.02\1.prt,如图5.2.1所示。

(2)调取"扫掠"命令:"插入"|"扫掠"|"扫掠"。图标为 扫掠(S)... ,弹出"扫掠"对话框,如图5.2.2所示。

(3)选择截面线。如图5.2.2所示,在"截面"区域"选择曲线"处用鼠标左键选择截面线1,如图5.2.3所示,单击鼠标中键确认。

（4）选择引导线。如图 5.2.2 所示，在"引导线"区域"选择曲线"处用鼠标左键选择引导线 3，如图 5.2.3 所示，单击鼠标中键确认。

（5）选择脊线。如图 5.2.2 所示，在"脊线"区域"选择曲线"处图标显示灰色，即只有一条引导线的情况下，无须定义脊线。

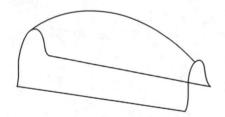

　　图 5.2.1　案例文件　　　　　　　　　　图 5.2.2　"扫掠"对话框

（6）定义截面的位置。在"扫掠"对话框"截面选项"区域"截面位置"下拉列表，系统提供了 2 种定义截面位置的选项，分别为沿引导线任意位置和引导线末端。此处选择沿引导线任意位置。

①沿引导线任意位置即截面位置可以位于引导线的任意位置。

②引导线末端即截面位置位于引导线末端。

（7）设定扫掠时曲线之间的对齐方式。在"扫掠"对话框"截面选项"区域"对齐"下拉列表，系统提供了 2 种设定方式，分别为参数和弧长。此处选择参数。

①参数即沿定义曲线，将等参数曲线所通过的点以相等的参数间隔隔开。

②弧长即沿定义曲线，将等参数曲线所通过的点以相等的弧长间隔隔开。

　　(8)设定扫掠时截面线的方向。在"扫掠"对话框"截面选项"区域"定位方法"中"方向"下拉列表,系统提供了 7 种设定方式,分别为固定、面的法向、矢量方向、另一曲线、一个点、角度规律和强制方向。最常用的为固定,固定即截面线沿着引导线移动时保持固定的方向。此处选择固定。

　　(9)设定扫掠曲面的比例缩放方式。在"扫掠"对话框"截面选项"区域"缩放方法"中"缩放"下拉列表,系统提供了 6 种设定方式,分别为恒定、倒圆功能、另一曲线、一个点、面积规律和周长规律。最常用的为恒定,恒定即扫掠过程中,使用恒定的比例对截面线串进行放大或缩小。此处选择恒定。

　　(10)点击"确定"按钮,生成结果如图 5.2.4 所示,两侧端面曲线和曲面重合度如图 5.2.5、图 5.2.6 所示。

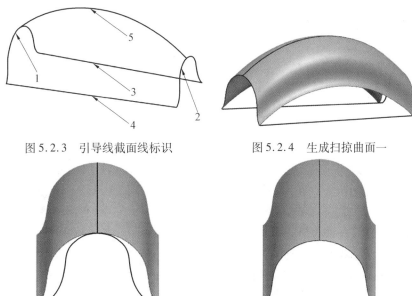

图 5.2.3　引导线截面线标识　　　　　　　图 5.2.4　生成扫掠曲面一

图 5.2.5　非截面线一侧端面　　　　　　图 5.2.6　截面线所在一侧端面

　　(11)重复上述步骤,截面线选择曲线 1 和 2,如图 5.2.3 所示,选择曲线 1,单击鼠标中键确认;再选择曲线 2,鼠标中键确认。引导线依然选择曲线 5,其他参数不变,点击"确定"按钮。生成扫掠曲面如图 5.2.7 所示,两侧截面线端面如图 5.2.8 所示。由图可见,在截面线 1 侧和截面线 2 侧,生成曲面和截面线都重合。

图 5.2.7　生成扫掠曲面二　　　　　　图 5.2.8　两侧截面线端面

2. "扫掠:2 条引导线"案例展示

(1)打开文件。光盘:\案例文件\Ch05\ Ch05.02\1. prt,如图 5.2.9 所示。

(2)调取"扫掠"命令:"插入"|"扫掠"|"扫掠"。图标为 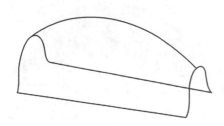 扫掠(S)…,弹出"扫掠"对话框,如图 5.2.2 所示。

(3)选择截面线。如图 5.2.2 所示,在"截面"区域"选择曲线"处用鼠标左键选择截面线 1,单击鼠标中键确认;如图 5.2.10 所示,再次单击鼠标中键,选取引导线。

(4)选择引导线。在"扫掠"对话框"引导线"区域"选择曲线"处用鼠标左键选择曲线 3,单击鼠标中键确认;再次鼠标左键选择曲线 4,单击鼠标中键确认,如图 5.2.10 所示,此时"扫掠"对话框如图 5.2.11 所示。

(5)选择脊线。在"扫掠"对话框"脊线"区域"选择曲线"处,图标非灰色显示,即此时可以定义脊线,但是此处选择不定义脊线。

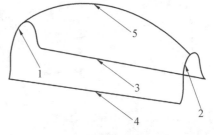

图 5.2.9　案例文件　　　　图 5.2.10　引导线截面线标识

(6)定义截面的位置。在"扫掠"对话框"截面选项"区域"截面位置"下拉列表,系统提供 2 种定义截面位置的选项,分别为沿引导线任何位置和引导线末端。此处选择沿引导线任意位置。

(7)设定扫掠时曲线之间的对齐方式。在"扫掠"对话框"截面选项"区域"对齐"下拉列表,系统提供了 3 种设定方式,分别为参数、弧长和根据点。此处选择参数。

(8)设定扫掠时截面线的方向。分别为"扫掠"对话框"截面选项"区域,"定位方法"在对话框中不存在,即两条引导线的情况下,不需要定义截面线的方向。

(9)设定扫掠曲面的比例缩放方式。在"扫掠"对话框"截面选项"区域"缩放方法"中"缩放"下拉列表,系统提供了 3 种设定方式,分别为另一曲线、均匀、横向。此处选择均匀。

(10)点击"确定"按钮,生成结果如图 5.2.12 所示,两侧端面曲线和曲面重合度如图 5.2.13、图 5.2.14 所示。

图 5.2.11　"扫掠"对话框

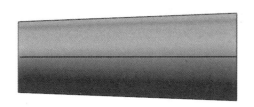

图 5.2.12 生成扫掠曲面一

图 5.2.13 非截面线一侧端面　　　　图 5.2.14 截面线所在一侧端面

（11）重复上述步骤，截面线选择曲线 1 和 2，如图 5.2.10 所示，选择曲线 1，单击鼠标中键确认；再选择曲线 2，鼠标中键确认。引导线依然选择曲线 3、曲线 4，其他参数不变，点击"确定"按钮，生成扫掠曲面如图 5.2.15 所示，两侧截面线端面如图 5.2.16 所示。由图可知，在截面线 1 侧和截面线 2 侧，生成曲面和截面线都重合。

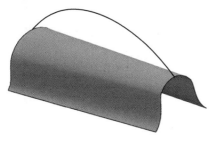 

图 5.2.15 生成扫掠曲面二　　　　图 5.2.16 两侧截面线端面

3."扫掠:3 条引导线"案例展示

（1）打开文件。光盘:\案例文件\Ch05\ Ch05.02\1. prt，如图 5.2.17 所示。

（2）调取"扫掠"命令:"插入"|"扫掠"|"扫掠"。图标为 扫掠(S)...，弹出"扫掠"对话框，如图 5.2.2 所示。

（3）选择截面线。如图 5.2.2 所示，在"截面"区域"选择曲线"处用鼠标左键选择截面线 1，单击鼠标中键确认；如图 5.2.18 所示，再次单击鼠标中键，选取引导线。

（4）选择引导线。在"扫掠"对话框"引导线"区域"选择曲线"处用鼠标左键选择曲线 3，单击鼠标中键确认；鼠标左键选择曲线 4，单击鼠标中键确认；鼠标左键选择曲线 5，单击鼠标中键确认，如图 5.2.18 所示。此时"扫掠"对话框如图 5.2.19 所示。

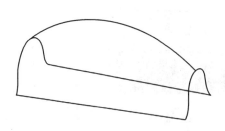

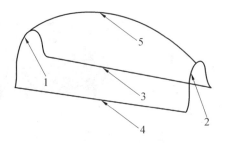

图 5.2.17　案例文件　　　　　图 5.2.18　引导线截面线标识

（5）选择脊线。在"扫掠"对话框"脊线"区域"选择曲线"处,图标非灰色显示,即此时可以定义脊线,但是此处选择不定义脊线。

（6）定义截面的位置。在"扫掠"对话框"截面选项"区域"截面位置"下拉列表,系统提供了2种定义截面位置的选项,分别为沿引导线任何位置和引导线末端。此处选择沿引导线任意位置。

（7）设定扫掠时曲线之间的对齐方式。在"扫掠"对话框"截面选项"区域"对齐"下拉列表,系统提供了3种设定方式,分别为参数、弧长和根据点。此处选择参数。

（8）设定扫掠时截面线的方向。在"扫掠"对话框"截面选项"区域,"定位方法"在对话框中不存在,即两条引导线的情况下,不需要定义截面线的方向。

（9）设定扫掠曲面的比例缩放方式。在"扫掠"对话框"截面选项"区域"缩放"下拉列表不存在,三条引导线的情况下无法缩放。

（10）点击"确定"按钮,生成结果如图 5.2.20 所示,两侧端面曲线和曲面重合度如图 5.2.21、图 5.2.22 所示。

图 5.2.19　"扫掠"对话框

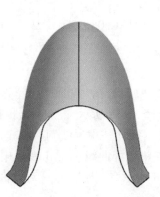

图 5.2.20　生成扫掠曲面一　　图 5.2.21　非截面线一侧端面　　图 5.2.22　截面线所在一侧端面

（11）重复上述步骤，截面线选择曲线1和2，如图5.2.19所示，选择曲线1，单击鼠标中键确认；再选择曲线2，鼠标中键确认。引导线依然选择曲线3、曲线4和曲线5，其他参数不变，点击"确定"按钮，生成扫掠曲面如图5.2.23所示，两侧截面线端面如图5.2.24所示。由图可知，在截面线1侧和截面线2侧，生成曲面和截面线都重合。

图5.2.23　生成扫掠曲面二　　　　图5.2.24　两侧截面线端面

4."扫掠：脊线控制"案例展示

（1）打开文件。光盘：\案例文件\Ch05\ Ch05.02\1.prt，如图5.2.25所示。

（2）调取"扫掠"命令："插入"|"扫掠"|"扫掠"。图标为 扫掠(S)…，弹出"扫掠"对话框，如图5.2.2所示。

（3）选择截面线。如图5.2.2所示，在"截面"区域"选择曲线"处用鼠标左键选择截面线1，单击鼠标中键确认；如图5.2.26所示，再次单击鼠标中键，选取引导线。

（4）选择引导线。在"扫掠"对话框"引导线"区域"选择曲线"处用鼠标左键选择曲线3，单击鼠标中键确认；鼠标左键选择曲线4，单击鼠标中键确认，如图5.2.26所示。此时"扫掠"对话框如图5.2.27所示。

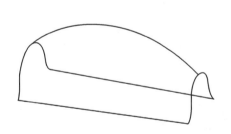
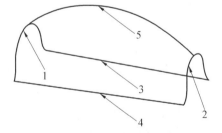

图5.2.25　案例文件　　　　图5.2.26　引导线截面线标识

（5）选择脊线。在"扫掠"对话框"脊线"区域"选择曲线"处用鼠标左键选择曲线5，如图5.2.26所示。

（6）定义截面的位置。在"扫掠"对话框"截面选项"区域"截面位置"下拉列表，系统提供了2种定义截面位置的选项，分别为沿引导线任何位置和引导线末端。此处选择沿引导线任意位置。

（7）设定扫掠时曲线之间的对齐方式。在"扫掠"对话框"截面选项"区域"对齐"下拉列表，系统提供了3种设定方式，分别为参数、弧长和根据点。此处选择参数。

（8）设定扫掠时截面线的方向。在"扫掠"对话框"截面选项"区域，"定位方法"在对

图 5.2.27 "扫掠"对话框

话框中不存在,即两条引导线的情况下,不需要定义截面线的方向。

(9)设定扫掠曲面的比例缩放方式。在"扫掠"对话框"截面选项"区域"缩放方法"中"缩放"下拉列表,系统提供了 3 种设定方式,分别为另一曲线、均匀和横向。此处选择均匀。

(10)点击"确定"按钮,生成结果如图 5.2.28 所示,两侧端面曲线和曲面重合度如图 5.2.29、图 5.2.30 所示。

(11)重复上述步骤,截面线选择曲线 1 和 2、如图 5.2.27 所示,选择曲线 1,单击鼠标中键确认;再选择曲线 2,鼠标中键确认。引导线依然选择曲线 3、曲线 4,脊线选择曲线 5,其他参数不变,点击"确定"按钮,生成扫掠曲面如图 5.2.29、图 5.2.30 所示,图 5.2.29 为截面线 1 端面向外,图 5.2.30 为截面线 2 端面向外。

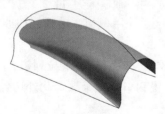  

图 5.2.28 生成扫掠曲面一　　图 5.2.29 生成扫掠曲面二　　图 5.2.30 两侧截面线端面

5.2.2 样式扫掠

"样式扫掠"即 1 条或 2 条截面线沿引导线移动创建曲面,通过接触线或方位线控制曲面形状。在建模环境下命令调取路径:"插入"|"扫掠"|"样式扫掠"。

1."样式扫掠:1 条引导线"案例展示

(1)打开文件。光盘:\案例文件\Ch05\ Ch05.02\2.prt,如图 5.2.31 所示。

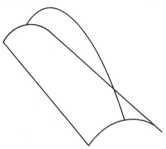

图 5.2.31 案例文件

(2)调取"样式扫掠"命令:"插入"|"扫掠"|"样式扫掠"。图标为 <img>样式扫掠(Y)...,弹出"样式扫掠"对话框,如图 5.2.32 所示。

图 5.2.32 "样式扫掠"对话框

（3）选择生成曲面类型。如图 5.2.32 所示，在"样式扫掠"对话框"类型"下拉列表，系统共提供了 4 种方式，分别为 1 条引导线串、1 条引导线串 1 条接触线串、1 条引导线串 1 条方位线串、2 条引导线串。此处选择 1 条引导线串。

（4）选择截面线。在"样式扫掠"对话框"截面曲线"区域"选择曲线"处用鼠标左键选择截面线 2，单击鼠标中键确认；如图 5.2.33 所示，再次单击鼠标中键，选取引导线。

（5）选择引导线。在"样式扫掠"对话框"引导曲线"区域"选择曲线"处用鼠标左键选择曲线 5，单击鼠标中键确认，如图 5.2.33 所示。

（6）插入截面曲线。在"样式扫掠"对话框"插入的截面"区域"插入截面曲线"，下拉列表系统提供了 9 种选择点的方式，选择其中一种，在引导线上拾取点插入截面曲线，此处不插入截面曲线，无须选取点。

（7）定义固定线串。在"样式扫掠"对话框"扫掠属性"区域"固定线串"下拉列表系统提供了 3 种控制方式，分别为引导线、截面线、引导线和截面线，用于指定扫掠与引导线串、截面线串或二者保持接触，此处选择引导线和截面线。

（8）定义截面方向。"样式扫掠"对话框"扫掠属性"区域"截面方向"下拉列表系统提供了 3 种控制方式，分别为平移、保持角度和用户定义，用于定义沿着引导线扫掠截面时截面的具体方位。此处选择平移。

①平移即沿引导线串平移截面的同时，保持截面的全局方向来创建扫掠，没有初始参考选项。

②保持角度即沿引导线串扫掠截面时使截面与参考面保持初始角度，有初始参考选项。

③用户定义即使用定位算法自动定位扫掠，有初始参考选项。

（9）定义参考曲线。在"样式扫掠"对话框"扫掠属性"区域，只有当"截面方向"选择保持角度和用户定义时，才需要定义参考曲线。"参考"下拉列表系统提供了 3 种方式，分别为至引导线、至脊线和至脊线矢量。

（10）定义形状控制方法。在"样式扫掠"对话框"形状控制"区域"方法"下拉列表系统提供了 4 种方式，分别为枢轴点位置、旋转、缩放和部分扫掠。此处选择枢轴点位置。

①枢轴点位置即允许用户沿着 XC 轴、YC 轴、ZC 轴移动样式扫掠。

②旋转即从设定的角度开始将曲面旋转设定的角度。

③缩放即可以调整扫掠曲线的大小。

④部分扫掠即允许用户调整样式扫掠的外部限制。

（11）点击"确定"按钮，生成曲面如图 5.2.34 所示。

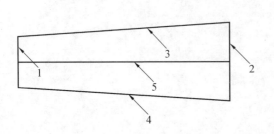

图 5.2.33 截面线引导线标识

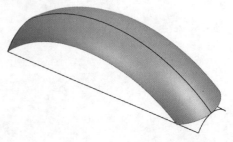

图 5.2.34 生成曲面

（12）重复上述步骤，截面线选择曲线 1 和 2，引导线依然选择曲线 5。

（13）设定过渡控制。在"样式扫掠"对话框"扫掠属性"区域"过渡控制"下拉列表，系统提供了 3 种控制方式用于控制扫掠曲面形状，分别为线性、混合和三次。此处选择混合。

（14）其他参数保持不变，点击"确定"按钮，生成扫掠曲面如图 5.2.35 所示，截面线两侧端面如图 5.2.36 所示。

图 5.2.35　扫掠结果　　　　　　图 5.2.36　截面线端面显示

2."样式扫掠:2 条引导线"案例展示

（1）打开文件。光盘:\案例文件\Ch05\ Ch05.02\2. prt，如图 5.2.37 所示。

（2）调取"样式扫掠"命令:"插入"｜"扫掠"｜"样式扫掠"。图标为 ↙ 样式扫掠(Y)...，弹出"样式扫掠"对话框，如图 5.2.32 所示。

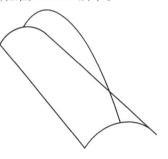

（3）选择生成曲面类型。如图 5.2.32 所示，在"样式扫掠"对话框"类型"下拉列表，系统共提供了 4 种方式，分别为 1 条引导线串、1 条引导线串 1 条接触线串、1 条引导线串 1 条方位线串、2 条引导线串。此处选择 2 条引导线串，如图 5.2.38 所示。

图 5.2.37　案例文件

（4）选择截面线。在"样式扫掠"对话框"截面曲线"区域"选择曲线"处，鼠标左键依次选择截面线 1 和 2，依次单击鼠标中键确认;如图 5.2.39所示，再次单击鼠标中键，选取引导线。

（5）选择引导线。在"样式扫掠"对话框"引导曲线"区域"选择曲线"处，鼠标左键依次选择曲线 4、曲线 5，依次单击鼠标中键确认，如图 5.2.39 所示。

（6）插入截面曲线。如图 5.2.38 所示，在"插入的截面"区域"插入截面曲线"，下拉列表系统提供了 9 种选择点的方式，选择其中一种，在引导线上拾取点插入截面曲线，此处不插入截面曲线，无须选取点。

（7）定义固定线串。在"样式扫掠"对话框"扫掠属性"区域"固定线串"下拉列表，系统提供了 2 种控制方式，分别为引导线和截面、引导线，此处选择引导线。

（8）定义截面方向。在"样式扫掠"对话框"扫掠属性"区域"截面方向"下拉列表，系统提供了 2 种控制方式，分别为设为垂直和弧长，此处选择弧长。

（9）定义参考曲线。在"样式扫掠"对话框"扫掠属性"区域，只有当"截面方向"选择设为垂直时，才需要定义参考曲线，"参考"下拉列表系统提供了 3 种方式，分别为至引导

图 5.2.38 "样式扫掠"对话框

线、至脊线和至脊线矢量。

（10）定义形状控制方法。在"样式扫掠"对话框"形状控制"区域"方法"下拉列表，系统提供了3种方式，分别为枢轴点位置、缩放和部分扫掠。此处选择枢轴点位置。

（11）点击"确定"按钮，生成曲面如图 5.2.40 所示。

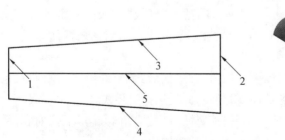

图 5.2.39 截面线引导线标识

图 5.2.40 生成曲面

（12）重复上述步骤,截面线选择曲线 1 和 2,引导线依然选择曲线 4 和 5。

（13）设定过渡控制。在"样式扫掠"对话框"扫掠属性"区域"过渡控制"下拉列表,系统提供了 3 种控制方式用于控制扫掠曲面形状,分别为线性、混合和三次。此处选择混合。

（14）其他参数保持不变,点击"确定"按钮,生成扫掠曲面如图 5.2.41 所示,截面线两侧端面如图 5.2.42 所示。

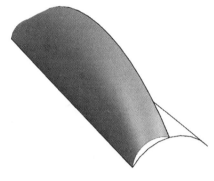　　　　　　　

图 5.2.41　扫掠结果　　　　　　　图 5.2.42　截面线端面显示

5.2.3　变化扫掠

"变化扫掠"即通过沿路径扫掠来创建面体。在建模环境下命令调取路径:"插入"|"扫掠"|"变化扫掠"。

1．"变化扫掠:简单圆弧截面线"案例展示

（1）打开文件。光盘:\案例文件\Ch05\ Ch05.02\3.prt,如图 5.2.43 所示。

（2）调取"变化扫掠"命令:"插入"|"扫掠"|"变化扫掠"。图标为 变化扫掠(V)..., 弹出"变化扫掠"对话框,如图 5.2.44 所示。

（3）选择截面线。如图 5.2.44 所示,在"变化扫掠"对话框"选择曲线"处直接选择截面线,也可以进草图绘制截面线,此处选择进草图绘制截面线,点击 图标,弹出"创建草图"对话框,如图 5.2.45 所示。

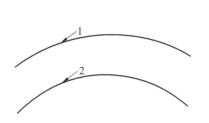　　　　　　

图 5.2.43　案例文件　　　　　図 5.2.44　"变化扫掠"对话框

（4）选择路径。如图 5.2.45 所示，在"创建草图"对话框"选择路径"处用鼠标左键选择案例文件曲线 1，绘图区显示出要创建的草图平面，如图 5.2.46 所示。

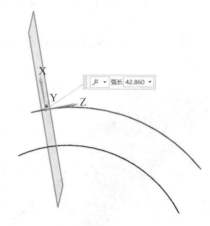

图 5.2.45　"创建草图"对话框　　　　　图 5.2.46　创建草图平面选取曲线

（5）设置平面位置。在"创建草图"对话框"平面位置"区域"位置"下拉列表，系统提供了 3 种设定平面位置的方法，分别为弧长、弧长百分比和通过点。此处选择弧长，且在"弧长"输入栏输入 0，即将平面设定到曲线的端点上，结果如图 5.2.47 所示。

①弧长即通过设定平面位置与曲线端点之间的弧长来限定。

②弧长百分比即通过设定平面位置与曲线端点间的弧长占曲线总弧长百分比来限定。

③通过点即直接在曲线上定义平面所在位置与之交点来限定。

（6）设置平面方向。在"创建草图"对话框"平面方位"区域"方向"下拉列表，系统提供了 4 种设定平面位置的方法，分别为垂直于路径、垂直于矢量、平行于矢量和通过轴。此处选择垂直于路径，如图 5.2.47 所示，平面与案例文件中的曲线 1 垂直，点击"确定"按钮进入草图界面，如图 5.2.48 所示。

①垂直于路径即垂直于"选择路径"选取的曲线。

②垂直于矢量即垂直于定义好的矢量方向。

③平行于矢量即平行于定义好的矢量方向。

④通过轴即通过定义好的轴。

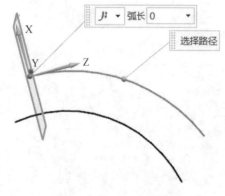

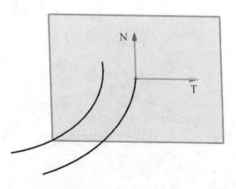

图 5.2.47　设定平面位置　　　　　　　图 5.2.48　进入草图界面

(7)生成草图平面与曲线 2 的交点。调取命令："插入"|"来自曲线集的曲线"|"交点"。图标为 ⊿ 交点(N)… ，弹出"交点"对话框，如图 5.2.49 所示。在"选择曲线"处用鼠标左键选取曲线 2，点击"确定"按钮，生成曲线 2 与草图平面的交点。

(8)生成圆弧曲线。在草图平面内生成半径为 60 mm 的圆弧曲线，圆弧的一个端点在曲线 1 的端点处，圆弧的另外一个端点在曲线 2 与草图平面的交点上，如图 5.2.50 所示。

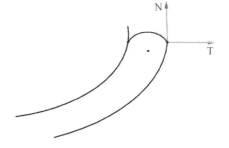

图 5.2.49　"交点"对话框　　　　　　　图 5.2.50　生成圆弧曲线

(9)设定草图约束。约束"圆弧曲线左侧端点"和"草图平面与曲线 2 的交点"重合，图标为 ⌁ ，如果不进行设置，生成曲面如图 5.2.51 所示，曲线 2 不在曲面上。

(10)设定草图约束。为"圆弧曲线右侧端点"添加固定约束，图标为 ⌹ ，若不添加固定约束，生成曲面如图 5.2.52 所示，曲线 1 不在曲面上。（此时已约束"圆弧曲线左侧端点"和"草图平面与曲线 2 的交点"重合）

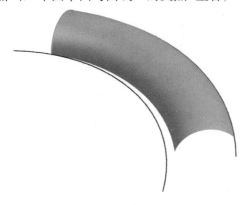

图 5.2.51　未约束交点和端点重合的曲面结果　　　图 5.2.52　未固定端点的曲面结果

(11)为"圆弧曲线右侧端点"添加固定约束。同时约束"圆弧曲线左侧端点"和"草图平面与曲线 2 的交点"重合后，点击"完成草图"按钮，退出草图，图标为 🏁 完成草图，进入到建模界面，此时显示"变化扫掠"对话框，如图 5.2.53 所示，生成曲面预览如图 5.2.54 所示。

(12)设定终止选项。如图 5.2.53 所示，在"变化扫掠"对话框"限制"区域"终止"下拉列表，系统提供了 3 种设定生成曲面长度的方式，分别为弧长、弧长百分比和通过点。此处选择弧长百分比，且在"弧长百分比"输入栏输入 50，生成曲面如图 5.2.55 所示。

图 5.2.53 "变化扫掠"对话框"弧长百分比"　　　图 5.2.54 生成曲面预览

①弧长即通过设定生成曲面总弧长(在路径曲线上的弧长)来限定,总弧长小于等于路径曲线长度。

②弧长百分比即通过设定生成曲面弧长(在路径曲线上的弧长)占路径曲线总长度百分比来限定。

③通过点即直接在路径曲线上定义生成曲面终点位置。

(13)重复上述步骤,"弧长百分比"输入栏输入 100,生成曲面如图 5.2.56 所示。

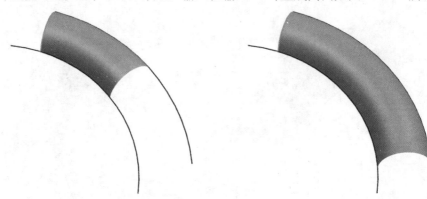

图 5.2.55 弧长比例 50 生成曲面结果　　　图 5.2.56 弧长比例 100 生成曲面结果

2. "变化扫掠:复杂梯形截面线"案例展示

(1)打开文件。光盘:\案例文件\Ch05\ Ch05.02\3. prt,如图 5.2.57 所示。

(2)调取"变化扫掠"命令:"插入"|"扫掠"|"变化扫掠"。图标为 <img> 变化扫掠(V)… ,弹出"变化扫掠"对话框,如图 5.2.58 所示。

(3)选择截面线。如图 5.2.58 所示,在"变化扫掠"对话框"选择曲线"处,可以直接选择截面线,也可以进草图绘制截面线。此处选择进草图绘制截面线,点击 图 图标,弹出"创建草图"对话框,如图 5.2.59 所示。

（4）选择路径。如图 5.2.59 所示，在"选择路径"处用鼠标左键选择案例文件曲线 1，绘图区显示出创建的草图平面，如图 5.2.60 所示。

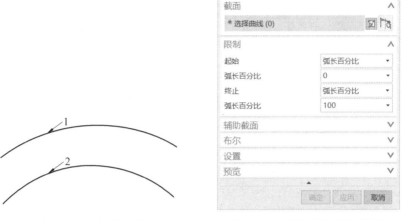

图 5.2.57　案例文件　　　　图 5.2.58　"变化扫掠"对话框

（5）设置平面位置。在"创建草图"对话框"平面位置"区域"位置"下拉列表，系统提供了 3 种设定平面位置的方法，分别为弧长、弧长百分比和通过点。此处选择弧长，且在"弧长"输入栏输入 0，即将平面设定到曲线的端点上，结果如图 5.2.61 所示。

①弧长即通过设定平面位置与曲线端点之间的弧长来限定。

②弧长百分比即通过设定平面位置与曲线端点间的弧长占曲线总弧长百分比来限定。

③通过点即直接在曲线上定义平面所在位置与之交点来限定。

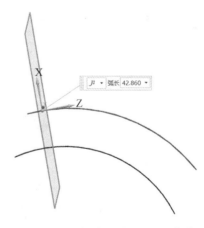

图 5.2.59　"创建草图"对话框　　　图 5.2.60　创建草图平面选取曲线

（6）设置平面方向。在"创建草图"对话框"平面方位"区域"方向"下拉列表，系统提供了 4 种设定平面位置的方法，分别为垂直于路径、垂直于矢量、平行于矢量和通过轴。此处选择垂直于路径，如图 5.2.61 所示，平面与案例文件中的曲线 1 垂直。点击"确定"按钮进入草图界面，如图 5.2.62 所示。

①垂直于路径即垂直于"选择路径"选取的曲线，本案例中即曲线 1。

②垂直于矢量即垂直于定义好的矢量方向。

③平行于矢量即平行于定义好的矢量方向。

④通过轴即通过定义好的轴。

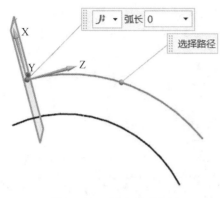

图 5.2.61　设定平面位置

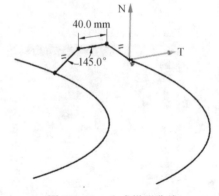

图 5.2.62　进入草图界面

（7）生成草图平面与曲线 2 的交点。调取命令："插入"|"来自曲线集的曲线"|"交点"。图标为 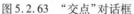 ，弹出"交点"对话框，如图 5.2.63 所示。在"选择曲线"处用鼠标左键选取曲线 2，点击"确定"按钮，生成曲线 2 与草图平面的交点。

（8）生成梯形曲线。在草图平面内生成梯形曲线，梯形的一个端点在曲线 1 的端点处，梯形的另外一个端点在曲线 2 与草图平面的交点上，角度尺寸约束如图 5.2.64 所示。

图 5.2.63　"交点"对话框

图 5.2.64　生成梯形曲线

（9）设定草图约束。约束"梯形曲线左侧端点"和"草图平面与曲线 2 的交点"重合，图标为 ⌒ ，如果不进行设置，生成曲面如图 5.2.65 所示，曲线 2 不在曲面上。

（10）设定草图约束。为"梯形曲线右侧端点"添加固定约束，图标为 ⤓ ，若不添加固定约束，生成曲面如图 5.2.66 所示，曲线 1 不在曲面上（此时已约束"梯形曲线左侧端点"和"草图平面与曲线 2 的交点"重合）。

图 5.2.65　未约束交点端点重合曲面结果　　　图 5.2.66　未固定端点曲面结果

（11）为"梯形曲线右侧端点"添加固定约束。同时约束"梯形曲线左侧端点"和"草图平面与曲线 2 的交点"重合后，点击"完成草图"按钮，退出草图，图标为 完成草图，进入到建模界面，此时显示"变化扫掠"对话框，如图5.2.67所示，生成曲面预览如图 5.2.68所示。

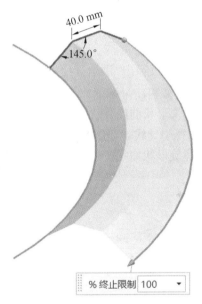

图 5.2.67　"变化扫掠"对话框"弧长百分比"　　　图 5.2.68　生成曲面预览

（12）设定终止选项。如图 5.2.67 所示，在"变化扫掠"对话框"限制"区域"终止"下拉列表，系统提供了 3 种设定生成曲面长度的方式，分别为弧长、弧长百分比和通过点。此处选择弧长百分比，且在"弧长百分比"输入栏输入 50，生成曲面如图 5.2.69 所示。

①弧长即通过设定生成曲面总弧长（在路径曲线上的弧长）来限定，总弧长小于等于路径曲线长度。

②弧长百分比即通过设定生成曲面弧长（在路径曲线上的弧长）占路径曲线总长度百分比来限定。

③通过点即直接在路径曲线上定义生成曲面终点位置。

（13）重复上述步骤。"弧长百分比"输入栏输入 100，生成曲面如图 5.2.70 所示。

图 5.2.69 弧长比例 50 生成曲面结果   图 5.2.70 弧长比例 100 生成曲面结果

5.2.4 沿引导线扫掠

"变化扫掠"即通过沿引导线扫掠截面来创建曲面或者实体。最典型的案例是弹簧实体模型的创建,在建模环境下命令调取路径:"插入"|"扫掠"|"沿引导线扫掠"。

沿引导线扫掠"案例展示如下。

(1)打开文件。光盘:\案例文件\Ch05\ Ch05.02\4. prt,如图 5.2.71 所示。

(2)调取"沿引导线扫掠"命令:"插入"|"扫掠"|"沿引导线扫掠"。图标为 🔲 沿引导线扫掠(G)...,弹出"沿引导线扫掠"对话框,如图 5.2.72 所示。

(3)选择截面线。如图 5.2.72 所示,在"截面"区域"选择曲线"处用鼠标左键选择案例文件八边形形状曲线,鼠标中键确认。

(4)选择引导线。如图 5.2.72 所示,在"引导线"区域"选择曲线"处用鼠标左键选取案例文件螺旋形状曲线。

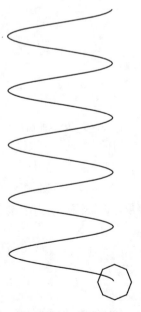 

图 5.2.71 案例文件   图 5.2.72 "沿引导线扫掠"对话框

（5）设置偏置。如图 5.2.72 所示，在"偏置"区域"第一偏置"输入栏输入 0，在第二偏置输入栏输入 0，生成截面如图 5.2.73 所示，即生成实体。

"第一偏置"输入栏输入 0.5，"第二偏置"输入栏输入 0，生成截面如图 5.2.74 所示。

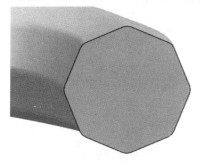 

图 5.2.73　第一、第二偏置都为 0 的生成截面　　图 5.2.74　第一偏置 0.5、第二偏置 0 的生成截面

"第一偏置"输入栏输入 0，"第二偏置"输入栏输入 0.5，生成截面如图 5.2.75 所示。

"第一偏置"输入栏输入 0.5，"第二偏置"输入栏输入 0.3 mm，生成截面如图 5.2.76 所示。

图 5.2.75　第一偏置 0、第二偏置 0.5 的生成截面　　图 5.2.76　第一偏置 0.5、第二偏置 0.3 的生成截面

（6）选择布尔操作方式。如图 5.2.72 所示，在"沿引导线扫掠"对话框"布尔"下拉列表，系统提供了 4 种方式，分别为无、求和、求差和求交。此处选择无。

（7）设置体类型。如图 5.2.72 所示，在"沿引导线扫掠"对话框"体类型"下拉列表，系统提供了 2 种类型，分别为片体和实体。片体即没有厚度的面，实体即有厚度的实体。选择片体生成结果如图 5.2.77 所示；选择实体且设置第一偏置为 0、第二偏置为 0，生成结果如图 5.2.78 所示。

图 5.2.77 "片体"结果　　　　图 5.2.78 "实体"结果

5.2.5 管道

"管道"通过沿曲线扫掠圆形横截面来创建曲面或者实体。在建模环境下命令调取路径："插入"|"扫掠"|"管道"。

"管道"案例展示如下。

(1)打开文件。光盘:\案例文件\Ch05\ Ch05.02\5.prt,如图 5.2.79 所示。

(2)调取"管道"命令："插入"|"扫掠"|"管道"。图标为 管道(T)…,弹出"管道"对话框,如图 5.2.80 所示。

(3)选择路径。如图 5.2.80 所示,在"路径"区域"选择曲线"处用鼠标左键选择案例文件螺旋形状曲线。

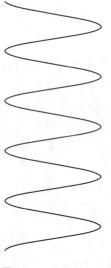

图 5.2.79 案例文件　　　　图 5.2.80 "管道"对话框

（4）设置外径。在"管道"对话框"横截面"区域"外径"输入栏输入 10,代表生成的管道外径 10 mm。

（5）设置内径。在"管道"对话框"横截面"区域"内径"输入栏输入 8,代表生成的管道内径 8 mm。

（6）选择布尔操作方式。在"管道"对话框"布尔"下拉列表,系统提供了 4 种方式,分别为无、求和、求差和求交。此处选择无。

（7）选择输出方式。在"管道"对话框"输出"下拉列表,系统提供了 2 种方式,分别为单段和多段。外径 10 mm,内径 8 mm,输出方式单段,结果如图 5.2.81 所示;外径10 mm,内径 8 mm,输出方式多段,结果如图 5.2.82 所示。

图 5.2.81　输出方式单段的管道结果　　图 5.2.82　输出方式多段的管道结果

5.3　弯曲曲面

5.3.1　规律延伸

"规律延伸"即动态或基于距离和角度规律,从基本片体创建一个规律控制的延伸。在建模环境下命令调取路径:"插入"|"弯边曲面"|"规律延伸"。

1."规律延伸:面方式"案例展示

（1）打开文件。光盘:\案例文件\Ch05\ Ch05.03\1. prt,如图 5.3.1 所示。

（2）调取"规律延伸"命令:"插入"|"弯边曲面"|"规律延伸"。图标为 规律延伸(L)...,弹出"规律延伸"对话框,如图 5.3.2 所示。

（3）选择延伸类型。在"规律延伸"对话框"类型"下拉列表,系统提供了 2 种方式,分别为面和矢量,此处选择面方式。

（4）选择要延伸的轮廓。在"规律延伸"对话框"基本轮廓"区域"选择曲线"处用鼠标左键选择案例文件中任一直边,点击鼠标中键确认。可以通过"反向"箭头调整轮廓线矢量方向,反向箭头图标为 ✕ ,如图 5.3.3 所示。

图 5.3.1　案例文件　　　　　　图 5.3.2　"规律延伸"对话框

（5）选择参考面。在"规律延伸"对话框"参考面"区域"选择面"处用鼠标左键选择案例文件中曲面,则绘图区案例文件显示如图 5.3.4 所示。

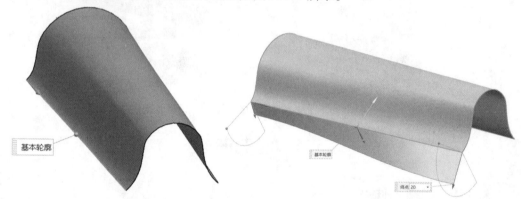

图 5.3.3　案例文件　　　　　　　　　图 5.3.4　预览结果

（6）选择长度规律。在"规律延伸"对话框"长度规律"区域"规律类型"下拉列表,系统提供了 6 种长度控制规律,分别为恒定、线性、三次、根据方程、根据规律曲线和多重过度,此处选择线性,"规律延伸"对话框发生转变,如图 5.3.5 所示。在"起点"输入栏输入 10,在"终点"输入栏输入 20,即代表在轮廓线起点位置延伸长度为 10 mm,在轮廓线终点位置延伸长度为 20 mm,中间区域为线性过度。轮廓线起点、终点位置的判断依据为矢量方向,轮廓点的起点即矢量的起点,轮廓线终点即矢量终点。

（7）选择角度规律。如图 5.3.5 所示,在"规律延伸"对话框"角度规律"区域"规律类型"下拉列表,系统提供了 6 种角度控制规律,分别为恒定、线性、三次、根据方程、根据规律曲线和多重过度,此处选择线性。在"起点"输入栏输入 100,在"终点"输入栏输入 150,即代表在轮廓线起点位置延伸曲面偏转角度为 100°,在轮廓线终点位置延伸曲面偏转角度为 150°,中间区域为线性过度。轮廓线起点、终点位置的判断依据为矢量方向,轮廓点的起点即矢量的起点,轮廓线终点即矢量终点。

(8)点击"确定"按钮,生成延伸曲面如图5.3.6所示。

图5.3.5 "规律延伸"对话框"线性"　　　图5.3.6 线性规律延伸结果

(9)重复上述步骤。轮廓线及参考面选择不变。

(10)选择长度规律。此处选择三次,在"起点"输入栏输入10,在"终点"输入栏输入20,即代表在轮廓线起点位置延伸长度为10 mm,在轮廓线终点位置延伸长度为20 mm,中间区域为三次曲面过度。轮廓线起点、终点位置的判断依据为矢量方向,轮廓点的起点即矢量起点,轮廓线终点即矢量终点,如图5.3.7所示。

(11)选择角度规律。此处选择三次,在"起点"输入栏输入100,在"终点"输入栏输入150,即代表在轮廓线起点位置延伸曲面偏转角度为100°,在轮廓线终点位置延伸曲面偏转角度为150°。中间区域为三次曲面过度。轮廓线起点、终点位置的判断依据为矢量方向,轮廓点的起点即矢量的起点,轮廓线终点即矢量终点,如图5.3.7所示。

(12)点击"确定"按钮,生成延伸曲面如图5.3.8所示。

图5.3.7 "规律延伸"对话框"三次"　　　图5.3.8 三次规律延伸结果

2."规律延伸:矢量方式"案例展示

（1）打开文件。光盘:\案例文件\Ch05\ Ch05.03 \1. prt,如图 5.3.9 所示。

（2）调取"规律延伸"命令:"插入"丨"弯边曲面"丨"规律延伸"。图标为  规律延伸(L)...,弹出"规律延伸"对话框,如图 5.3.10 所示。

图 5.3.9　案例文件　　　　图 5.3.10　"规律延伸"对话框

（3）选择延伸类型。在"规律延伸"对话框"类型"下拉列表,系统提供了 2 种方式,分别为面和矢量,此处选择矢量方式。

（4）选择要延伸的轮廓。在"规律延伸"对话框"基本轮廓"区域"选择曲线"处用鼠标左键选择案例文件中任一直边,点击鼠标中键确认。可以通过"反向"箭头调整轮廓线矢量方向,反向箭头图标为 ✕ ,如图 5.3.11 所示。

（5）指定参考矢量。在"规律延伸"对话框"参考矢量"区域"指定矢量"下拉列表,系统提供了 12 种定义矢量的方法,此处选择–XC 方向。即延伸曲线初始角度沿着–XC 方向,预览结果如图 5.3.12 所示。

（6）选择长度规律。在"规律延伸"对话框"长度规律"区域"规律类型"下拉列表,系统提供了 6 种长度控制规律,分别为恒定、线性、三次、根据方程、根据规律曲线和多重过度,此处选择线性。在"起点"输入栏输入 10,在"终点"输入栏输入 20,即代表在轮廓线起点位置延伸长度为 10 mm,在轮廓线终点位置延伸长度为 20 mm。中间区域为线性过度。轮廓线起点、终点位置的判断依据为矢量方向,轮廓点的起点即矢量的起点,轮廓线终点即矢量终点。

图 5.3.11　轮廓线及矢量　　　　　图 5.3.12　预览结果

(7) 选择角度规律。在"规律延伸"对话框"角度规律"区域"规律类型"下拉列表,系统提供了 6 种角度控制规律,分别为恒定、线性、三次、根据方程、根据规律曲线和多重过度,此处选择线性。在"起点"输入栏输入 0,在"终点"输入栏输入 30,即代表在轮廓线起点位置与参考矢量夹角为 0°,在轮廓线终点位置与参考矢量之间夹角为 30°。中间区域为线性过度。轮廓线起点、终点位置的判断依据为矢量方向,轮廓点的起点即矢量的起点,轮廓线终点即矢量终点。

(8) 点击"确定"按钮,生成延伸曲面如图 5.3.13 所示。

(9) 重复上述步骤,轮廓线及参考矢量选择不变。

(10) 选择长度规律。此处选择三次,在"起点"输入栏输入 10,在"终点"输入栏输入 20,即代表在轮廓线起点位置延伸长度为 10 mm,在轮廓线终点位置延伸长度为 20 mm。中间区域为三次曲面过度。轮廓线起点、终点位置的判断依据为矢量方向,轮廓点的起点即矢量的起点,轮廓线终点即矢量终点。

(11) 选择角度度规律。此处选择三次,在"起点"输入栏输入 0,在"终点"输入栏输入 30,即代表在轮廓线起点位置与参考矢量夹角为 0°,在轮廓线终点位置与参考矢量之间夹角为 30°。中间区域为三次曲面过度。轮廓线起点、终点位置的判断依据为矢量方向,轮廓点的起点即矢量的起点,轮廓线终点即矢量终点。

(12) 点击"确定"按钮,生成延伸曲面如图 5.3.14 所示。

图 5.3.13　线性规律延伸结果　　　　　图 5.3.14　三次规律延伸结果

5.3.2 延伸

"延伸"即从基本片体创建延伸片体。在建模环境下命令调取路径:"插入"|"弯边曲面"|"延伸"。

1."延伸:从边延伸"案例展示

(1)打开文件。光盘:\案例文件\Ch05\ Ch05.03\2.prt,如图5.3.15所示。

(2)调取"延伸"命令:"插入"|"弯边曲面"|"延伸"。图标为 延伸(E)... ,弹出"延伸曲面"对话框,如图5.3.16所示。

图5.3.15 案例文件

图5.3.16 "延伸曲面"对话框

(3)选择延伸类型。如图5.3.16所示,在"类型"下拉列表,系统提供了2种方式,分别为边和拐角。此处选择边。

①边即从片体的边线处开始延伸。

②拐角即从片体的拐角处开始延伸。

(4)选择要延伸的边。如图5.3.16所示,在"要延伸的边"区域"选择边"处用鼠标左键选择案例文件曲面,系统会自动识别出所选曲面的边。预览效果如图5.3.17所示,沿着边线延伸出来一段曲面。对于所选案例文件曲面来说,有两条边,鼠标在拾取曲面时,系统会默认离鼠标拾取点距离较近的边作为此次延伸对象,所以可以通过鼠标拾取点位置确定沿哪条边进行延伸操作。

(5)选择延伸方法。如图5.3.16所示,在"延伸"区域"方法"下拉列表,系统提供了2种延伸方法,分别为相切和圆弧。此处选择相切。

(6)设定延伸数值。如图5.3.16所示,在"延伸"区域"距离"下拉列表,系统提供了2种延伸数值设定方法,分别为按长度和按百分比。此处选择按长度。

①按长度即直接可以设定延伸的长度数值。

②按百分比即通过设定延伸曲面长度与原曲面长度百分比实现数值设定。

（7）延伸数值输入。如图5.3.16所示，在"延伸"区域"长度"输入栏，输入数值50。即代表延伸长度为50 mm。

（8）设置公差。如图5.3.16所示，在"设置"区域"公差"输入栏，按照系统默认公差即可。

（9）设置预览。如图5.3.16所示，在"预览"区域，勾选"预览"复选框，既可以实现预览，预览效果如图5.3.17所示。

（10）点击"确定"按钮，延伸结果如图5.3.18所示。

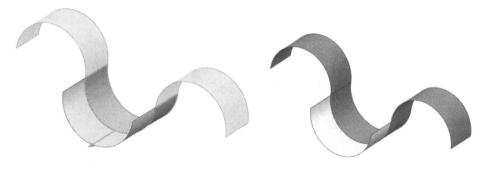

图5.3.17　延伸预览　　　　　　　　图5.3.18　延伸结果

2."延伸:从拐角延伸"案例展示

（1）打开文件。光盘:\案例文件\Ch05\ Ch05.03\2.prt，如图5.3.19所示。

（2）调取"延伸"命令:"插入"|"弯边曲面"|"延伸"。图标为 延伸(E)…，弹出"延伸曲面"对话框，如图5.3.20所示。

图5.3.19　案例文件

图5.3.20　"延伸曲面"对话框

（3）选择延伸类型。如图5.3.20所示，在"类型"下拉列表，系统提供了2种方式，分别为边和拐角。此处选择拐角。

①边即从片体的边线处开始延伸。

②拐角即从片体的拐角处开始延伸。

（4）选择要延伸的拐角。如图5.3.20所示，在"要延伸的拐角"区域"选择拐角"处用鼠标左键选择案例文件曲面,系统会自动识别出所选曲面的拐角。预览效果如图 5.3.21 所示,沿着拐角处延伸出来一段曲面。对于所选案例文件曲面来说,有多个拐角,鼠标在拾取曲面时,系统会默认离鼠标拾取点距离最近的拐角作为此次延伸对象,所以可以通过鼠标拾取点位置确定延伸拐角。

(5)设定曲面 U 方向延伸长度。如图 5.3.20 所示,在"延伸"区域"U 长度"输入栏,输入曲面 U 方向的延伸长度,此处输入 60。

(6)设定曲面 V 方向延伸长度。如图 5.3.20 所示,在"延伸"区域"V 长度"输入栏,输入曲面 V 方向的延伸长度,此处输入 100。

(7)设置公差。如图 5.3.20 所示,在"设置"区域"公差"输入栏,按照系统默认公差即可。

(8)设置预览。如图 5.3.20 所示,在"预览"区域,勾选"预览"复选框,既可以实现预览,预览效果如图 5.3.21 所示。

(9)点击"确定"按钮,延伸结果如图 5.3.22 所示。

图 5.3.21 延伸预览   图 5.3.22 延伸结果

5.3.3 轮廓线弯边

"轮廓线弯边"即在基本面边缘创建新的与原曲面连续的新曲面。在建模环境下命令调取路径:"插入"|"弯边曲面"|"轮廓线弯边"。

"轮廓线弯边"案例展示如下。

(1)打开文件。光盘:\案例文件\Ch05\ Ch05.03 \3.prt,如图 5.3.23 所示。

(2)调取"轮廓线弯边"命令:"插入"|"弯边曲面"|"轮廓线弯边"。图标为 轮廓线弯边(F)… ,弹出"轮廓线弯边"对话框,如图 5.3.24 所示。

(3)选择弯边类型。在"轮廓线弯边"对话框"类型"下拉列表,系统提供了 3 种方式,分别为基本尺寸、绝对差和视觉差。此处选择基本尺寸。

(4)选择基本曲线。在"轮廓线弯边"对话框"基本曲线"区域"选择曲线"处用鼠标左键选择案例文件中的唯一圆弧曲线,点击鼠标中键确认。

(5)选择基本曲面。在"轮廓线弯边"对话框"基本面"区域"选择面"处用鼠标左键选择案例文件中的唯一曲面,点击鼠标中键确认。

(6)设定弯边参考方向。在"轮廓线弯边"对话框"参考方向"区域"方向"下拉列表,系统提供了4种弯边方向定义方法,分别为面法向、矢量、垂直拔模和矢量拔模。面法向需要定义参考面;矢量、垂直拔模、矢量拔模都需要定义矢量方向。此处选择面法向。

图 5.3.23　案例文件　　　　　　　　图 5.3.24　"轮廓线弯边"对话框

①弯边方向设置为面法向,预览效果如图5.3.25所示。

②弯边方向设置为矢量,预览效果如图5.3.26所示,其中矢量方向定义为YC轴方向。

③弯边方向设置为垂直拔模,预览效果如图5.3.27所示。

④弯边方向设置为矢量拔模,矢量方向定义为YC轴方向,预览效果如图5.3.28所示。

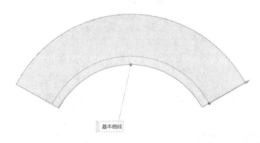

图 5.3.25　弯边方向面法向的预览结果　　　图 5.3.26　弯边方向矢量的预览结果

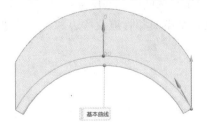

图 5.3.27　弯边方向垂直拔模的预览结果　图 5.3.28　弯边方向矢量拔模的预览结果

（7）定义参考面。在"轮廓线弯边"对话框"参考方向"区域"选择面"，图标为 ⬡ ，定义法向矢量的参考面，鼠标左键选择案例文件中的唯一曲面。

（8）设置弯边方向。在"轮廓线弯边"对话框"参考方向"区域"反转弯边方向"，图标为 ↗ ，通过点击"反转弯边方向"图标可以调整弯边方向，向上弯边预览如图 5.3.29 所示；向下弯边预览如图 5.3.30 所示。

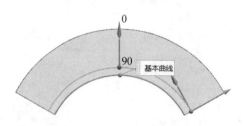 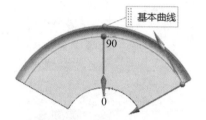

图 5.3.29　向上弯边预览　　　　　图 5.3.30　向下弯边预览

（9）反转弯边侧。在"轮廓线弯边"对话框"参考方向"区域"反转弯边侧"，图标为 ↗ ，通过点击"反转弯边侧"图标可以调整弯边位置。弯边侧在右侧如图 5.3.31 所示；调整弯边侧为左侧，如图 5.3.32 所示。

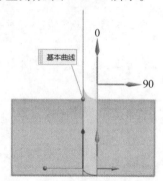 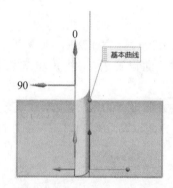

图 5.3.31　弯边侧在右侧预览　　　　　图 5.3.32　弯边侧在左侧预览

（10）设置弯边参数。在"轮廓线弯边"对话框"弯边参数"区域，可以设置弯边的半径、长度和角度，如图 5.3.33 所示。

（11）设置连续性。如图 5.3.24 所示，在"轮廓线弯边"对话框"连续性"区域，可以设置弯边圆角和两曲面之间的连续性，有 G1（相切）、G2（曲率）和 G3（流）。如图 5.3.34 所示，此处在基本面和管道及弯边和管道都选择 G1（相切）。

图 5.3.33 "弯边参数"设置

图 5.3.34 弯边侧在左侧预览

(12)输出曲面设置。在"轮廓线弯边"对话框"输出曲面"区域"输出选项"下拉列表,系统提供了 3 种输出类型,分别为圆角和弯边、仅管道和仅弯边,如图 5.3.35 所示。

①输出为圆角和弯边预览效果如图 5.3.36 所示。

②输出为仅管道预览效果如图 5.3.37 所示。

③输出为仅弯边预览效果如图 5.3.38 所示。

图 5.3.35 "输出选项"设置

图 5.3.36 输出为圆角和弯边的结果

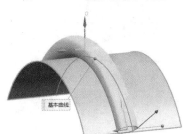

图 5.3.37 输出为仅管道的结果

图 5.3.38 输出为仅弯边的结果

(13)在"轮廓线弯边"对话框"输出曲面"区域"输出选项"下拉列表,选择圆角和弯边,点击"确定"按钮,生成曲面如图 5.3.39 所示。重复上述步骤,勾选"修剪基本面"复选框,点击"确定"按钮,生成曲面如图 5.3.40 所示。

图 5.3.39 　输出为圆角和弯边结果　　　　图 5.3.40 　修剪基本面结果一

（14）重复上述步骤，在"轮廓线弯边"对话框"输出曲面"区域"输出选项"下拉列表，选择仅管道，点击"确定"按钮，生成曲面如图 5.3.41 所示。重复上述步骤，勾选"修剪基本面"复选框，点击"确定"按钮，生成曲面如图 5.3.42 所示。

图 5.3.41 　输出为仅管道结果　　　　图 5.3.42 　修剪基本面结果二

（15）重复上述步骤，在"轮廓线弯边"对话框"输出曲面"区域"输出选项"下拉列表，选择仅弯边，点击"确定"按钮，生成曲面如图 5.3.43 所示。重复上述步骤，勾选"修剪基本面"复选框，点击"确定"按钮，生成曲面如图 5.3.44 所示。

 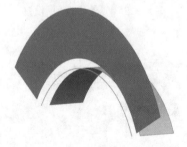

图 5.3.43 　输出为仅弯边结果　　　　图 5.3.44 　修剪基本面结果三

5.4　曲面倒圆

5.4.1　面倒圆

"面倒圆"即在选定面组之间添加相切圆角面，圆角形状可以是圆形、二次曲线或规律控制。在建模环境下命令调取路径："插入"｜"细节特征"｜"面倒圆"。

1."面倒圆:两个定义面链"案例展示

（1）打开文件。光盘:\案例文件\Ch05\ Ch05.04\1.prt,如图 5.4.1 所示。

（2）调取"面倒圆"命令:"插入"|"细节特征"|"面倒圆"。图标为  面倒圆(F)…,弹出
"面倒圆"对话框,如图 5.4.2 所示。

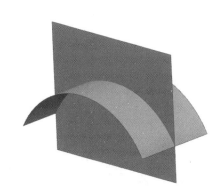

图 5.4.1　案例文件　　　　图 5.4.2　"面倒圆"对话框

（3）选择倒圆类型。在"面倒圆"对话框"类型"下拉列表,系统提供了 2 种方式,分别
为两个定义面链、三个定义面链。此处选择两个定义面链方式。

①两个定义面链即在两个曲面之间倒圆角。

②三个定义面链即在三个曲面之间倒圆角。

（4）选择面链 1。在"面倒圆"对话框"面链"区域"选择面链 1"处用鼠标左键选择案
例文件中圆弧曲面,点击鼠标中键确认。

（5）调整面链 1 倒圆角方向。"面倒圆"对话框"面链"区域"选择面链 1"下方的"反
向"图标,图标为 ╳,可以调整倒圆角方向。此处选择面链 1 外表面倒圆角。

①在面链 1 内表面倒圆角结果预览如图 5.4.3 所示。

②在面链 1 外表面倒圆角结果预览如图 5.4.4 所示。

　　图 5.4.3　面链 1 内表面倒圆角预览　　　　图 5.4.4　面链 1 外表面倒圆角预览

　　（6）选择面链 2。在"面倒圆"对话框"面链"区域"选择面链 2"处用鼠标左键选择案例文件中平面，点击鼠标中键确认。

　　（7）调整面链 2 倒圆角方向。在"面倒圆"对话框"面链"区域"选择面链 2"下方的"反向"图标，图标为 ⊠，可以调整倒圆角方向。此处选择面链 2 右侧倒圆角。

　　①在面链 2 左侧倒圆角结果预览如图 5.4.5 所示。

　　②在面链 2 右侧倒圆角结果预览如图 5.4.6 所示。

　　图 5.4.5　面链 2 左侧倒圆角预览　　　　图 5.4.6　面链 2 右侧倒圆角预览

　　（8）选择横截面方向。在"面倒圆"对话框"横截面"区域"截面方向"下拉列表，系统提供了 2 种截面方向，分别为滚球和扫掠截面。此处选择滚球。

　　（9）选择圆角宽度方法。在"面倒圆"对话框"横截面"区域"圆角宽度方法"下拉列表，系统提供了 3 种选项，分别为自然变化、强制恒定和两条约束线。此处选择自然变化。

　　（10）选择圆角横截面形状。在"面倒圆"对话框"横截面"区域"形状"下拉列表，系统提供了 5 种选项，分别为圆形、对称相切、非对称相切、对称曲率和非对称曲率。

　　①圆形即横截面为圆弧。可以通过设定圆弧半径改变倒圆角大小。在"面倒圆"对话框"横截面"区域"形状"下拉列表选择圆形，其局部对话框如图 5.4.7 所示。"半径方法"选择恒定，设置圆角半径为 5 mm 时，倒圆角结果预览如图 5.4.8 所示。设置圆角半

径为 10 mm 时,倒圆角结果预览如图 5.4.9 所示。

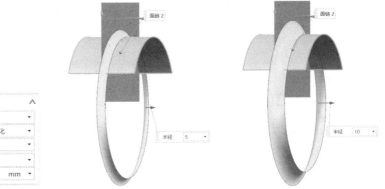

图 5.4.7 圆形设置对话框　　图 5.4.8 圆角半径 5 mm 预览　　图 5.4.9 圆角半径 10 mm 预览

②对称相切即横截面与面链 1 和面链 2 相切连续,且与面链 1 及面链 2 之间是对称结构相切。在"面倒圆"对话框"横截面"区域"形状"下拉列表选择对称相切,其局部对话框如图 5.4.10 所示,"边界方法"选择恒定,"边界半径"设置为 12 mm,预览结果如图 5.4.11 所示,生成截面与面链 1 及面链 2 保持对称相切结果。

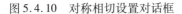

图 5.4.10 对称相切设置对话框　　图 5.4.11 对称相切预览结果

③非对称相切即横截面与面链 1 和面链 2 相切连续,且与面链 1 及面链 2 之间是非对称结构相切。在"面倒圆"对话框"横截面"区域"形状"下拉列表选择非对称相切,其局部对话框如图 5.4.12 所示,"偏置 1 方法"选择恒定,"偏置 1 距离"设置为 20 mm,"偏置 2 方法"选择恒定,"偏置 2 距离"设置为 5 mm,预览结果如图 5.4.13 所示,生成截面与面链 1 及面链 2 保持非对称相切结果。

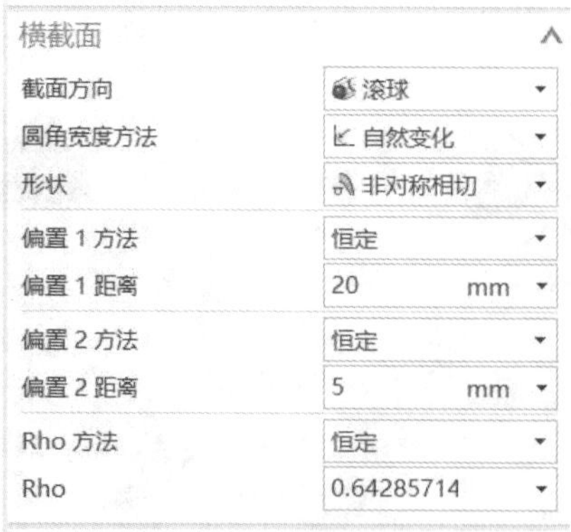
横截面
截面方向
滚球
圆角宽度方法
自然变化
形状
非对称相切
偏置 1 方法
恒定
偏置 1 距离
20
mm
偏置 2 方法
恒定
偏置 2 距离
5
mm
Rho 方法
恒定
Rho
0.64285714

图 5.4.12　非对称相切设置对话框

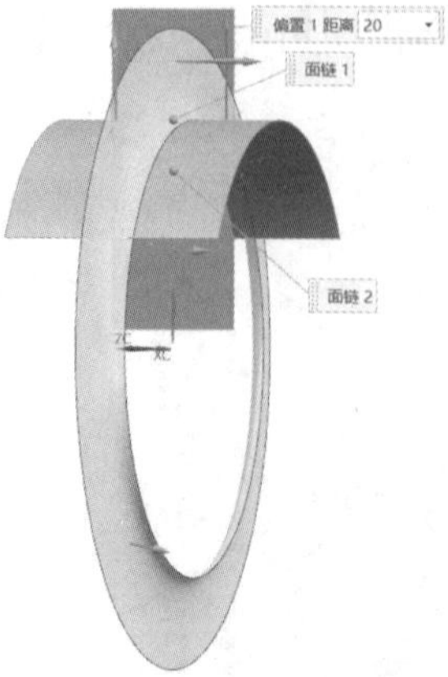
偏置 1 距离 20
面链 1
面链 2

图 5.4.13　非对称相切预览结果

④对称曲率即横截面与面链 1 和面链 2 曲率连续，且与面链 1 及面链 2 之间是对称结构曲率连续。在“面倒圆”对话框“横截面”区域“形状”下拉列表选择对称曲率，其局部对话框如图 5.4.14 所示，“边界方法”选择恒定，“边界半径”设置为 10 mm，此时需要定义脊线，如图 5.4.14 对话框中“选择脊线”所示，此时选择面链 1 的弧形边为脊线。预览结果如图 5.4.15 所示，生成截面与面链 1 及面链 2 保持对称相切结果。

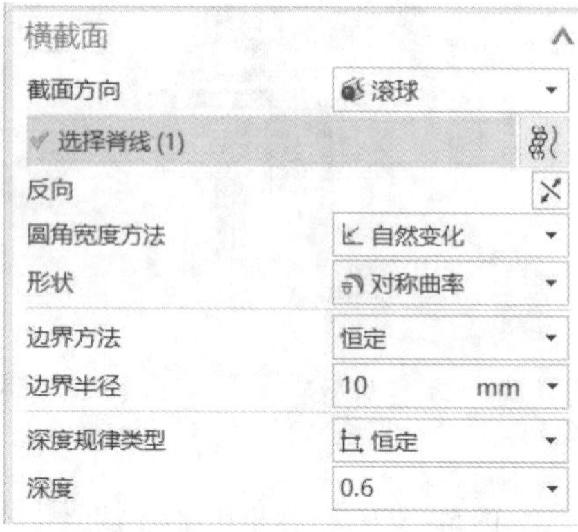
横截面
截面方向
滚球
选择脊线 (1)
反向
圆角宽度方法
自然变化
形状
对称曲率
边界方法
恒定
边界半径
10
mm
深度规律类型
恒定
深度
0.6

图 5.4.14　对称曲率设置对话框

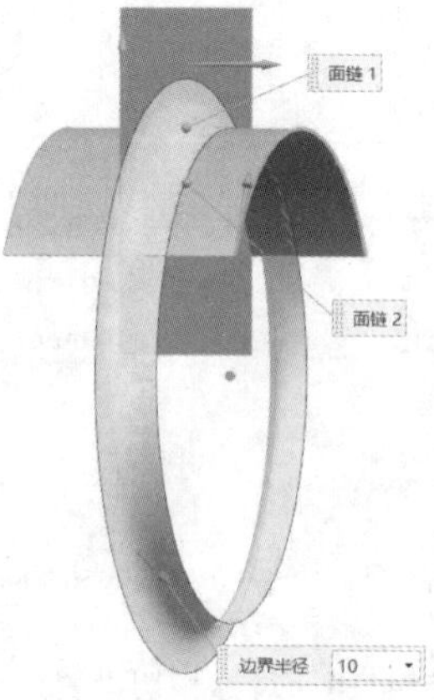
面链 1
面链 2
边界半径 10

图 5.4.15　对称曲率预览结果

⑤非对称曲率即横截面与面链 1 和面链 2 曲率连续，且与面链 1 及面链 2 之间是非对称结构曲率连续。在“面倒圆”对话框“横截面”区域“形状”下拉列表选择非对称曲率，其局部对话框如图 5.4.16 所示，“偏置 1 方法”选择恒定，“偏置 1 距离”设置为 20 mm，“偏置 2 方法”选择恒定，“偏置 2 距离”设置为 5 mm，此时需要定义脊线，如图 5.4.16对话框中“选择脊线”所示，此时选择面链 1 的弧形边为脊线。预览结果如图 5.4.17所示，生成截面与面链 1 及面链 2 保持非对称曲率连续。

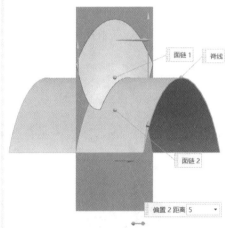

图 5.4.16 非对称曲率设置对话框　　　图 5.4.17 非对称曲率预览结果

介绍完各项功能后,此处选择圆形,"半径方法"选择恒定,设置圆角半径为 10 mm。

(11)设定修剪和缝合。在"面倒圆"对话框"修剪和缝合选项"区域,勾选"修剪输入面至圆角面",即将面链 1 和面链 2 进行修剪,此时"缝合所有面"复选框可进行勾选,勾选后即将面链 1、面链 2、圆角面缝合为一整张曲面;不勾选"修剪输入面至圆角面",此时"缝合所有面"复选框为灰色不可选状态,点击"确定"按钮。勾选"修剪输入面至圆角面"结果如图 5.4.18 所示;不勾选"修剪输入面至圆角面"结果如图 5.4.19 所示。

图 5.4.18 修剪结果

图 5.4.19 未修剪结果

2."面倒圆:三个定义面链"案例展示

(1)打开文件。光盘:\案例文件\Ch05\ Ch05.04\2.prt,如图 5.4.20 所示。

(2)调取"面倒圆"命令:"插入"|"细节特征"|"面倒圆"。图标为 🠾 面倒圆(F)… ,弹出"面倒圆"对话框,如图 5.4.21 所示。

(3)选择倒圆类型。在"面倒圆"对话框"类型"下拉列表,系统提供了 2 种方式,分别为两个定义面链、三个定义面链。此处选择三个定义面链方式。

①两个定义面链即在两个曲面之间倒圆角。

②三个定义面链即在三个曲面之间倒圆角。

（4）选择面链 1。在"面倒圆"对话框"面链"区域"选择面链 1"处用鼠标左键选择案例文件中矩形平面片体，点击鼠标中键确认。

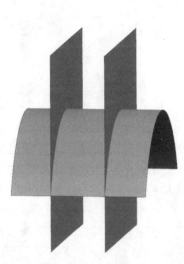

图 5.4.20　案例文件　　　　　　　　图 5.4.21　"面倒圆"对话框

（5）调整面链 1 的矢量方向。"面倒圆"对话框"面链"区域"选择面链 1"下方的"反向"图标，图标为 ✕，调整面的矢量方向，点击反向图标。调整面链 1 矢量方向结果如图 5.4.22、图 5.4.23 所示。

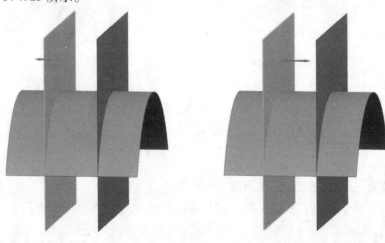

图 5.4.22　调整面链 1 矢量方向结果　　　图 5.4.23　调整面链 1 反向矢量方向结果

（6）选择面链 2。在"面倒圆"对话框"面链"区域"选择面链 2"处用鼠标左键选择案例文件中另外一个矩形平面片体，点击鼠标中键确认。

（7）调整面链 2 的矢量方向。"面倒圆"对话框"面链"区域"选择面链 2"下方的"反向"图标，图标为 ⊠，调整面的矢量方向，点击反向图标，调整面链 2 矢量方向结果如图 5.4.24、图 5.4.25 所示。

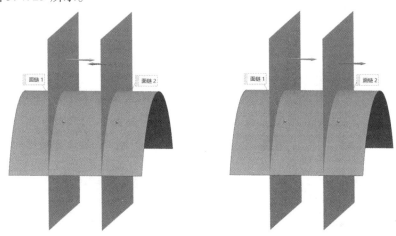

图 5.4.24　调整面链 2 矢量方向结果一　图 5.4.25　调整面链 2 的矢量方向结果二

（8）确定面链 1 矢量方向和面链 2 矢量方向。如图 5.4.24 所示。

（9）选择中间面。在"面倒圆"对话框"面链"区域"选择中间的面或平面"处用鼠标左键选择案例文件中的圆形曲面为中间面。

（10）调整中间面的矢量方向。"面倒圆"对话框"面链"区域"选择中间的面或平面"下方的"反向"图标，图标为 ⊠，通过调整中间面的矢量方向，可以调整倒圆角的方向，当中间面矢量方向指向圆心时，倒圆角预览结果如图 5.4.26 所示；当中间面矢量方向反向远离圆心时，倒圆角预览结果如图 5.4.27 所示。

图 5.4.26　中间面矢量方向指向圆心的结果　图 5.4.27　中间面矢量方向远离圆心的结果

（11）选择截面方向。在"面倒圆"对话框"横截面"区域"截面方向"下拉列表，系统提供了 2 种选项，分别为滚球和扫掠截面。此处选择滚球。

（12）选择修剪与缝合选项。在"面倒圆"对话框"修剪和缝合选项"区域"圆角面"下拉列表,系统提供了 4 种选项,分别为修剪至所有输入面、修剪至短输入面、修剪至长输入面和不修剪圆角面。此处选择修剪至所有输入面。同时勾选"修剪输入面至圆角面"复选框,只有勾选了此复选框,"缝合所有面"复选框才可以使用。勾选"缝合所有面"复选框,倒圆角后,所有面缝合在一起,形成一个整面。

(13)点击"确定"按钮,勾选"修剪输入面至圆角面"结果如图 5.4.28 所示;未勾选"修剪输入面至圆角面"结果如图 5.4.29 所示。

图 5.4.28　修剪结果　　　　　　　图 5.4.29　未修剪结果

5.4.2　边倒圆

"边倒圆"即对面之间的锐边进行倒圆,半径可以是常数或者变量。在建模环境下命令调取路径:"插入"|"细节特征"|"边倒圆"。

1."边倒圆:等半径"案例展示

(1)打开文件。光盘:\案例文件\Ch05\ Ch05.04\3. prt,如图 5.4.30 所示。

(2)调取"边倒圆"命令:"插入"|"细节特征"|"边倒圆"。图标为 边倒圆(E)... ,弹出"边倒圆"对话框,如图 5.4.31 所示。

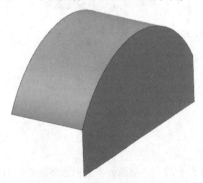 

图 5.4.30　案例文件　　　　　　图 5.4.31　"边倒圆"对话框

(3)选择连续性。在"边倒圆"对话框"混合面连续性"下拉列表,系统提供了 2 种方式,分别为 G1(相切)和 G2(曲率)。G1(相切)代表了新生成圆角面和原曲面之间的连续性。此处选择 G1（相切）。

（4）选择要倒圆的边。在"边倒圆"对话框"选择边"处用鼠标左键选择平面和圆弧曲面相交的边线。注意，如果平面片体和圆弧面片体为独立的两个片体时，此时不可以使用"边倒圆"功能，必须将此两个片体缝合为一个整体，才可以使用"边倒圆"功能。

（5）定义倒圆面形状。如图 5.4.31"边倒圆"对话框"形状"下拉列表，系统提供了 2 种选项，分别为圆形和二次曲线。此处选择圆形。

①圆形即倒圆面截面为圆弧曲线。

②二次曲线即倒圆面截面为二次曲线形状。

（6）定义半径。如图 5.4.31 所示在"边倒圆"对话框"半径 1"输入栏输入 5，点击"确定"按钮，倒圆角结果如图 5.4.32 所示。重复上述步骤，倒圆角半径设置为 10 mm，倒圆角结果如图 5.4.33 所示。

图 5.4.32　倒圆角半径 5 mm 的结果　　图 5.4.33　倒圆角半径 10 mm 的结果

2."边倒圆:变半径"案例展示

（1）打开文件。光盘:\案例文件\Ch05\ Ch05.04\4.prt，如图 5.4.34 所示。

（2）调取"边倒圆"命令:"插入"|"细节特征"|"边倒圆"。图标为 边倒圆(E)... ，弹出"边倒圆"对话框，如图 5.4.35 所示。

（3）选择连续性。在"边倒圆"对话框"混合面连续性"下拉列表，系统提供了 2 种方式，分别为 G1（相切）和 G2（曲率）。G1（相切）代表了新生成圆角面和原曲面之间的连续性。此处选择 G1（相切）。

（4）选择要倒圆的边。在"边倒圆"对话框"选择边"处用鼠标左键选择平面和圆弧曲面相交的边线。此处需要注意，如果平面片体和圆弧面片体为独立的两个片体时，此时不可以使用"边倒圆"功能，必须将此两个片体缝合为一个整体，才可以使用"边倒圆"功能。

（5）定义倒圆面形状。在"边倒圆"对话框"形状"下拉列表，系统提供了 2 种选项，分别为圆形和二次曲线。此处选择圆形。

图 5.4.34 案例文件　　　　　　　　图 5.4.35 "边倒圆"对话框

①圆形即倒圆面截面为圆弧曲线。

②二次曲线即倒圆面截面为二次曲线形状。

（6）定义半径。暂时不需要定义边倒圆的半径，保持默认设置即可。

（7）增加可变半径点 1。在"边倒圆"对话框"可变半径点"区域"指定新的位置点"处，通过下拉列表定义点，系统提供了 11 种定义点的方式，选择圆弧上的点，图标为 ⭕，拾取圆弧曲线中点，生成可变半径点 1，如图 5.4.36 所示。

（8）增加可变半径点 2。在"边倒圆"对话框"可变半径点"区域"指定新的位置点"处，通过下拉列表定义点，系统提供了 11 种定义点的方式，选择圆弧上的点，图标为 ⭕，拾取圆弧曲线端点，生成可变半径点 2，如图 5.4.37 所示。

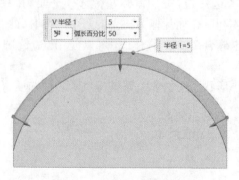

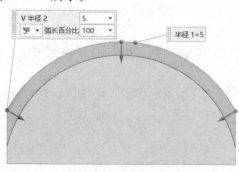

图 5.4.36 可变半径点 1　　　　　　　图 5.4.37 可变半径点 2

(9)增加可变半径点 3。在"边倒圆"对话框"可变半径点"区域"指定新的位置点"处,通过下拉列表定义点,系统提供了 11 种定义点的方式,选择圆弧上的点,图标为 ⬭,拾取圆弧曲线另一端点,生成可变半径点 3,如图 5.4.38 所示。

(10)编辑可变半径点 1 参数。定义完 3 个可变半径点后,在"边倒圆"对话框"可变半径点"区域"半径"列表,显示所有已定义的可变半径点,如图 5.4.39 所示。鼠标左键选择"列表"中 V 半径 1,在"V 半径 1"输入栏输入 10,在"位置"下拉列表选择"弧长百分比"。在"弧长百分比"输入栏输入 50,代表此点位于整个弧长的 50 处,即弧长中点处。可变半径点 1 参数详细情况如图 5.4.39 所示。

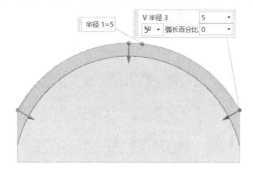
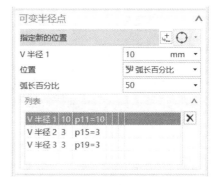

图 5.4.38　生成可变半径点 3　　　　　图 5.4.39　可变半径点 1 参数

(11)编辑可变半径点 2 参数。鼠标左键选择"边倒圆"对话框"可变半径点"区域"半径"列表中 V 半径 2,在"V 半径 2"输入栏输入 3,在"位置"下拉列表选择弧长百分比。在"弧长百分比"输入栏输入 100,代表此点位于整个弧长的 100 处,即弧长终点处。可变半径点 2 参数详细情况如图 5.4.40 所示。

(12)编辑可变半径点 3 参数。鼠标左键选择"边倒圆"对话框"可变半径点"区域"半径"列表中 V 半径 3,在"V 半径 3"输入栏输入 3,在"位置"下拉列表选择弧长百分比。在"弧长百分比"输入栏输入 0,代表此点位于整个弧长的 0 处,即弧长起点处。可变半径点 3 参数详细情况如图 5.4.41 所示。

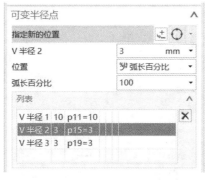
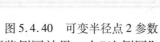

图 5.4.40　可变半径点 2 参数　　　　　图 5.4.41　可变半径点 3 参数

(13)预览倒圆效果。在"边倒圆"对话框"预览"区域,勾选"预览"复选框,预览结果如图 5.4.42 所示。

(14)生成倒圆面。在"边倒圆"对话框,点击"确定"按钮,结果如图 5.4.43 所示。

图5.4.42　预览结果　　　　　　　　图5.4.43　倒圆面结果

5.4.3　样式倒圆

"样式倒圆"即倒圆曲面,并将相切的曲率约束应用到圆角的相切曲线。在建模环境下命令调取路径:"插入"|"细节特征"|"样式倒圆"。

1."样式倒圆:规律控制"案例展示

(1)打开文件。光盘:\案例文件\Ch05\ Ch05.04 \4. prt,如图5.4.44 所示。

(2)调取"样式倒圆"命令:"插入"|"细节特征"|"样式倒圆"。图标为　样式倒圆(Y)…,弹出"样式倒圆"对话框,如图5.4.45 所示。

图5.4.44　案例文件　　　　　图5.4.45　"样式倒圆"对话框

(3)选择倒圆类型。在"样式倒圆"对话框"类型"下拉列表,系统提供了3种方式,分别为规律、曲线和轮廓。此处选择规律。

①规律即使用圆管道与曲面的交线作为相切约束曲线创建倒圆曲面。

②曲线即使用者定义曲线作为相切约束曲线创建倒圆曲面。

③轮廓即通过轮廓曲线的圆管道与两组曲面的相交线作为相切约束线创建倒圆曲面。

（4）选择面链1。在"样式倒圆"对话框"面链"区域"选择面链1"处用鼠标左键选择平面片体,点击鼠标中键确认。

（5）调整面链1矢量方向。在"样式倒圆"对话框"面链"区域"选择面链1"下方的"反向"图标,图标为 ⊠,通过点击反向图标,可以调整面链1的矢量方向。调整前面链1矢量方向如图5.4.46所示;调整后面链1矢量方向如图5.4.47所示。

（6）选择面链2。在"样式倒圆"对话框"面链"区域"选择面链2"处用鼠标左键选择圆弧曲面片体,点击鼠标中键确认。

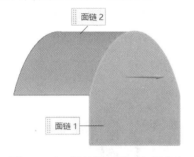 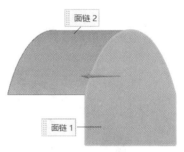

图5.4.46　调整前面链1矢量方向　　　图5.4.47　调整后面链1矢量方向

（7）调整面链2矢量方向。在"样式倒圆"对话框"面链"区域"选择面链2"下方的"反向"图标,图标为 ⊠,通过点击反向图标,可以调整面链2的矢量方向。调整前面链2矢量方向如图5.4.48所示;调整后面链2矢量方向如图5.4.49所示。

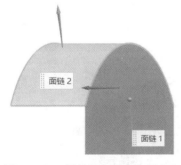 

图5.4.48　调整前面链2矢量方向　　　图5.4.49　调整后面链2矢量方向

（8）选择中心曲线。在"样式倒圆"对话框"中心曲线"区域"选择曲线"处用鼠标左键选择平面片体和圆弧曲面交线。如果面链1和面链2的矢量方向不是指向相交的方向,系统会提示"未给保持相切的曲线1选定交点",即无法生成倒圆曲面,如图5.4.50所示。调整面链1和面链2的矢量方向后,可以生成倒圆曲面,如图5.4.51所示。

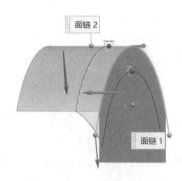

图 5.4.50 无法生成倒圆曲面　　　　　图 5.4.51 可以生成倒圆曲面

（9）调整中心曲线的矢量方向。"样式倒圆"对话框"中心曲线"区域"选择曲线"下方的"反向"图标,图标为 ⊠ ,通过点击反向图标,可以调整中心曲线的矢量方向。

（10）定义脊线。在"样式倒圆"对话框"截面方向"区域"将中心曲线用作脊线"复选框,勾选后代表将中心曲线定义为脊线。不勾选复选框生成圆角预览效果如图 5.4.52 所示;勾选复选框后生成圆角预览效果如图 5.4.53 所示,此处勾选。

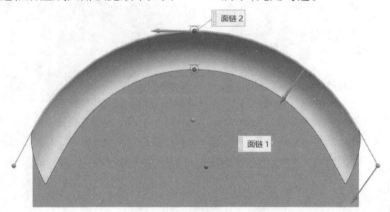

图 5.4.52 不勾选复选框结果

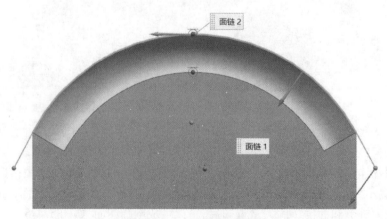

图 5.4.53 勾选复选框结果

（11）定义倒圆曲面形状。在"样式倒圆"对话框"形状控制"区域"单个管道"复选框,勾选后代表通过单个管道控制圆角,此处勾选。"控制类型"下拉列表,系统提供了5种选项,分别为管道半径1、管道半径2、深度、歪斜和相切幅值。此处选择管道半径1。

(12)定义截面半径。在"样式倒圆"对话框"形状控制"区域"规律类型"下拉列表,系统提供了5种选项,分别为恒定、线性、三次、多重过渡、无拐点和S形。

①"规律类型"选择恒定,"管道半径1"输入栏输入10,形状控制详细参数局部截图如图5.4.54所示,生成管道预览如图5.4.55所示。

图5.4.54　规律类型为恒定的参数信息

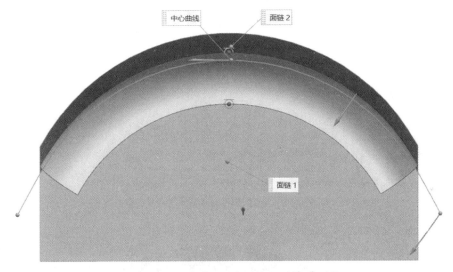

图5.4.55　规律类型为恒定的生成管道预览

②"规律类型"选择线性,"起始管道半径1"输入栏输入2,"终止管道半径1"输入栏输入10,形状控制详细参数局部截图如图5.4.56所示,生成管道预览如图5.4.57所示。

图5.4.56　规律类型为线性的参数信息

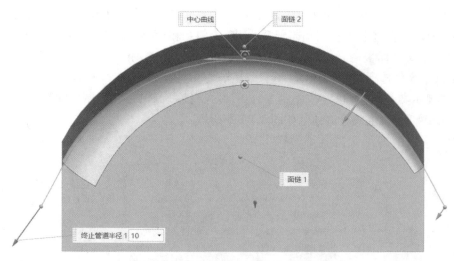

图 5.4.57　规律类型为线性的生成管道预览

③"规律类型"选择三次,"起始管道半径 1"输入栏输入 2,"终止管道半径 1"输入栏输入 10,形状控制详细参数局部截图如图 5.4.58 所示;生成管道预览如图 5.4.59 所示。

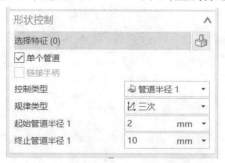

图 5.4.58　规律类型为三次的参数信息

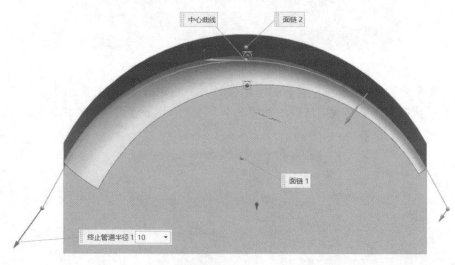

图 5.4.59　规律类型为三次的生成管道预览

此处"规律类型"下拉列表选择恒定,"管道半径1"输入栏输入10 mm,进行下一步操作。

(13)定义圆角延伸。在"样式倒圆"对话框"圆角输出"区域"延伸圆角"复选框,可以设定是否延伸圆角曲面。不勾选此复选框,结果预览如图5.4.60所示;勾选此复选框,结果预览如图5.4.61所示。此处选择不勾选。

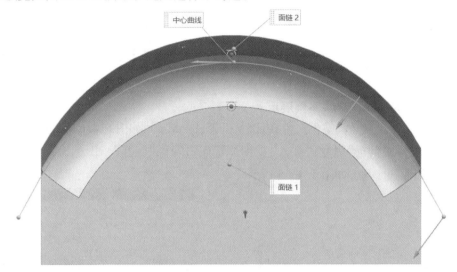

图5.4.60 圆角不延伸

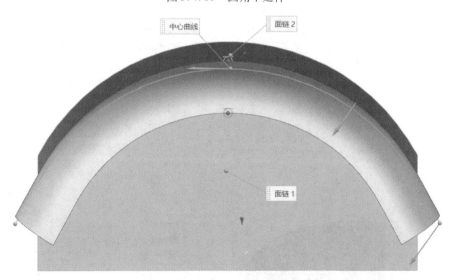

图5.4.61 圆角延伸

(14)定义修剪。在"样式倒圆"对话框"圆角输出"区域"修剪方法"下拉列表,系统提供了4种选项,分别为不修剪、修剪并附着、修剪输入面链和修剪输入圆角。通过不同选项可以设定修剪结果,此处选择不修剪。

(15)点击"确定"按钮,生成圆角如图5.4.62、图5.4.63所示。

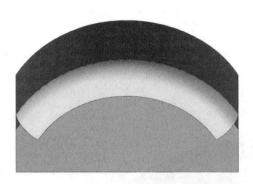

图 5.4.62 生成圆角

图 5.4.63 生成圆角

2."样式倒圆：曲线控制"案例展示

（1）打开文件。光盘：\案例文件\Ch05\ Ch05.04\5.prt，如图 5.4.64 所示。

（2）调取"样式倒圆"命令："插入"|"细节特征"|"样式倒圆"。图标为  样式倒圆(Y)...，弹出"样式倒圆"对话框，如图 5.4.65 所示。

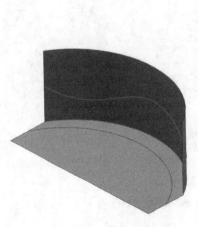

图 5.4.64 案例文件

图 5.4.65 "样式倒圆"对话框

（3）选择倒圆类型。在"样式倒圆"对话框"类型"下拉列表，系统提供了 3 种方式，分别为规律、曲线、轮廓。此处选择曲线。

①规律即使用圆管道与曲面的交线作为相切约束曲线创建倒圆曲面。

②曲线即使用者定义曲线作为相切约束曲线创建倒圆曲面。

③轮廓即通过轮廓曲线的圆管道与两组曲面的相交线作为相切约束线创建倒圆曲面。

（4）选择面链 1。在"样式倒圆"对话框"面链"区域"选择面链 1"处用鼠标左键选择平面片体，点击鼠标中键确认。

（5）选择面链 2。在"样式倒圆"对话框"面链"区域"选择面链 2"处用鼠标左键选择圆弧曲面，点击鼠标中键确认。

（6）调整圆角方向。"样式倒圆"对话框"面链"区域"使圆角方向反向"处，图标为 ，通过点击反向图标，可以调整生成曲面与面链 1 及面链 2 之间的相切关系。选择完相切曲线后即可预览。

（7）选择相切曲线 1。在"样式倒圆"对话框"相切曲线"区域"选择曲线集 1"处用鼠标左键选择平面片体上的圆弧曲线，点击鼠标中键确认。

（8）调整相切曲线 1 矢量方向。"样式倒圆"对话框"相切曲线"区域"选择曲线集 1"下方的"反向"图标，图标为 ，通过点击反向图标，可以调整相切曲线 1 的矢量方向。调整前后结果如图 5.4.66、图 5.4.67 所示。

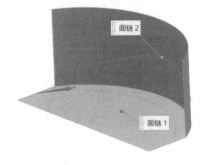 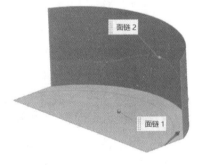

图 5.4.66 调整前相切曲线 1 矢量方向　　图 5.4.67 调整后相切曲线 1 矢量方向

（9）选择相切曲线 2。在"样式倒圆"对话框"相切曲线"区域"选择曲线集 2"处用鼠标左键选择圆弧曲面上的样条曲线。

（10）调整相切曲线 2 矢量方向。"样式倒圆"对话框"相切曲线"区域"选择曲线集 2"下方的"反向"图标，图标为 ，通过点击反向图标，可以调整相切曲线 2 的矢量方向。调整前后结果如图 5.4.68、图 5.4.69 所示。由此可见，当相切曲线 1 和相切曲线 2 的矢量方向同向时，生成的曲面光顺；当相切曲线 1 和相切曲线 2 的矢量方向反向时，生成的曲面扭曲。

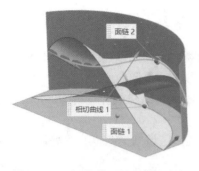 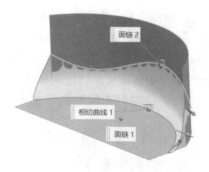

图 5.4.68 调整前面链 2 矢量方向　　　　图 5.4.69 调整后面链 2 矢量方向

（11）调整圆角相切方向。"样式倒圆"对话框"面链"区域"使圆角方向反向"处，图标为 🔽，通过点击反向图标，可以调整生成曲面与面链 1 及面链 2 之间的相切关系，由于生成曲面的两侧与面链 1 和面链 2 都可以相切，共有 4 种情况，调整前后结果如图 5.4.70、图 5.4.71、图 5.4.72、图 5.4.73 所示。选择图 5.4.70 所示情况。

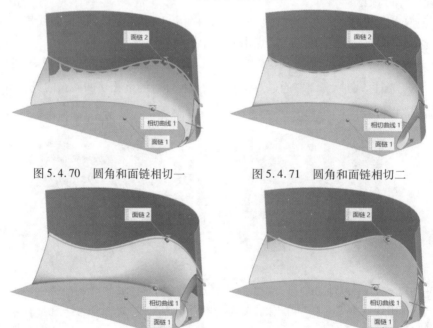

图 5.4.70 圆角和面链相切一　　　　图 5.4.71 圆角和面链相切二

图 5.4.72 圆角和面链相切三　　　　图 5.4.73 圆角和面链相切四

（12）选择脊线。在"样式倒圆"对话框"截面方向"区域"脊线"下方的"选择曲线"处用鼠标左键选择平面片体和圆弧曲面的交线。即将此交线定义为脊线，未定义脊线时生成与面链 1、面链 2 相切的曲面如图 5.4.74 所示。定义脊线后生成与面链 1、面链 2 相切的曲面如图 5.4.75 所示。

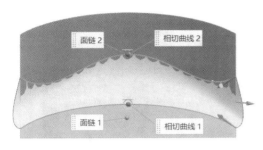
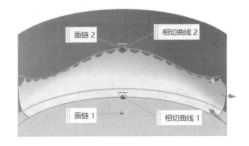

图 5.4.74　未定义脊线生成曲面状态　　　　图 5.4.75　定义脊线生成曲面状态

（13）定义截面控制类型。在"样式倒圆"对话框"形状控制"区域"控制类型"下拉列表，系统提供了 5 种选项，分别为管道半径 1、管道半径 2、深度、歪斜和相切幅值，此处选择深度。

（14）定义截面半径。在"样式倒圆"对话框"形状控制"区域"规律类型"下拉列表，系统提供了 6 种选项，分别为恒定、线性、三次、多重过渡、无拐点的 S 形。

①"规律类型"选择恒定，"深度"输入栏输入 50，形状控制详细参数局部截图如图 5.4.76 所示，生成管道预览如图 5.4.77 所示。

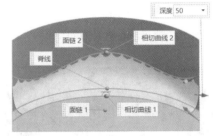

图 5.4.76　规律类型为恒定的参数信息　图 5.4.77　规律类型为恒定的生成管道预览

②"规律类型"选择线性，"深度 1"输入栏输入 10，"深度 2"输入栏输入 50，形状控制详细参数局部截图如图 5.4.78 所示，生成管道预览如图 5.4.79 所示。

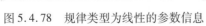
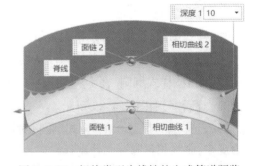

图 5.4.78　规律类型为线性的参数信息　　　图 5.4.79　规律类型为线性的生成管道预览

③"规律类型"选择三次，"深度 1"输入栏输入 10，"深度 2"输入栏输入 50，形状控制详细参数局部截图如图 5.4.80 所示，生成管道预览如图 5.4.81 所示。

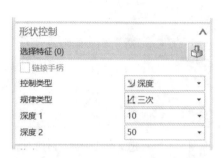

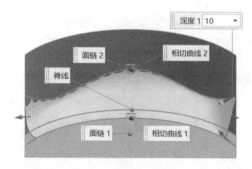

图 5.4.80 规律类型为三次的参数信息 　　图 5.4.81 规律类型为三次的生成管道预览

此处"规律类型"下拉列表选择恒定,"深度"输入栏输入 50,进行下一步操作。

(15)定义圆角延伸。在"样式倒圆"对话框"圆角输出"区域"延伸圆角"复选框,可以设定是否延伸圆角曲面。之前定义了脊线,由脊线控制圆角形状,所以此处勾选不勾选"延伸圆角"复选框,结果都一样。

(16)定义修剪。在"样式倒圆"对话框"圆角输出"区域"修剪方法"下拉列表,系统提供了 4 种选项,分别为不修剪、修剪并附着、修剪输入面链和修剪输入圆角。通过不同选项可以设定修剪结果,此处选择不修剪。

(17)点击"确定"按钮,生成圆角如图 5.4.82、图 5.4.83 所示。

图 5.4.82 生成圆角 　　　　　　　　　图 5.4.83 生成圆角

3."样式倒圆:轮廓控制"案例展示

(1)打开文件。光盘:\案例文件\Ch05\ Ch05.04\6. prt,如图 5.4.84 所示。

(2)调取"样式倒圆"命令:"插入"|"细节特征"|"样式倒圆"。图标为 ⟍,弹出"样式倒圆"对话框,如图 5.4.85 所示。

(3)选择倒圆类型。在"样式倒圆"对话框"类型"下拉列表,系统提供了 3 种方式,分别为规律、曲线和轮廓。此处选择轮廓。

①规律即使用圆管道与曲面的交线作为相切约束曲线创建倒圆曲面。

②曲线即使用者定义曲线作为相切约束曲线创建倒圆曲面。

③轮廓即通过轮廓曲线的圆管道与两组曲面的相交线作为相切约束线创建倒圆曲面。

(4)选择面链 1。在"样式倒圆"对话框"面链"区域"选择面链 1"处用鼠标左键选择平面片体,点击鼠标中键确认。

图 5.4.84 案例文件　　　　图 5.4.85 "样式倒圆"对话框

（5）调整面链 1 矢量方向。"样式倒圆"对话框"面链"区域"选择面链 1"下方的"反向"图标，图标为 ☒，通过点击反向图标，调整面链 1 的矢量方向。调整前面链 1 矢量方向前如图 5.4.86 所示；调整后面链 1 矢量方向如图 5.4.87 所示。

（6）选择面链 2。在"样式倒圆"对话框"面链"区域"选择面链 2"处用鼠标左键选择圆弧曲面片体，点击鼠标中键确认。

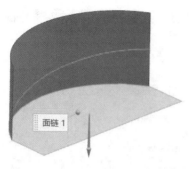 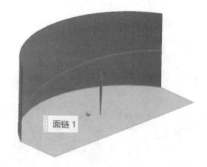

图 5.4.86 调整前面链 1 矢量方向　　　　图 5.4.87 调整后面链 1 矢量方向

（7）调整面链 2 矢量方向。"样式倒圆"对话框"面链"区域"选择面链 2"下方的"反向"图标，图标为 ⊠，通过点击反向图标，调整面链 2 的矢量方向。调整前面链 2 矢量方向前如图 5.4.88 所示；调整后面链 2 矢量方向如图 5.4.89 所示。最终以图 5.4.89 中的矢量方向进行倒圆生成。

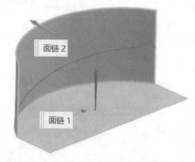 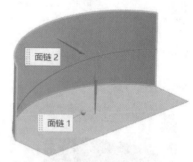

图 5.4.88 调整前面链 2 矢量方向　　　　图 5.4.89 调整后面链 2 矢量方向

（8）选择轮廓曲线。在"样式倒圆"对话框"轮廓"区域"选择曲线"处用鼠标左键选择案例文件中的曲线。

（9）选择中心曲线。在"样式倒圆"对话框"中心曲线"区域"选择曲线"处用鼠标左键选择平面片体和圆弧曲面的交线作为中心曲线。

（10）调整中心曲线矢量方向。在"样式倒圆"对话框"中心曲线"区域"选择曲线"下方的"反向"图标，图标为 ⊠，通过点击反向图标，可以调整中心曲线的矢量方向。调整前如图 5.4.90 所示；调整后如图 5.4.91 所示。

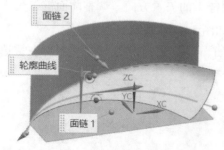 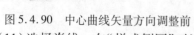 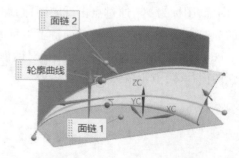

图 5.4.90 中心曲线矢量方向调整前　　　　图 5.4.91 中心曲线矢量方向调整后

（11）选择脊线。在"样式倒圆"对话框"截面方向"区域"将中心曲线用作脊线"复选框,勾选此复选框代表将中心曲线定义为脊线,勾选前后生成曲面预览结果如图 5.4.92、图 5.4.93 所示。

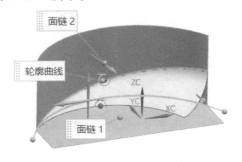

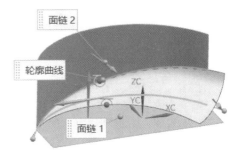

图 5.4.92　未勾选复选框结果　　　　　图 5.4.93　勾选复选框结果

（12）调整圆角相切方向。在"样式倒圆"对话框"面链"区域"使圆角方向反向"处图标为　，通过点击反向图标,调整生成曲面与面链 1、面链 2 之间的相切关系生成曲面的两侧与面链 1 和面链 2 都可以相切,所以共有 4 种情况,调整前后结果如图 5.4.94、图 5.4.95、图 5.4.96、图 5.4.97 所示。选择图 5.4.94 所示情况。

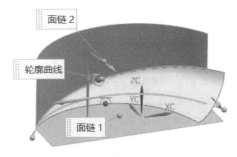

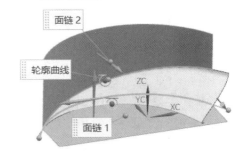

图 5.4.94　圆角和面链相切一　　　　　图 5.4.95　圆角和面链相切二

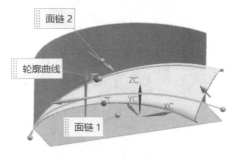

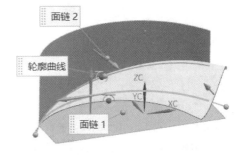

图 5.4.96　圆角和面链相切三　　　　　图 5.4.97　圆角和面链相切四

（13）定义截面控制类型。在"样式倒圆"对话框"形状控制"区域"控制类型"下拉列表,系统提供了 5 种选项,分别为管道半径 1、管道半径 2、深度、歪斜和相切幅值,此处选择深度。

（14）定义截面半径。在"样式倒圆"对话框"形状控制"区域"规律类型"下拉列表,系统提供了 6 种选项,分别为恒定、线性、三次、多重过渡、无拐点和 S 形。

①"规律类型"选择恒定,"深度"输入栏输入 50,形状控制详细参数局部截图如图 5.4.98 所示,生成管道预览如图 5.4.99 所示。

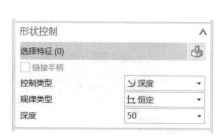 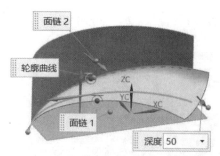

图 5.4.98　规律类型为恒定的参数信息　图 5.4.99　规律类型为恒定的生成管道预览

②"规律类型"选择线性,"深度 1"输入栏输入 10,"深度 2"输入栏输入 50,形状控制详细参数局部截图如图 5.4.100 所示,生成管道预览如图 5.4.101 所示。

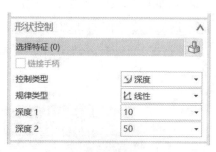 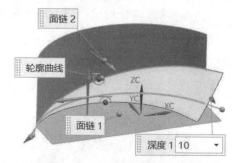

图 5.4.100　规律类型为线性的参数信息　　图 5.4.101　规律类型为线性的生成管道预览

③"规律类型"选择三次,"深度 1"输入栏输入 10,"深度 2"输入栏输入 50,形状控制详细参数局部截图如图 5.4.102 所示,生成管道预览如图 5.4.103 所示。

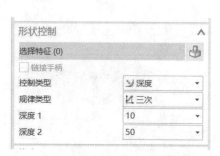 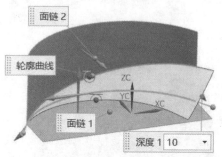

图 5.4.102　规律类型为三次的参数信息 图 5.4.103　规律类型为三次的生成管道预览

此处"规律类型"下拉列表选择恒定,"深度"输入栏输入 50 mm,进行下一步操作。

(15)定义圆角延伸。在"样式倒圆"对话框"圆角输出"区域"延伸圆角"复选框,可以设定是否延伸圆角曲面。勾选"延伸圆角"复选框结果如图 5.4.104 所示;不勾选结果如图 5.4.105 所示。

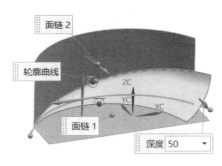

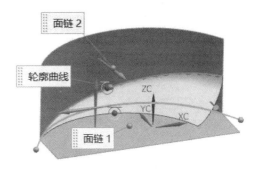

图 5.4.104　勾选复选框结果　　　　　　图 5.4.105　未勾选复选框结果

（16）定义修剪。在"样式倒圆"对话框"圆角输出"区域"修剪方法"下拉列表,系统提供了4种选项,分别为不修剪、修剪并附着、修剪输入面链和修剪输入圆角。通过不同选项可以设定修剪结果,此处选择不修剪。

（17）点击"确定"按钮,生成圆角如图 5.4.106、图 5.4.107 所示。

图 5.4.106　生成圆角一　　　　　　图 5.4.107　生成圆角二

5.4.4　美学面倒圆

"美学面倒圆"即在圆角的圆角切面处施加相切或曲率约束时倒圆曲面,圆角截面形状可以是圆形、锥形或切入类型。在建模环境下命令调取路径:"插入"|"细节特征"|"美学面倒圆"。

"美学面倒圆"案例展示如下。

（1）打开文件。光盘:\案例文件\Ch05\ Ch05.04\7. prt,如图 5.4.108 所示。

（2）调取"美学面倒圆"命令:"插入"|"细节特征"|"美学面倒圆"。图标为

美学面倒圆(A)…,弹出"美学面倒圆"对话框,如图 5.4.109 所示。

（3）选择面链 1。在"美学面倒圆"对话框"面链"区域"选择面链 1"处用鼠标左键选择案例文件中两个相同曲面片体中的一个,点击鼠标中键确认。

图 5.4.108 案例文件   图 5.4.109 "美学面倒圆"对话框

（4）调整面链 1 矢量方向。通过点击"美学面倒圆"对话框"面链"区域"选择面链 1"下方的"反向"图标，图标为 ⊠ ，调整面链 1 的矢量方向。调整前面链 1 矢量方向如图 5.4.110所示；调整后面链 1 矢量方向如图 5.4.111 所示。

图 5.4.110   调整前面链 1 矢量方向   图 5.4.111   调整后面链 1 矢量方向

（5）选择面链 2。在"美学面倒圆"对话框"面链"区域"选择面链 2"处用鼠标左键选择案例文件中的另外一个曲面片体，点击鼠标中键确认。

（6）调整面链 2 矢量方向。通过点击"美学面倒圆"对话框"面链"区域"选择面链 2"下方的"反向"图标，图标为 ⊠ ，调整面链 2 的矢量方向。调整前面链 2 矢量方向如图 5.4.112所示；调整后面链 2 矢量方向如图 5.4.113 所示。

（7）准确确定倒圆角位置。面链 1 和面链 2 相交，共有四个可以倒圆角的位置，通过调整"美学面倒圆"对话框"面链"区域"选择面链 1、选择面链 2"下方的"反向"图标，图

标为 ，在四个倒圆角位置之间相互切换，需根据实际情况选取。

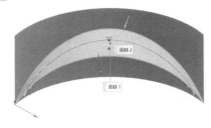
图 5.4.112　调整前面链 2 矢量方向

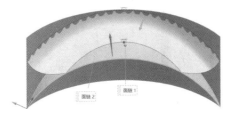
图 5.4.113　调整后面链 2 矢量方向

（8）选择截面方向。在"美学面倒圆"对话框"截面方向"区域，系统提供了 3 种截面方向，分别为滚球、脊线和矢量。

此处"截面方向"选择滚球。

①滚球无须定义参考曲线，生成曲面结果预览如图 5.4.114 所示。

②脊线即通过脊线控制截面形状，需定义参考曲线，将两圆弧曲面交线定义为脊线，生成曲面结果预览如图 5.4.115 所示。

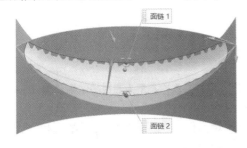

图 5.4.114　截面方向为滚球结果预览　　　　图 5.4.115　截面方向为脊线结果预览

③矢量即通过矢量控制截面形状，需定义参考矢量，选择 XC 轴方向为参考矢量方向，生成曲面结果预览如图 5.4.116 所示。

（9）设定切线控制方式。在"美学面倒圆"对话框"切线"区域"控制"栏，系统提供了 2 种复选框，分别为按半径和按弧长，此处选择按半径。

（10）设定切线具体控制参数。在"美学面倒圆"对话框"切线"区域"规律类型"下拉列表，系统提供了 4 种方式，分别为恒定、线性、三次和多重过渡。此处选择恒定。

①恒定即切线在各位置参数保持恒定值，"基本半径"输入栏输入半径 10，生成圆角曲面预览结果如图 5.4.117 所示。

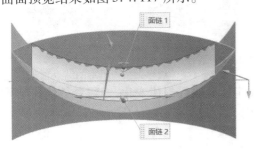
图 5.4.116　截面方向为矢量结果预览

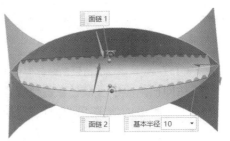
图 5.4.117　恒定规律类型为恒定的结果预览

②线性即切线在各位置参数设定按照线性规律变化，详细参数输入结果如图5.4.118

所示,生成圆角曲面预览结果如图5.4.119 所示。

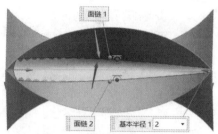

图 5.4.118　规律类型为线性的参数信息　图 5.4.119　规律类型为线性结果预览

③三次即切线在各位置参数设定按照三次规律变化,详细参数输入结果如图5.4.120 所示,生成圆角曲面预览结果如图 5.4.121 所示。

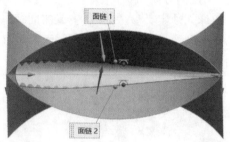

图 5.4.120　规律类型为三次的参数信息　图 5.4.121　规律类型为三次的结果预览

此处"规律类型"选择恒定方式进行下一步。

(11)设定横截面控制方式。在"美学面倒圆"对话框"横截面"区域,系统提供了2种复选框,分别为中心半径和 Rho,此处选择中心半径。

(12)设定横截面具体控制参数。在"美学面倒圆"对话框"横截面"区域"规律类型"下拉列表,系统提供了4种方式,分别为恒定、线性、三次和多重过渡。

①恒定即横截面中心半径在各位置参数保持不变,详细参数输入结果如图 5.4.122 所示,生成圆角曲面预览结果如图 5.4.123 所示。

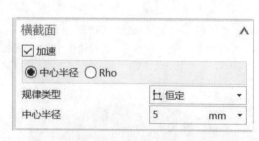
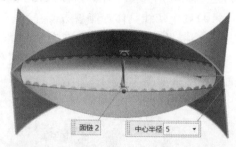

图 5.4.122　规律类型为恒定的参数信息　图 5.4.123　规律类型为恒定的结果预览

②线性即横截面中心半径在各位置参数设定按照线性规律变化,详细参数输入结果如图 5.4.124 所示,生成圆角曲面预览结果如图 5.4.125 所示。

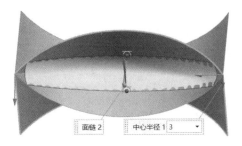

图 5.4.124　规律类型为线性的参数信息　　　图 5.4.125　规律类型为线性的结果预览

③三次即横截面中心半径在各位置参数设定按照三次规律变化,详细参数输入结果如图 5.4.126 所示,生成圆角曲面预览结果如图 5.4.127 所示。

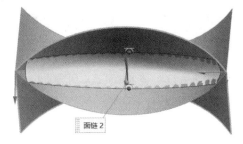

图 5.4.126　规律类型为三次的参数信息　　　图 5.4.127　规律类型为三次的结果预览

此处"规律类型"选择恒定方式,中心半径为 5 mm,进行下一步。

(13)设定约束。在"美学面倒圆"对话框"约束"区域"面链 1"下拉列表,系统提供了 4 种方式,分别为 G0(位置)、G1(相切)、G2(曲率)和 G3(流);"面链 2"下拉列表,系统提供了 4 种方式用于定义圆角面和面链 1 及面链 2 的约束关系,分别为 G0(位置)、G1(相切)、G2(曲率)和 G3(流)。设置面链 1 和面链 2 分别为 G0(位置)、G1(相切)、G2(曲率)和 G3(流)。倒圆结果如图 5.4.128、图 5.4.129、图 5.4.130、图 5.4.131 所示。

图 5.4.128　G0(位置)倒圆结果

图 5.4.129　G1(相切)倒圆结果

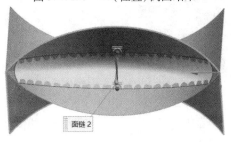

图 5.4.130　G2(曲率)倒圆结果

图 5.4.131　G3(流)倒圆结果

此处选择 G1(相切)进行下一步。

(14)设定修剪并完成倒圆。在"美学面倒圆"对话框"修剪选项"区域"圆角面"下拉列表,系统提供了 4 种方式,分别为修剪至所有输入面、修剪至短输入面、修剪至长输入面和不修剪圆角面。此处选择修剪至所有输入面。不勾选"修剪输入面至圆角面"复选框并点击"确定"按钮,结果如图 5.4.132 所示;勾选"修剪输入面至圆角面"复选框并点击"确定"按钮,结果如图 5.4.133 所示。

图 5.4.132　不勾选复选框倒圆结果　　　　图 5.4.133　勾选复选框倒圆结果

5.4.5　桥接

"桥接"即在两个曲面之间创建新的连接曲面,新曲面与原曲面连续性可控。在建模环境下命令调取路径:"插入"|"细节特征"|"桥接"。

"桥接"案例展示如下。

(1)打开文件。光盘:\案例文件\Ch05\ Ch05.04\8. prt,如图 5.4.134 所示。

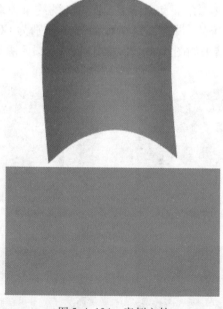

图 5.4.134　案例文件

(2)调取"桥接"命令:"插入"|"细节特征"|"桥接"。图标为 桥接(B)…,弹出"桥接曲面"对话框,如图 5.4.135 所示。

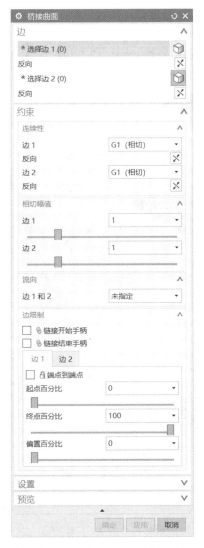

图 5.4.135 "桥接曲面"对话框

（3）选择边 1。在"边"区域"选择边 1"处用鼠标左键选择案例文件中"边 1"，如图 5.4.136 所示。

（4）调整"边 1"矢量方向。通过点击"边"区域"选择边 1"下方的"反向"图标，图标为 ⊠，调整边 1 的矢量方向。

（5）选择边 2。在"边"区域"选择边 2"处用鼠标左键选择案例文件中"边 2"，如图 5.4.136 所示。

（6）调整"边 2"矢量方向。通过点击"边"区域"选择边 2"下方的"反向"图标，图标为 ⊠，调整边 2 的矢量方向。调整前边 2 矢量方向如图 5.4.137 所示；调整后边 2 矢量方向如图 5.4.138 所示。由图可知，通过调整"边 1"和"边 2"的矢量方向，可以调整生成桥接面的形状。

（7）设置连续性。在"约束"区域可以对新生成曲面连续性进行约束，"边 1"下拉列表提系统提供了 3 种连续性,分别为 G0(位置)、G1(相切)和 G2(曲率)。同理,"边 2"下拉列表提系统提供了 3 种连续性,分别为 G0(位置)、G1(相切)和 G2(曲率)。

①"边 1"下拉列表选择 G0(位置),"边 2"下拉列表选择 G0(位置),生成桥接曲面预览如图 5.4.139 所示。

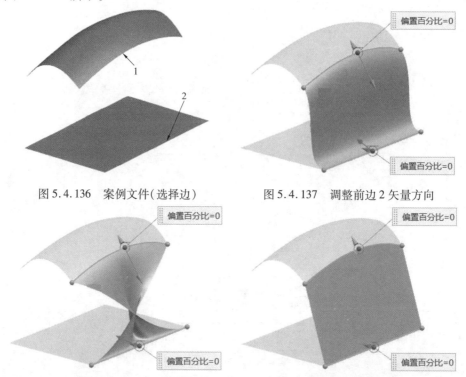

图 5.4.136　案例文件(选择边)　　　　　图 5.4.137　调整前边 2 矢量方向

图 5.4.138　调整后边 2 矢量方向　　　　　图 5.4.139　G0(位置)生成结果

②"边 1"下拉列表选择 G1(相切),"边 2"下拉列表选择 G1(相切),生成桥接曲面预览如图 5.4.140 所示。

③"边 1"下拉列表选择 G2(曲率),"边 2"下拉列表选择 G2(曲率),生成桥接曲面预览如图 5.4.141 所示。

此处"边 1"选择 G1(相切),"边 2"选择 G1(相切),进行下一步。

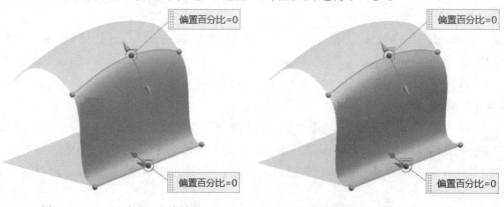

图 5.4.140　G1(相切)生成结果　　　　　图 5.4.141　G2(曲率)生成结果

（8）调整相切方向。通过点击"约束"区域"边1"下拉列表下方的"反向"图标,图标为 ✕ ,调整生成桥接曲面在边1处与原曲面的相切方向。调整前如图5.4.142所示;调整后如图5.4.143所示。

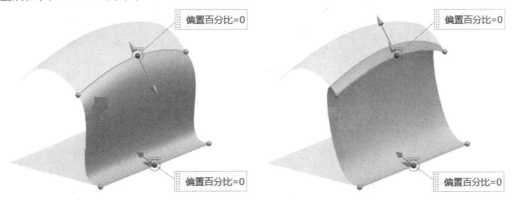

图5.4.142　调整在边1处相切方向前结果　　　图5.4.143　调整在边1处相切方向后结果

（9）调整相切方向。通过点击"约束"区域"边2"下拉列表下方的"反向"图标,图标为 ✕ ,调整生成桥接曲面在边2处与原曲面的相切方向,调整前如图5.4.144所示;调整后如图5.4.145所示。

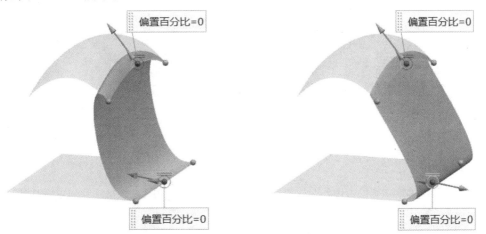

图5.4.144　调整在边2处相切方向前结果　　　图5.4.145　调整在边2处相切方向后结果

此处以图5.4.142所示相切方向进行下一步操作。

（10）调整相切幅值。如图5.4.135所示,在"约束"区域"相切幅值","边1"输入栏分别输入相切幅值0.5和3,生成桥接曲面预览如图5.4.146、图5.4.147所示。

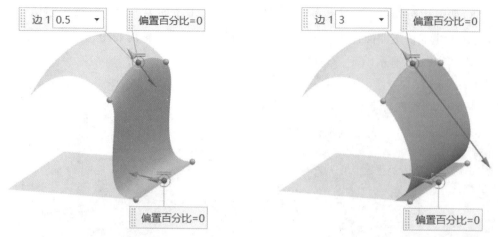

图 5.4.146　边 1 相切幅值为 0.5 的生成结果　　　图 5.4.147　边 1 相切幅值为 3 的生成结果

如图 5.4.135 所示,在"约束"区域"相切幅值""边 1"输入栏输入相切幅值 1,"边 2"输入栏分别输入相切幅值 0.5 和 3,生成桥接曲面预览如图 5.4.148、图 5.4.149 所示。

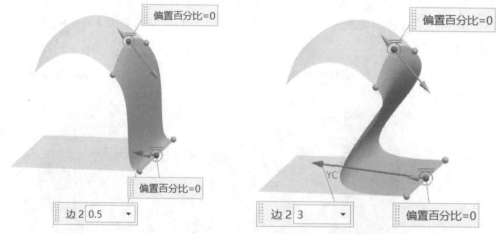

图 5.4.148　边 2 相切幅值为 0.5 的生成结果　　　图 5.4.149　边 2 相切幅值为 3 的生成结果

通过调整"边 1"和"边 2"的相切幅值,调整桥接面的形状。设定"边 1 相切幅值"为 1,"边 2 相切幅值"为 1,进行下一步操作。

(11)调整边限制。如图 5.4.135 所示,在"约束"区域"边限制",通过设定"边 1"的"起点百分比"和"终点百分比"可以设置生成曲面与"边 1"两端点之间的距离;同理,通过设定"边 2"的"起点百分比"和"终点百分比"可以设置生成曲面与"边 2"两端点之间的距离。

对话框局部截图如图 5.4.150 所示。"边 1"的"起点百分比"设置为 0,"终点百分比"设置为 60;"边 2"的"起点百分比"设置为 0,"终点百分比"设置为 80,生成桥接曲面预览如图 5.4.151 所示。

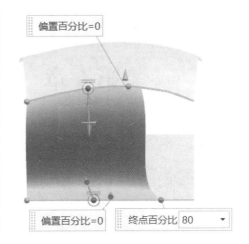

图 5.4.150 "边限制"参数设置 图 5.4.151 边限制设置生成结果预览

此处"边 1"的"起点百分比"设置为 0,"终点百分比"设置为 100;"边 2"的"起点百分比"设置为 0,"终点百分比"设置为 100,进行下一步操作。

(12)调整边限制。如图 5.4.135 所示,在"约束"区域"边限制"处,通过设定"偏置百分比"可以设置生成桥接曲面与圆曲面的相切位置。

"边 1"的"偏置百分比"设置为 30,"边 2"的"偏置百分比"设置为 20,生成桥接曲面预览结果如图 5.4.152 所示。

"边 1"的"偏置百分比"设置为 0,"边 2"的"偏置百分比"设置为 0,进行下一步操作。

(13)点击"确定"按钮,完成桥接曲面创建,结果如图 5.4.153 所示。

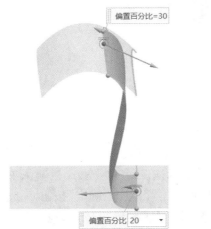

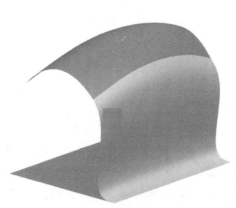

图 5.4.152 "偏置百分比"设置生成结果预览 图 5.4.153 生成桥接曲面结果

第6章 案例实训

6.1 实例训练一

通过实例实训,可以培养设计思路,同时熟悉 UG UX 10.0 中各项功能使用方法,以图6.1.1案例文件为例,设计过程如下。

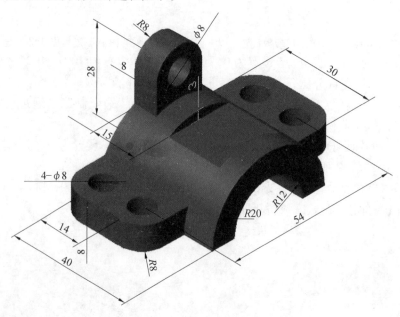

图 6.1.1 案例文件(mm)

(1)打开 UG NX 10.0 软件,进入 UG 设计界面。

(2)新建一个模型文件。命令调取路径:"文件"I"新建",弹出"新建"对话框如图 6.1.2所示。在"新建"对话框中,单位设置为毫米;在"名称"输入栏输入文件名称 "model-1";在"文件夹"输入栏设置好新建文件存放位置,点击"确定"按钮,完成新建。

(3)显示 WCS 坐标系。命令调取路径:"格式"I"WCS"I"显示",通过点击"显示" 可以切换 WCS 坐标系在绘图区的显示和隐藏;也可以通过快捷键,即点击键盘上的"W" 字母键,对 WCS 坐标系的显示和隐藏进行切换。

(4)生成一个长为70 mm、宽为30 mm、高为8 mm 的长方体。命令调取路径:"插入"I "设计特征"I"长方体",弹出"块"对话框,在"类型"区域选择原点和边长;在"原点"选择 坐标原点;在"尺寸"区域长度输入70,宽度输入30,高度输入8,如图 6.1.3 所示。点击 "确定"按钮,生成长方体如图 6.1.4 所示。

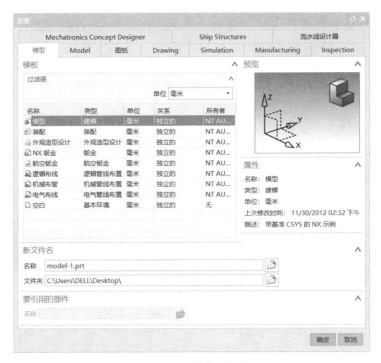

图 6.1.2 "新建"对话框

图 6.1.3 "块"对话框

图 6.1.4 生成长方体

(5)移动长方体。命令调取路径:"编辑"|"移动对象",弹出"移动对象"对话框,如图 6.1.5 所示。在"选择对象"选取长方体实体;在"运动"下拉列表选择距离;在"指定矢量"下拉列表选择 XC 轴;在"距离"输入栏输入-35;在"结果"复选框勾选"移动原先的"。点击"确定"按钮,结果如图 6.1.6 所示。

图 6.1.5　"移动对象"对话框　　　图 6.1.6　移动后长方体

（6）生成直径和高度均为 40 mm 的圆柱体。命令调取路径："插入"|"设计特征"|
"圆柱体"，弹出"圆柱"对话框，如图 6.1.7 所示。在"类型"下拉列表选择轴、直径和高
度；在"指定矢量"下拉列表选择 YC 轴；在"指定点"选择坐标原点；在"直径"输入栏输入
40；在"高度"输入栏输入 40；在"布尔"下拉列表选择无。即生成一个底面圆心在坐标原
点、直径高度都为 40 mm、高度方向沿着 YC 轴方向的圆柱体。点击"确定"按钮，生成结
果如图 6.1.8 所示。

图 6.1.7　"圆柱"对话框　　　图 6.1.8　生成直径和高度均为 40 mm 的圆柱体

（7）生成直径 24 mm、高度 50 mm 的圆柱体。命令调取路径："插入"|"设计特征"|
"圆柱体"，弹出"圆柱"对话框，如图 6.1.9 所示。在"类型"下拉列表选择轴、直径和高
度；在"指定矢量"下拉列表选择 YC 轴；在"指定点"选择坐标原点。在"直径"输入栏输
入 24；在"高度"输入栏输入 50 mm；在"布尔"下拉列表选择无。即生成一个底面圆心在

坐标原点、直径 24 mm、高度 50 mm、高度方向沿着 YC 轴方向的圆柱体。点击"确定"按钮,生成结果如图 6.1.10 所示。

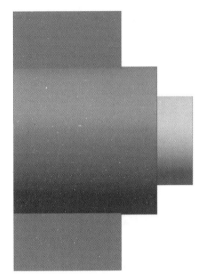

图 6.1.9 "圆柱"对话框　　　图 6.1.10 生成直径 24 mm、高度 50 mm 的圆柱体

(8)布尔操作。命令调取路径:"插入"|"组合"|"减去",弹出"求差"对话框,如图 6.1.11 所示。在"目标"区域"选择体"选择直径 40 mm 的圆柱体;在"工具"区域的"选择体"选择直径 24 mm 的圆柱体,点击"确定"按钮,结果如图 6.1.12 所示。

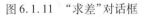

图 6.1.11 "求差"对话框　　　图 6.1.12 布尔操作结果(求差)

(9)修剪多余实体。命令调取路径:"插入"|"修剪"|"修剪体",弹出"修剪体"对话框,如图 6.1.13 所示。在"目标"区域"选择体"选择直径 40 mm 的圆柱体;在"工具"区域"指定平面"下拉列表选择 XC-YC 平面,通过调整"指定平面"下方的反向图标,图标为 ,调整修剪方向,生成结果如图 6.1.14 所示。

图 6.1.13 "修剪体"对话框 　　　　　图 6.1.14 修剪多余实体结果

（10）布尔操作。命令调取路径："插入"|"组合"|"合并"，弹出"合并"对话框，如图 6.1.15 所示。在"目标"区域"选择体"选择直径 40 mm 的半圆柱体；在"工具"区域的"选择体"选择长方体，点击"确定"按钮，合并结果如图 6.1.16 所示。

图 6.1.15 "合并"对话框 　　　　　图 6.1.16 布尔操作结果(合并)

（11）替换面操作。命令调取路径："插入"|"同步建模"|"替换面"，弹出"替换面"对话框，如图 6.1.17 所示。在"要替换的面"区域"选择面"选择圆环体型腔内靠近圆环内表面的平面；在"替换面"区域的"选择面"选择与 XC-YC 面重合的实体平面，点击"确定"按钮，替换结果如图 6.1.18 所示。

图 6.1.17 "替换面"对话框　　　　图 6.1.18 替换面后结果

(12)倒圆角。命令调取路径:"插入"|"细节特征"|"边倒圆",弹出"边倒圆"对话框,如图6.1.19所示。在"要倒圆的边"区域"选择边"选择圆环两侧平面体区域四条竖直短边;在"形状"区域下拉列表选择圆形;在"半径1"输入栏输入8,点击"确定"按钮,结果如图6.1.20所示。

图 6.1.19 "边倒圆"对话框　　　　图 6.1.20 边倒圆结果

(13)生成圆孔。命令调取路径:"插入"|"设计特征"|"圆孔",弹出"孔"对话框,如图6.1.21所示。在"类型"下拉列表选择常规孔,指定打孔平面及所生成孔的圆心,最终选择如图6.1.22所示;在"形状"下拉列表选择简单孔;在"直径"输入栏输入8;在"深度"输入栏输入10,点击"确定"按钮,打孔结果如图6.1.23所示。

(14)生成圆孔。命令调取路径:"插入"|"设计特征"|"圆孔",弹出"孔"对话框,如图6.1.21所示。在"类型"下拉列表选择常规孔,按照上述方式打第二个圆孔,结果如图6.1.24所示。

图 6.1.21 "孔"对话框

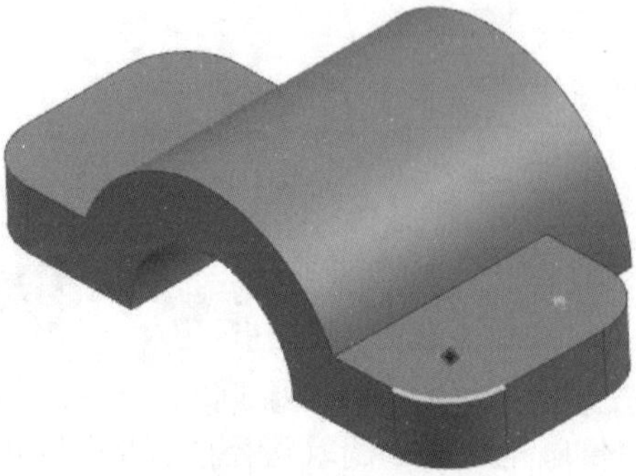

图 6.1.22 指定打孔平面

图 6.1.23 生成第一个圆孔

图 6.1.24 生成第二个圆孔

（15）镜像圆孔。命令调取路径："插入" | "关联复制" | "镜像特征"，弹出"镜像特征对话框"对话框，如图 6.1.25 所示。在"刨"下拉列表选择新平面；在"指定平面"下拉列表选择 YC–ZC 平面，点击"确定"按钮，镜像结果如图 6.1.26 所示。

图 6.1.25 "镜像特征"对话框

图 6.1.26 镜像结果

（16）生成一个长为 16 mm、宽为 8 mm、高为 36 mm 的长方体。命令调取路径："插入"|"设计特征"|"长方体"，弹出"块"对话框。在"类型"区域选择原点和边长；在"原点"区域选择坐标原点；在"尺寸"区域"长度"输入栏输入 16；在"宽度"输入栏输入 8 在"高度"输入栏输入 36，如图 6.1.27 所示。点击"确定"按钮，生成长方体如图 6.1.28 所示。

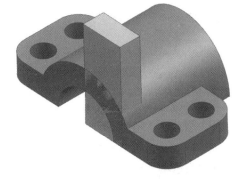

图 6.1.27　"块"对话框　　　　　　　　图 6.1.28　生成长方体结果

（17）移动长方体。命令调取路径："编辑"|"移动对象"，弹出"移动对象"对话框，如图 6.1.29 所示。在"选择对象"选取长方体实体；在变换区域"运动"下拉列表选择"距离"；在"指定矢量"下拉列表选择 XC 轴方向；在"距离"输入栏输入移动距离–8；在"结果"区域复选框勾选"移动原先的"，点击"确定"按钮，结果如图 6.1.30 所示。

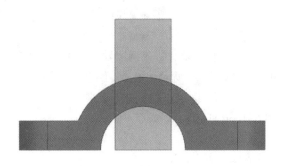

图 6.1.29　"移动对象"对话框　　　　　　图 6.1.30　移动长方体后结果

（18）布尔操作。命令调取路径："插入"|"组合"|"合并"，弹出"合并"对话框，如图 6.1.31 所示。在"目标"区域的"选择体"选择带圆弧面的实体；在"工具"区域的"选择体"选择新生成的长方体，点击"确定"按钮，合并结果如图 6.1.32 所示。

图 6.1.31　"合并"对话框　　　　　　　　图 6.1.32　布尔操作结果（合并）

（19）替换面操作。命令调取路径："插入"|"同步建模"|"替换面"，弹出"替换面"对话框，如图 6.1.33 所示。在"要替换的面"区域"选择面"选择长方体与 XC–YC 平面重合的面；在"替换面"区域"选择面"选择圆弧曲面的内表面，点击"确定"按钮。替换面结果如图 6.1.34 所示。

图 6.1.33　"替换面"对话框　　　　　　　　图 6.1.34　替换面结果

（20）边倒圆。命令调取路径："插入"|"细节特征"|"边倒圆"，弹出"边倒圆"对话框，如图 6.1.35 所示。在"要倒圆的边"区域"选择边"选择图 6.1.34 中顶部矩形面两短边；在"形状"区域下拉列表选择圆形；在"半径 1"输入栏输入 8，点击"确定"按钮，结果如图 6.1.36 所示。

图 6.1.35 "边倒圆"对话框　　　　图 6.1.36 边倒圆结果

(21)生成圆孔。命令调取路径:"插入"│"设计特征"│"圆孔",弹出"孔"对话框,如图 6.1.37 所示。在"类型"区域下拉列表选择"常规孔",指定打孔平面及所生成孔的圆心,选择上一步倒圆角后与 XC-ZC 面重合面上的圆心;在"形状和尺寸"区域"形状"下拉列表选择简单孔;在"直径"输入栏输入 8;在"深度"输入栏输入 10,点击"确定"按钮,打孔结果如图 6.1.38 所示。

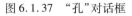

图 6.1.37 "孔"对话框　　　　图 6.1.38 生成圆孔

(22)生成一个方块。命令调取路径:"插入"│"设计特征"│"拉伸",弹出"拉伸"对话框,如图 6.1.39 所示;在"截面"区域"选择曲线"选择实体一条棱边,如图 6.1.40 所示,定义拉伸方向的"指定矢量"下拉列表选择 ZC 轴方向;在"限制"区域"开始距离"输入栏

输入 10;在"结束距离"输入 20;在"偏置"区域"偏置"下拉列表选择两侧;在"开始"距离
输入栏输入-15;在"结束"距离输入栏输入 0,如图 6.1.41 所示。点击"确定"按钮,生成
方块如图 6.1.42 所示。

图 6.1.39 "拉伸"对话框

拉伸边

图 6.1.40 选择拉伸边

图 6.1.41 "偏置"设置

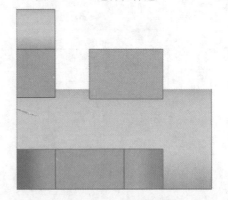

图 6.1.42 生成方块

(23)偏置面。命令调取路径:"插入"|"同步建模"|"偏置区域",弹出"偏置区域"对
话框,如图 6.1.43 所示;在"面"区域"选择面",鼠标左键选择方块与 XC 轴垂直的靠近坐
标原点的平面;在"距离"输入栏输入 50,点击"确定"按钮,偏置面结果如图 6.1.44 所示。

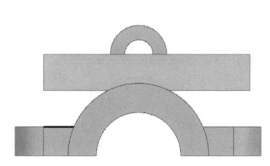

图 6.1.43　"偏置区域"对话框　　　　图 6.1.44　偏置面结果

（24）布尔操作。命令调取路径："插入"|"组合"|"减去"，弹出"求差"对话框,如图 6.1.45 所示。在"目标"区域"选择体"，选择圆环实体;在"工具"区域"选择体"选择偏置面后的方块,点击"确定"按钮,结果如图 6.1.46 所示,完成设计。

案例文件存储位置:

光盘:\案例文件\Ch06\ Ch06.01\1. prt

图 6.1.45　"求差"对话框　　　　图 6.1.46　布尔操作结果（求差）

6.2　实例训练二

如图 6.2.1 案例文件为例,设计过程如下。

（1）打开 UG NX 10.0 软件,进入 UG 设计界面。

（2）新建一个模型文件。命令调取路径："文件"|"新建",弹出"新建"对话框如图 6.2.2所示。在"新建"对话框中,单位设置为毫米;在"名称"输入栏输入文件名称"model-2";

在"文件夹"输入栏设置好新建文件存放位置,点击"确定"按钮,完成新建。

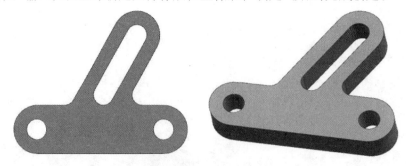

图 6.2.1　案例文件

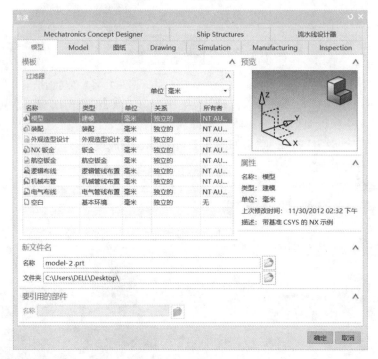

图 6.2.2　"新建"对话框

（3）显示 WCS 坐标系。命令调取路径:"格式"|"WCS"|"显示",通过点击"显示",可以切换 WCS 坐标系在绘图区的显示和隐藏;也可以通过快捷键,即点击键盘上的"W"字母键,对 WCS 坐标系的显示和隐藏进行切换。

（4）设置草图参数。命令调取路径:"首选项"|"草图",弹出"草图首选项"对话框,如图 6.2.3 所示。在"草图设置"界面"尺寸标签"下拉列表中选择值,同时取消勾选"创建自动判断约束"和"连续自动标注尺寸"复选框,如图 6.2.4 所示,点击"确定"按钮,完成设置。

图 6.2.3 "草图首选项"对话框　　　　图 6.2.4 设置后"草图首选项"对话框

(5)进入草图界面。命令调取路径:"插入"|"在任务环境中绘制草图",弹出"创建草图"对话框,如图 6.2.5 所示,在"草图类型"下拉列表选择在平面上,点击"确定"按钮,进入到草图平面。

在"创建草图"对话框中"草图平面"区域"指定平面"下拉列表,设定草图绘制平面;不设置直接点击"确定"按钮,默认进入到 XC-YC 平面。此处便直接进入到 XC-YC 平面,如图 6.2.6 所示。

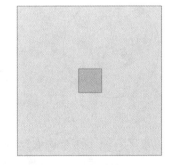

图 6.2.5 "创建草图"对话框　　　　图 6.2.6 进入到草图界面

(6)生成直径为 12 mm 的圆。命令调取路径:"插入"|"曲线"|"圆",弹出"圆"对话框,如图 6.2.7 所示。在跟随鼠标移动的圆点坐标"XC"输入栏输入 0,按回车键确认;在"YC"输入栏输入 0,按回车键确认;在跟随鼠标移动的"直径"输入栏输入 12,按回车键

确认。生成圆如图 6.2.8 所示。

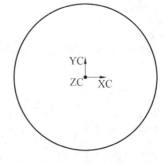

图 6.2.7 "圆"对话框   图 6.2.8 生成直径 12 mm 的圆

（7）生成直径为 12 mm 的圆。命令调取路径："插入"|"曲线"|"圆"，弹出"圆"对话框。在跟随鼠标移动的圆点坐标"XC"输入栏输入 76，按回车键确认；在"YC"输入栏输入 0，按回车键确认；在跟随鼠标移动的"直径"输入栏输入 12，按回车键确认。生成圆如图 6.2.9 所示。

图 6.2.9 生成两个直径 12 mm 的圆

（8）生成直径为 28 mm 的圆。命令调取路径："插入"|"曲线"|"圆"，弹出"圆"对话框。在跟随鼠标移动的圆点坐标"XC"输入栏输入 0，按回车键确认；在"YC"输入栏输入 0，按回车键确认；在跟随鼠标移动的"直径"输入栏输入 28，按回车键确认。生成圆如图 6.2.10 所示。

（9）生成直径为 28 mm 的圆。命令调取路径："插入"|"曲线"|"圆"，弹出"圆"对话框。在跟随鼠标移动的圆点坐标"XC"输入栏输入 76，按回车键确认；在"YC"输入栏输入 0，按回车键确认；在跟随鼠标移动的"直径"输入栏输入 28，按回车键确认。生成圆如图 6.2.10 所示。

图 6.2.10 生成两个直径 28 mm 的圆

（10）生成水平直线。命令调取路径："插入"|"曲线"|"直线"，弹出"直线"对话框，沿水平方向随意生成两条直线，如图 6.2.11 所示。

（11）添加固定约束。命令调取路径："插入"|"几何约束"，弹出"几何约束"对话框，如图 6.2.12 所示。选择完全固定，图标为 ，鼠标左键依次选择四个圆，则此四个圆的位置便被完全固定，鼠标拖动时不会发生移动，如图 6.2.13 所示，圆心处新增了固定标识。

图 6.2.11　生成两条水平直线

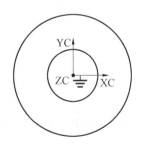

图 6.2.12　"几何约束"对话框　　图 6.2.13　添加完全固定约束

(12)添加相切约束。命令调取路径:"插入"|"几何约束",弹出"几何约束"对话框,如图 6.2.12 所示,选择相切,图标为 。鼠标左键选择位于 YC 轴正向的直线,点击鼠标中键确认,鼠标左键选择直径为 28 mm 的圆,则完成直线和圆的相切约束添加。同理,鼠标左键再次选择位于 YC 轴负向的直线,点击鼠标中键确认,鼠标中键选择直径为 28 mm

的圆,则完成另一直线与圆相切约束的添加,如图 6.2.14 所示。

图 6.2.14 添加直线和圆的相切约束

(13)快速修剪多余曲线。命令调取路径:"编辑"|"曲线"|"快速修剪",弹出"快速修剪"对话框,如图 6.2.15 所示。鼠标左键选择要修剪的曲线,选中的曲线会被修剪到第一个边界处,修剪后结果如图 6.2.16 所示。

图 6.2.15 "快速修剪"对话框   图 6.2.16 快速修剪后结果

(14)生成点。命令调取路径:"插入"|"基准/点"|"点",弹出"草图点"对话框,如图 6.2.17 所示;点击"点构造器",图标为 ⊥ ,弹出"点"对话框,如图 6.2.18 所示。在"类型"区域下拉列表选择自动判断的点;在"输出坐标"区域 X 输入 40,Y 输入 20,Z 输入 0,点击"确定"按钮。生成点如图 6.2.19 所示。

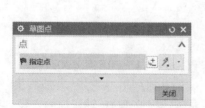

图 6.2.17 "草图点"对话框   图 6.2.18 "点"对话框

(15)生成直线。命令调取路径:"插入"|"曲线"|"直线",鼠标左键选择上步生成的点为直线起点,在跟随鼠标移动的"长度"输入栏输入 40,按回车键确认;在"角度"输入

图 6.2.19　生成点

栏输入 60,按回车键确认。生成直线如图 6.2.20 所示。

（16）生成派生直线。命令调取路径:"插入"|"来自曲线集的曲线"|"派生直线",鼠标左键选择上步生成直线,将直线分别向两侧移动 6 mm 和 14 mm,新生成四条直线,如图 6.2.21 所示。

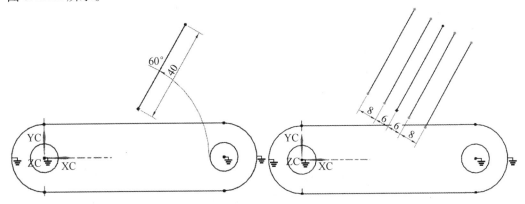

图 6.2.20　生成直线　　　　　　　图 6.2.21　生成四条派生直线

（17）将直线转换为参考线。命令调取路径:"工具"|"约束"|"转换至/自参考对象",弹出"转换至/自参考对象"对话框,如图 6.2.22 所示。鼠标左键选择中间直线,点击"确定"按钮。转换结果如图 6.2.23 所示。

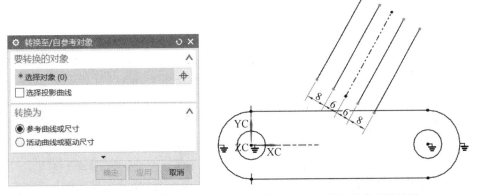

图 6.2.22　"转换至/自参考对象"对话框　　　图 6.2.23　转换为参考线结果

（18）添加固定约束。命令调取路径:"插入"|"几何约束",弹出"几何约束"对话框,选择完全固定,图标为 。鼠标左键依次选择一条参考线和四条派生直线,将其全部固定。

（19）生成三个圆。命令调取路径："插入"|"曲线"|"圆"，弹出"圆"对话框，选择三点画圆的方式，图标为 ○。以参考线向两侧偏移 6 mm 直线端点为圆上的两点，生成两个直径为 12 mm 的圆。以参考线向两侧偏移 14 mm 直线端点为圆上的两点，生成一个直径为 28 mm 的圆。结果如图 6.2.24 所示。

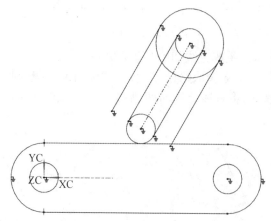

图 6.2.24　生成三个圆

（20）添加固定约束。命令调取路径："插入"|"几何约束"，弹出"几何约束"对话框，选择完全固定，图标为 。鼠标左键依次选择上一步生成的三个圆，将其全部固定。

（21）快速修剪多余曲线。命令调取路径："编辑"|"曲线"|"快速修剪"，弹出"快速修剪"对话框，如图 6.2.25 所示。鼠标左键选择要修剪的曲线，选中的曲线会被修剪到第一个边界处。修剪后结果如图 6.2.26 所示。

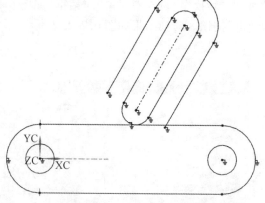

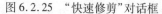

图 6.2.25　"快速修剪"对话框　　　　图 6.2.26　快速修剪后结果

（22）快速延伸曲线。命令调取路径："编辑"|"曲线"|"快速延伸"，弹出"快速延伸"对话框，如图 6.2.27 所示。鼠标左键选择要延伸的曲线，选中的曲线会被延伸到第一个边界处。延伸后结果如图 6.2.28 所示。

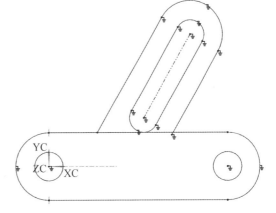

图 6.2.27 "快速延伸"对话框　　　　图 6.2.28 快速延伸后结果

(23)添加固定约束。命令调取路径:"插入"|"几何约束",弹出"几何约束"对话框,选择完全固定,图标为 ⟨ᵘ̣。鼠标左键选择上一步延伸后的直线,将其固定。

(24)生成两个圆。命令调取路径:"插入"|"曲线"|"圆",生成任意位置的两个直径为 12 mm 的圆,并为其标注尺寸。命令调取路径:"插入"|"尺寸"|"径向",标准后结果如图 6.2.29 所示。如果此处不进行直径标注,则后期添加约束时,直径可能会发生变化。

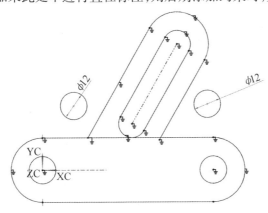

图 6.2.29 生成两个圆

(25)添加相切约束。命令调取路径:"插入"|"几何约束",弹出"几何约束"对话框,选择相切,图标为 ⟨,将上一步生成的两圆与相邻两直线之间添加相切约束,结果如图6.2.30 所示。

(26)快速修剪多余曲线。命令调取路径:"编辑"|"曲线"|"快速修剪",鼠标左键选择要修剪的曲线,选中的曲线会被修剪到第一个边界处。快速修剪后结果如图 6.2.31所示。

(27)退出草图界面。命令调取路径:"任务"|"完成草图",或直接点击"完成草图"图标,图标为 🏁 完成草图,进入到建模界面。

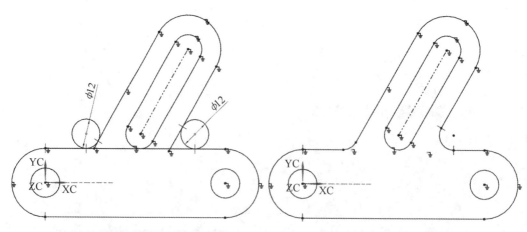

图 6.2.30 添加相切约束 图 6.2.31 快速修剪后结果

（28）拉伸生成实体。命令调取路径："插入"|"设计特征"|"拉伸"，弹出"拉伸"对话框，如图 6.2.32 所示。在"截面"区域"选择曲线"选择草图模块中生成的曲线，不包括参考线，拉伸方向设置为 ZC 轴方向；在"开始距离"输入栏输入−10；在"结束距离"输入栏输入 10，点击"确定"按钮。拉伸结果如图 6.2.33 所示。

图 6.2.32 "拉伸"对话框

图 6.2.33 拉伸后结果

案例文件存储位置：

光盘:\案例文件\Ch06\ Ch06.02\1.prt

6.3 实例训练三

图 6.3.1 为案例文件三维实体结构,图 6.3.2 为平面尺寸图,其设计过程如下。

图 6.3.1 案例文件三维实体

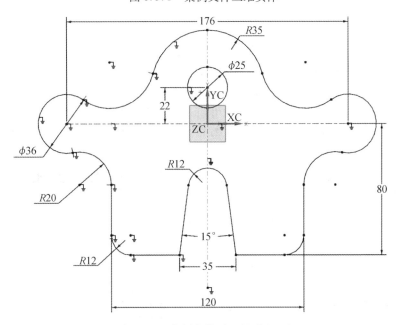

图 6.3.2 案例文件平面尺寸(mm)

(1)打开 UG NX 10.0 软件,进入 UG 设计界面。

(2)新建一个模型文件。命令调取路径:"文件"|"新建",弹出"新建"对话框,如图 6.3.3 所示。在"新建"对话框中,单位设置为毫米;在"名称"输入栏输入文件名称 "model-3";在"文件夹"输入栏设置好新建文件存放位置,点击"确定"按钮,完成新建。

(3)显示 WCS 坐标系。命令调取路径:"格式"|"WCS"|"显示",通过点击"显示" 可以切换 WCS 坐标系在绘图区的显示和隐藏;也可以通过快捷键,即点击键盘上的"W"

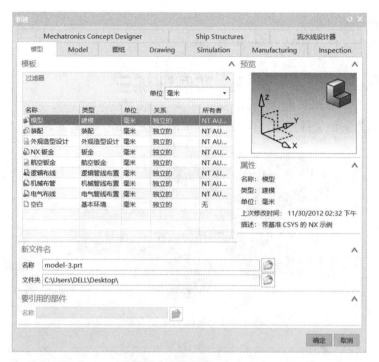

图 6.3.3 "新建"对话框

字母键,对 WCS 坐标系的显示和隐藏进行切换。

(4)设置草图参数。命令调取路径:"首选项"|"草图",弹出"草图首选项"对话框,如图 6.3.4 所示。在"草图设置"界面"尺寸标签"下拉列表中选择值,同时取消勾选"创建自动判断约束"和"连续自动标注尺寸"复选框,如图 6.3.5 所示,点击"确定"按钮,完成设置。

图 6.3.4 "草图首选项"对话框

图 6.3.5 设置后"草图首选项"对话框

(5)进入草图界面。命令调取路径:"插入"|"在任务环境中绘制草图",以 XC-YC 平面作为草图平面,进入草图界面。

(6)生成水平直线。命令调取路径:"插入"|"曲线"|"直线"。在跟随鼠标移动的"起点坐标 XC"输入栏输入-88,按回车键确认;在"起点坐标 YC"输入栏输入 0,按回车键确认;在跟随鼠标移动的"长度"输入栏输入 176,按回车键确认;在"角度"输入栏输入 0,按回车键确认。生成水平直线如图 6.3.6 所示。

(7)生成竖直直线。命令调取路径:"插入"|"曲线"|"直线"。在跟随鼠标移动的"起点坐标 XC"输入栏输入 0,按回车键确认;在"起点坐标 YC"输入栏输入-100,按回车键确认;在跟随鼠标移动的"长度"输入栏输入 200,按回车键确认;在"角度"输入栏输入 90,按回车键确认。生成竖直直线如图 6.3.7 所示。

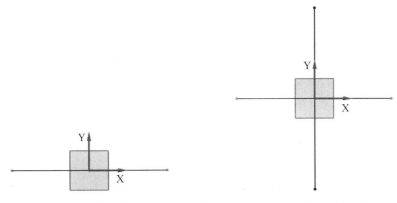

图 6.3.6　生成水平直线　　　　　　图 6.3.7　生成竖直直线

(8)将直线转换为参考线。命令调取路径:"工具"|"约束"|"转换至/自参考对象",弹出"转换至/自参考对象"对话框,如图 6.3.8 所示,鼠标左键选择两条直线,点击"确定"按钮;转换结果如图 6.3.9 所示。

图 6.3.8　"转换至/自参考对象"对话框　　　图 6.3.9　转换为参考线结果

(9)生成直径为 36 mm 的圆。命令调取路径:"插入"|"曲线"|"圆",弹出"圆"对话框。在跟随鼠标移动的圆点坐标"XC"输入栏输入-88,按回车键确认;在"YC"输入栏输入 0,按回车键确认;在跟随鼠标移动的"直径"输入栏输入 36,按回车键确认。生成圆如图 6.3.10 所示。

（10）生成直径为 25 mm 的圆。命令调取路径："插入"|"曲线"|"圆"，弹出"圆"对话框。在跟随鼠标移动的圆点坐标"XC"输入栏输入 0，按回车键确认；在"YC"输入栏输入 22，按回车键确认；在跟随鼠标移动的"直径"输入栏输入 25，按回车键确认。生成圆如图 6.3.11 所示。

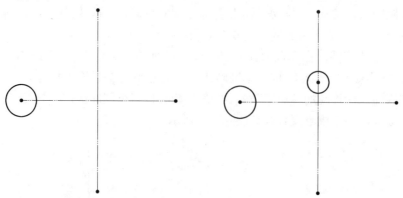

图 6.3.10　生成直径 36 mm 的圆　　　图 6.3.11　生成直径 25 mm 的圆

（11）生成直径 70 mm 的圆。命令调取路径："插入"|"曲线"|"圆"，弹出"圆"对话框。在跟随鼠标移动的圆点坐标"XC"输入栏输入 0，按回车键确认；在"YC"输入栏输入 22，按回车键确认；在跟随鼠标移动的"直径"输入栏输入 70，按回车键确认。生成圆如图 6.3.12 所示。

（12）生成水平直线。命令调取路径："插入"|"曲线"|"直线"。在跟随鼠标移动的"起点坐标 XC"输入栏输入 -17.5，按回车键确认；"起点坐标 YC"输入栏输入 -80，按回车键确认；在跟随鼠标移动的"长度"输入栏输入 42.5，按回车键确认；在"角度"输入栏输入 180，按回车键确认。生成水平直线如图 6.3.13 所示。

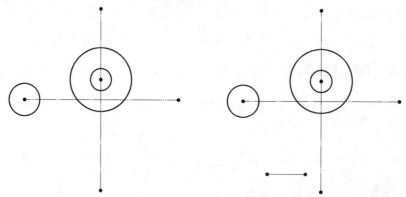

图 6.3.12　生成直径 70 mm 的圆　　　图 6.3.13　生成水平直线

（13）生成倾斜直线一。命令调取路径："插入"|"曲线"|"直线"。在跟随鼠标移动的"起点坐标 XC"输入栏。输入 -17.5，按回车键确认在"起点坐标 YC"输入栏输入 -80，按回车键确认；在跟随鼠标移动的"长度"输入栏输入 70，按回车键确认；在"角度"输入栏输入 82.5，按回车键确认。生成倾斜直线如图 6.3.14 所示。

（14）生成倾斜直线二。命令调取路径："插入"|"曲线"|"直线"。在跟随鼠标移动

的"起点坐标 XC"输入栏输入 17.5,按回车键确认;在"起点坐标 YC"输入栏输入−80,按回车键确认;在跟随鼠标移动的"长度"输入栏输入 70,按回车键确认;在"角度"输入栏输入 97.5,按回车键确认。生成倾斜直线如图 6.3.15 所示。

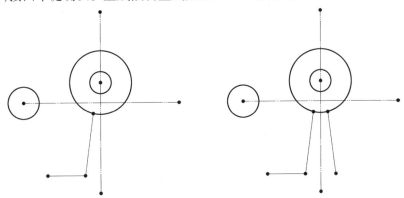

图 6.3.14　生成倾斜直线一　　　　图 6.3.15　生成倾斜直线二

（15）生成竖直直线。命令调取路径:"插入"|"曲线"|"直线"。在跟随鼠标移动的"起点坐标 XC"输入栏输入−60,按回车键确认;在"起点坐标 YC"输入栏输入−80,按回车键确认;在跟随鼠标移动的"长度"输入栏输入 80,按回车键确认;在"角度"输入栏输入 90,按回车键确认。生成竖直直线如图 6.3.16 所示。

（16）添加完全固定约束。命令调取路径:"插入"|"几何约束",弹出"几何约束"对话框,选择完全固定,图标为 ⌐。鼠标左键框选所有曲线,将其完全固定,结果如图 6.3.17 所示。

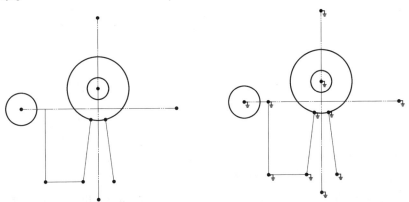

图 6.3.16　生成竖直直线　　　　图 6.3.17　添加完全固定约束

（17）生成三个圆,直径不限,位置不限。命令调取路径:"插入"|"曲线"|"圆",位置可以在任意位置,结果如图 6.3.18 所示。

（18）为三个圆重新限定直径,进行尺寸标注。命令调取路径:"插入"|"尺寸"|"径向",直径分别标注为 56 mm、40 mm、24 mm,结果如图 6.3.19 所示,即三个圆的大小不会再发生变化。

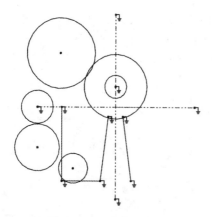

图 6.3.18　生成三个圆　　　　图 6.3.19　为三个圆标注尺寸

（19）为直径 56 mm 的圆添加相切约束。命令调取路径："插入"|"几何约束"，弹出"几何约束"对话框，选择相切，图标为 ⟂，分别为直径 56 mm 的圆与相邻两圆添加相切约束，结果如图 6.3.20 所示。

（20）为直径 40 mm 的圆添加相切约束。命令调取路径："插入"|"几何约束"，弹出"几何约束"对话框，选择相切，图标为 ⟂，分别为直径 40 mm 的圆与相邻圆及相邻直线添加相切约束，结果如图 6.3.21 所示。

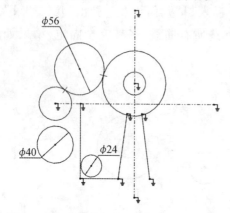 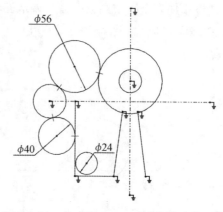

图 6.3.20　为直径 56 mm 的圆添加相切约束　　图 6.3.21　为直径 40 mm 的圆添加相切约束

（21）为直径 24 mm 的圆添加相切约束。命令调取路径："插入"|"几何约束"，弹出"几何约束"对话框，选择相切，图标为 ⟂，分别为直径 24 mm 的圆与相邻两直线添加相切约束，结果如图 6.3.22 所示。

（22）生成一个任意直径的圆，位置不限。命令调取路径："插入"|"曲线"|"圆"，位置可以在任意位置，结果如图 6.3.23 所示。

（23）为上一步生成的圆重新限定直径，进行尺寸标注。命令调取路径："插入"|"尺寸"|"径向"，直径标注 24 mm，结果如图 6.3.24 所示，即圆的大小不会再发生变化。

（24）为直径 24 mm 的圆添加相切约束。命令调取路径："插入"|"几何约束"，弹出"几何约束"对话框，选择相切，图标为 ⟂，分别为直径 24 mm 的圆与相邻两直线添加相

切约束,结果如图 6.3.25 所示。

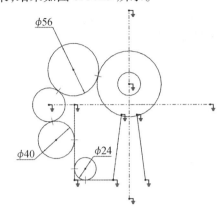

图 6.3.22 为直径 24 mm 的圆添加相切约束

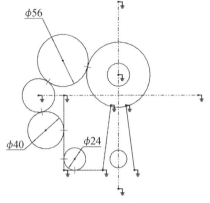

图 6.3.23 生成任意直径的圆

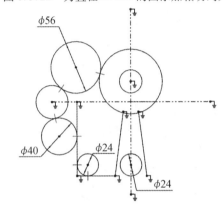

图 6.3.24 设定圆的直径为 24 mm

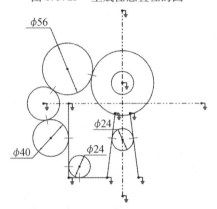

图 6.3.25 为直径 24 mm 的圆添加相切约束

(25)快速修剪多余曲线一。命令调取路径:"编辑"|"曲线"|"快速修剪",弹出"快速修剪"对话框,如图 6.3.26 所示。鼠标左键选择要修剪的曲线,选中的曲线会被修剪到第一个边界处。修剪后结果如图 6.3.27 所示。

图 6.3.26 "快速修剪"对话框一

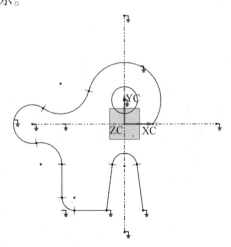

图 6.3.27 快速修剪结果一

(26)快速修剪多余曲线二。命令调取路径："编辑"|"曲线"|"快速修剪"，弹出"快速修剪"对话框，如图 6.3.28 所示。鼠标左键选择要修剪的曲线，选中的曲线会被修剪到第一个边界处，修剪后结果如图 6.3.29 所示，将竖直参考线右侧的全部修剪掉。

图 6.3.28　"快速修剪"对话框二

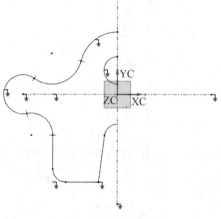

图 6.3.29　快速修剪结果二

(27)镜像曲线。命令调取路径："编辑"|"变换"，弹出"变换"对话框，如图 6.3.30 所示；选择要变换的曲线，鼠标左键选择参考线以外的所有曲线，点击"确定"按钮，弹出"变换"类型选择对话框，如图 6.3.31 所示；选择通过一直线镜像，弹出"变换"直线定义对话框，如图 6.3.32 所示；选择现有的直线，弹出"变换"直线选择对话框，如图 6.3.33 所示；鼠标左键选择竖直参考线，弹出"变换"结果选择对话框，如图 6.3.34 所示；选择复制，完成曲线镜像，结果如图 6.3.35 所示。

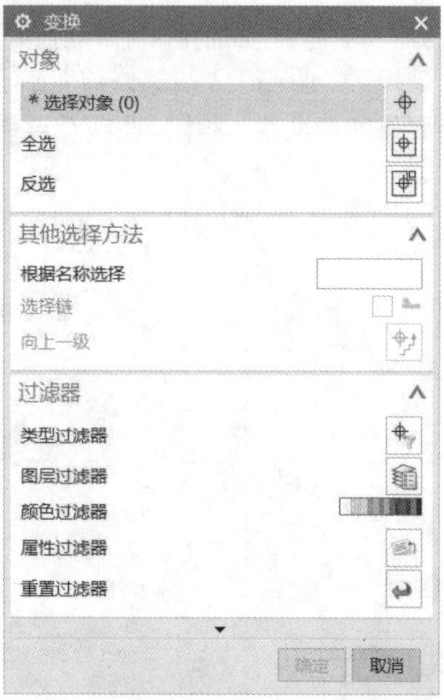

图 6.3.30　"变换"对话框

图 6.3.31　"变换"类型选择对话框

图 6.3.32 "变换"直线定义对话框　　图 6.3.33 "变换"直线选择对话框

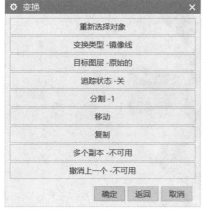

图 6.3.34 "变换"结果选择对话框　　　图 6.3.35 镜像结果

(28)退出草图界面。命令调取路径:"任务"|"完成草图",或直接点击"完成草图"图标,图标为 ![](）完成草图,进入建模界面。

(29)拉伸生成实体。命令调取路径:"插入"|"设计特征"|"拉伸",弹出"拉伸"对话框,如图 6.3.36 所示。在"截面"区域"选择曲线"选择草图模块中生成的曲线,不包括参考线;拉伸方向设置为 ZC 轴方向;在"开始距离"输入栏输入−10;在"结束距离"输入栏输入 10,点击"确定"按钮。拉伸结果如图 6.3.37 所示。

图 6.3.36 "拉伸"对话框

图 6.3.37 拉伸结果

案例文件存储位置:

光盘:\案例文件\Ch06\ Ch06.03\1.prt

6.4　实例训练四

图 6.4.1 为案例文件三维实体结构,其设计过程如下。

图 6.4.1　案例文件三维实体

(1)打开 UG NX 10.0 软件,进入 UG 设计界面。

(2)新建一个模型文件,命令调取路径:"文件"|"新建",弹出"新建"对话框,如图 6.4.2所示。在"新建"对话框中,单位设置为毫米;在"名称"输入栏输入文件名称"model-4"; 在"文件夹"输入栏设置好新建文件存放位置,点击"确定"按钮,完成新建。

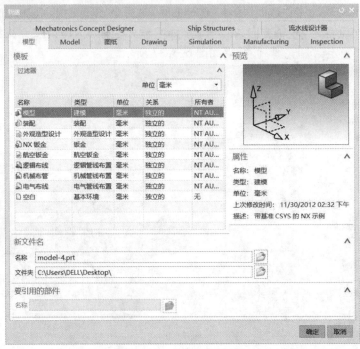

图 6.4.2　"新建"对话框

（3）生成直径为 18 mm、高度为 7 mm 的圆柱体。命令调取路径："插入"｜"设计特征"｜"圆柱体"，弹出"圆柱"对话框，如图 6.4.3 所示。在"类型"区域下拉列表选择"轴、直径和高度"；在"指定矢量"下拉列表选择 ZC 轴；在"指定点"选择坐标原点；在"直径"输入栏输入 18；在"高度"输入栏输入 7；在"布尔"下拉列表选择无，即生成一个底面圆心在坐标原点、直径为 18 mm、高度方向沿着 ZC 轴方向的圆柱体。点击"确定"按钮，生成结果如图 6.4.4 所示。

图 6.4.3　"圆柱"对话框　　　　图 6.4.4　生成圆柱直径 18 mm、高 7 mm 圆柱体

（4）生成直径为 13 mm、高度为 5 mm 的圆柱体。命令调取路径："插入"｜"设计特征"｜"圆柱体"，弹出"圆柱"对话框。在"类型"区域下拉列表选择"轴、直径和高度"在"指定矢量"下拉列表选择 ZC 轴；在"指定点"选择点构造器，图标为，弹出"点"对话框。在"类型"区域下拉列表选择自动判断的点；在坐标输入栏"XC"输入 0；在"YC"输入 0；在"ZC"输入 4.5，如图 6.4.5 所示，点击"确定"按钮，返回到"圆柱"对话框。在"直径"输入栏输入 13；在"高度"输入栏输入 5；在"布尔"下拉列表选择无，即生成一个底面圆心在坐标（0,0,4.5）、直径 13 mm、高度方向沿着 ZC 轴方向的圆柱体。点击"确定"按钮，生成结果如图 6.4.6 所示。

（5）布尔操作。命令调取路径："插入"｜"组合"｜"减去"，弹出"求差"对话框，如图 6.4.7 所示。在"目标"区域"选择体"选择直径 18 mm 的圆柱体；在"工具"区域"选择体"选择直径 13 mm 的圆柱体，点击"确定"按钮，结果如图 6.4.8 所示。

图 6.4.5 "点"对话框

图 6.4.6 生成直径 13 mm、高 5 mm 圆柱体

图 6.4.7 "求差"对话框

图 6.4.8 布尔操作(求差)

(6)抽壳操作。命令调取路径:"插入"|"偏置缩放"|"抽壳",弹出"抽壳"对话框,如图 6.4.9 所示。在"类型"区域下拉列表选择"移除面,然后抽壳";在"要穿透的面"区域下拉列表选择要穿透的面;鼠标左键选择直径操作 18 mm 圆柱体与 XC-YC 平面重合的面;在"厚度"输入栏输入 0.5,点击"确定"按钮。抽壳操作结果如图 6.4.10 所示。

图 6.4.9 "抽壳"对话框   图 6.4.10 抽壳操作结果

(7)生成圆孔。命令调取路径:"插入"|"设计特征"|"圆孔",弹出"孔"对话框,如图 6.4.11 所示。在"类型"区域下拉列表选择常规孔;指定打孔平面及所生成孔的圆心,选择直径 13 mm 圆面的圆心;在"形状"下拉列表选择简单孔;在"直径"输入栏输入 10;在 "深度"输入栏输入 1,点击"确定"按钮。生成圆孔结果如图 6.4.12 所示。

图 6.4.11 "孔"对话框   图 6.4.12 生成圆孔

(8)设置草图参数。命令调取路径:"首选项"|"草图",弹出"草图首选项"对话框,如图 6.4.13 所示。在"草图设置"界面"尺寸标签"下拉列表中选择值,同时取消勾选"创建自动判断约束"和"连续自动标注尺寸"复选框,如图 6.4.14 所示,点击"确定"按钮,完成设置。

(9)进入草图界面。命令调取路径:"插入"|"在任务环境中绘制草图",以 XC-YC 平面为草图平面进入到草图环境。

图6.4.13 "草图首选项"对话框　　　图6.4.14 设置后"草图首选项"对话框

（10）隐藏实体。命令调取路径："编辑"|"显示和隐藏"|"隐藏"，弹出"类选择"对话框，鼠标左键选择实体文件，点击"确定"按钮，将实体隐藏。

（11）生成直径为18 mm的圆。命令调取路径："插入"|"曲线"|"圆"，弹出"圆"对话框，如图6.4.15所示。在跟随鼠标移动的圆点坐标"XC"输入栏输入0，按回车键确认；在"YC"输入栏输入0，按回车键确认；在跟随鼠标移动的"直径"输入栏输入18，按回车键确认。生成圆如图6.4.16所示。

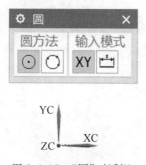

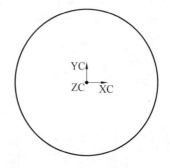

图6.4.15 "圆"对话框　　　图6.4.16 生成直径18 mm的圆

（12）生成直径为22 mm的圆。命令调取路径："插入"|"曲线"|"圆"，弹出"圆"对话框，如图6.4.15所示。在跟随鼠标移动的圆点坐标"XC"输入栏输入0，按回车键确认；在"YC"输入栏输入0，按回车键确认；在跟随鼠标移动的"直径"输入栏输入22，按回车键确认。生成圆如图6.4.17所示。

（13）生成直径为45 mm的圆。命令调取路径："插入"|"曲线"|"圆"，弹出"圆"对话框，如图6.4.15所示。在跟随鼠标移动的圆点坐标"XC"输入栏输入0，按回车键确认；在"YC"输入栏输入0，按回车键确认；在跟随鼠标移动的"直径"输入栏输入45，按回车键确认。如图6.4.18所示。

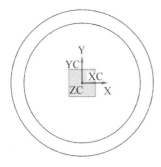 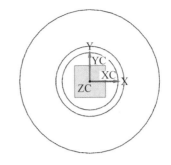

图 6.4.17　生成直径 22 mm 的圆　　　图 6.4.18　生成直径 45 mm 的圆

（14）生成直线一。命令调取路径："插入"｜"曲线"｜"直线"。在跟随鼠标移动的圆点坐标"XC"输入栏输入 0,按回车键确认;在"YC"输入栏输入 0,按回车键确认;在跟随鼠标移动的 "长度"输入栏输入 30,按回车键确认;在"角度"输入栏输入 75,按回车键确认。生成直线如图 6.4.19 所示。

（15）生成直线二。命令调取路径："插入"｜"曲线"｜"直线"。在跟随鼠标移动的圆点坐标"XC"输入栏输入 0,按回车键确认;在"YC"输入栏输入 0,按回车键确认;在跟随鼠标移动的 "长度"输入栏输入 30,按回车键确认;在"角度"输入栏输入 105,按回车键确认。生成直线如图 6.4.20 所示。

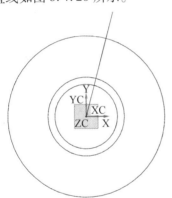 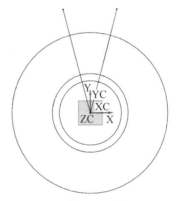

图 6.4.19　生成直线一　　　　　图 6.4.20　生成直线二

（16）生成直线三。命令调取路径："插入"｜"曲线"｜"直线"。在跟随鼠标移动的圆点坐标"XC"输入栏输入 0,按回车键确认;在"YC"输入栏输入 0,按回车键确认;在跟随鼠标移动的 "长度"输入栏输入 15,按回车键确认;在"角度"输入栏输入 60,按回车键确认。生成直线如图 6.4.21 所示。

（17）生成直线四。命令调取路径："插入"｜"曲线"｜"直线"。在跟随鼠标移动的圆点坐标"XC"输入栏输入 0,按回车键确认;在"YC"输入栏输入 0,按回车键确认;在跟随鼠标移动的"长度"输入栏输入 15,按回车键确认;在"角度"输入栏输入 120,按回车键确认。生成直线如图 6.4.22 所示。

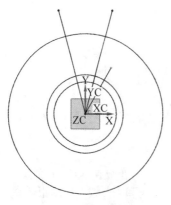

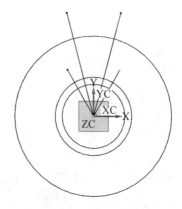

图 6.4.21 生成直线三　　　　　　　图 6.4.22 生成直线四

（18）快速修剪多余曲线。命令调取路径："编辑"｜"曲线"｜"快速修剪"，弹出"快速修剪"对话框，如图 6.4.23 所示。鼠标左键选择要修剪的曲线，选中的曲线会被修剪到第一个边界处。快速修剪结果如图 6.4.24 所示。

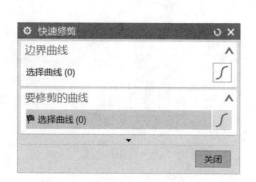

图 6.4.23 "快速修剪"对话框　　　　图 6.4.24 快速修剪结果

（19）退出草图界面。命令调取路径："任务"｜"完成草图"，或直接点击"完成草图"图标，图标为 ![完成草图]，进入到建模界面。

（20）拉伸生成实体。命令调取路径："插入"｜"设计特征"｜"拉伸"，弹出"拉伸"对话框，如图 6.4.25 所示。在"选择曲线"选择草图模块中生成的曲线，拉伸方向设置为 ZC 轴方向；在"开始距离"输入栏输入 0；在"结束距离"输入栏输入 2，点击"确定"按钮。拉伸结果如图 6.4.26 所示。

图 6.4.25 "拉伸"对话框   图 6.4.26 拉伸结果

（21）修剪体一。命令调取路径："插入"｜"修剪"｜"修剪体"，弹出"修剪体"对话框，如图 6.4.27 所示。在"目标"区域"选择体"选择前面生成的圆环体；在"工具"区域"工具选项"下拉列表选择新建平面；在"指定平面"下拉列表选择通过对象，图标为 ，鼠标左键选择草图曲面拉伸实体圆环端面，点击"确定"按钮。修剪体结果如图 6.4.28 所示，即以此端面所在平面将圆环体进行切割。

图 6.4.27 "修剪体"对话框一   图 6.4.28 修剪体后结果一

（22）修剪体二。命令调取路径："插入"｜"修剪"｜"修剪体"，弹出"修剪体"对话框，如图 6.4.29 所示。在"目标"区域"选择体"选择前面生成的被修剪过的圆环体；在"工具"区域"工具选项"下拉列表选择新建平面；在"指定平面"下拉列表选择通过对象，图标

为 🔲，鼠标左键选择草图曲面拉伸实体圆环另一端面,点击"确定"按钮。修剪体结果如图 6.4.30 所示,即以此端面所在平面将圆环体进行再次切割。

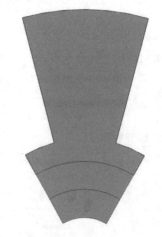

图 6.4.29　"修剪体"对话框二　　　　图 6.4.30　修剪体后结果二

(23)布尔操作。命令调取路径:"插入"|"组合"|"合并",弹出"合并"对话框,如图 6.4.31 所示。在"目标"区域"选择体"选择被修剪后的圆环体;在"工具"区域"选择体"选择草图拉伸生成的实体,点击"确定"按钮。合并结果如图 6.4.32 所示。

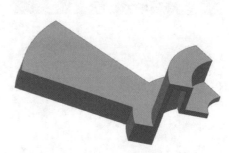

图 6.4.31　"合并"对话框　　　　图 6.4.32　布尔操作结果(合并)

(24)移除参数。命令调取路径:"编辑"|"特征"|"移除参数",弹出"移除参数"对话框,如图 6.4.33 所示。选择所有实体和曲线,点击"确定"按钮,完成参数移除。移除参数的目的是使各对象之间的联系不再存在。

(25)隐藏曲线。命令调取路径:"编辑"|"显示和隐藏"|"隐藏",弹出"类选择"对话框,如图 6.4.34 所示。选择所有曲线,点击"确定"按钮,将其隐藏。

图 6.4.33 "移除参数"对话框　　　　图 6.4.34 "类选择"对话框

(26)生成直线。命令调取路径:"插入"|"曲线"|"直线",弹出"直线"对话框,如图 6.4.35 所示。在"起点"区域"选择对象"选择"点构造器",图标为 ，弹出"点"对话框; 在"点"对话框"类型"下拉列表中选择象限点,如图 6.4.36 所示;鼠标左键选择圆弧象限点,如图 6.4.37 所示;点击"点"对话框中的"确认"按钮,返回到"直线"对话框;在跟随鼠标移动的"长度"输入栏中输入 10,方向沿 YC 轴方向,点击"确定"按钮。生成直线如图 6.4.38 所示。

图 6.4.35 "直线"对话框　　　　图 6.4.36 "点"对话框

图 6.4.37 选择选择弧象限点　　　　图 6.4.38 生成直线

(27)拉伸生成实体。命令调取路径:"插入"|"设计特征"|"拉伸",弹出"拉伸"对话框,如图6.4.39所示。在"截面"区域"选择曲线"选择上一步生成的直线,拉伸方向设置为 ZC 轴方向;在"开始距离"输入栏输入0;在"结束距离"输入栏输入1;在"偏置"区域"偏置"下拉列表选择两侧;在"开始"偏置距离输入栏输入-0.25;在"结束"偏置距离输入栏输入0.25。点击"确定"按钮,拉伸结果如图6.4.40所示。

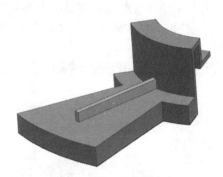

图6.4.39 "拉伸"对话框   图6.4.40 拉伸结果

(28)偏置面操作。命令调取路径:"插入"|"同步建模"|"偏置区域",弹出"偏置区域"对话框,如图6.4.41所示。在"面"区域"选择面"选择偏置面,鼠标左键选择长方体的端面,如图6.4.42所示;在对话框"偏置"区域"距离"输入栏输入0.3,点击"确定"按钮,完成偏置。偏置的目的是确保下一步将二者合并到一起时,此处没有缝隙。

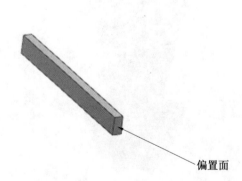

偏置面

图6.4.41 "偏置区域"对话框   图6.4.42 选择偏置面

(29)布尔操作。命令调取路径:"插入"|"组合"|"合并",弹出"合并"对话框,如图6.4.43所示。在"目标"区域的"选择体"选择圆环体;在"工具"区域的"选择体"选择长方体,点击"确定"按钮。合并结果如图6.4.44所示。

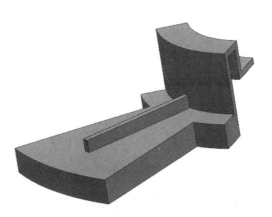

图6.4.43 "合并"对话框   图6.4.44 布尔操作结果(合并)

(30)拉伸生成实体。命令调取路径:"插入"|"设计特征"|"拉伸",弹出"拉伸"对话框,如图6.4.45所示。在"截面"区域"选择曲线"选择长方体短边,如图6.4.46所示,拉伸方向设置为 YC 轴方向;在"开始距离"输入栏输入0;在"结束距离"输入栏输入2;在"偏置"区域"偏置"下拉列表选择两侧;在"开始"偏置距离输入栏输入-4;在"结束偏置距离"输入栏输入0,点击"确定"按钮。拉伸结果如图6.4.47所示。

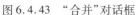

图6.4.45 "拉伸"对话框   图6.4.46 选择拉伸边

（31）偏置面操作。命令调取路径："插入"|"同步建模"|"偏置区域"，弹出"偏置区域"对话框，如图6.4.48所示。在"面"区域对话框"选择面"选择偏置面，鼠标左键选择长方体的两平行侧面，如图6.4.49所示；在"偏置"区域"距离"输入栏输入2.5，点击"确定"按钮，完成偏置。偏置结果如图6.4.50所示。

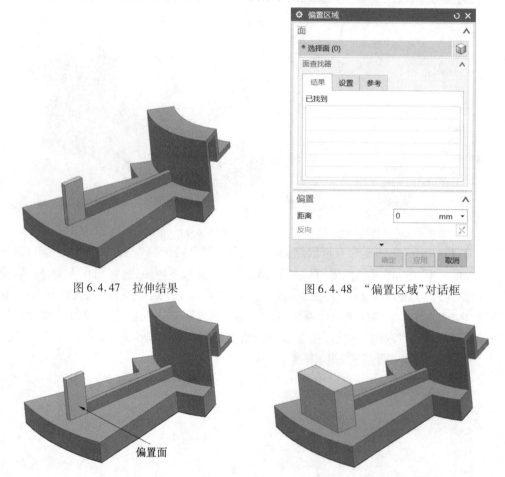

图6.4.47　拉伸结果　　　　　　　　图6.4.48　"偏置区域"对话框

图6.4.49　选择偏置面　　　　　　　图6.4.50　偏置结果

（32）生成圆柱体。命令调取路径："插入"|"设计特征"|"圆柱体"，弹出"圆柱"对话框，如图6.4.51所示。在"类型"区域下拉列表选择"轴、直径和高度"；在"指定矢量"下拉列表选择XC轴；在"指定点"下拉列表选择自动判断的点，图标为 ，鼠标左键选择棱边中点，如图6.4.52所示；在"直径"输入栏输入3；在"高度"输入栏输入5.5；在"布尔"下拉列表选择无，点击"确定"按钮；生成结果如图6.4.53所示。

（33）修剪圆柱体。命令调取路径："插入"|"修剪"|"修剪体"，弹出"修剪体"对话框，如图6.4.54所示。在"目标"区域"选择体"要求选择要修剪的对象，鼠标左键选择生成的圆柱体；在"工具"下拉列表选择新建平面；在"指定平面"下拉列表选择通过对象，图标为 ，鼠标左键选择长方体表面，如图6.4.55所示，点击"确定"按钮，修剪圆柱体结果如图6.4.56所示，即将圆柱体沿着所选矩形表面所在的平面进行修剪。

图 6.4.51 "圆柱"对话框

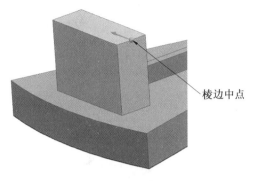

图 6.4.52 选择棱边中点

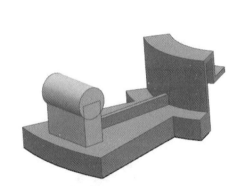

图 6.4.53 生成圆柱体

图 6.4.54 "修剪体"对话框

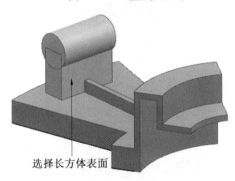

图 6.4.55 选择长方体表面

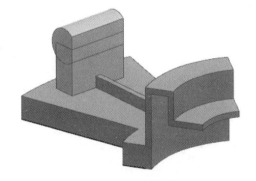

图 6.4.56 修剪圆柱体结果

(34)布尔操作。命令调取路径:"插入"|"组合"|"合并",弹出"合并"对话框,如图 6.4.57 所示。在"目标"区域"选择体"选择被修剪后的圆环体;在"工具"区域"选择体" 选择圆柱体以及与之相邻的长方体,点击"确定"按钮。合并结果如图 6.4.58 所示。

图 6.4.57 "合并"对话框   图 6.4.58 布尔操作结果

(35)边倒圆操作。命令调取路径:"插入"|"细节特征"|"边倒圆",弹出"边倒圆"对话框,如图6.4.59所示。在"要倒圆的边"区域"选择边"选择厚度0.5 mm筋的两棱边。在"半径1"输入栏输入0.2,点击"确定"按钮。边倒圆结果如图6.4.60所示。

同理,对四条竖直棱线进行边倒圆处理。在"半径1"输入栏输入1.5,点击"确定"按钮。边倒圆结果如图6.4.61所示。

同理,对四条水平棱线进行边倒圆处理。在"半径1"输入栏输入0.5,点击"确定"按钮。边倒圆结果如图6.4.62所示。

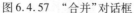

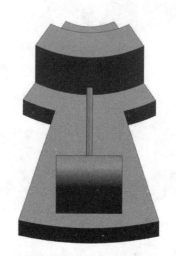

图 6.4.59 "边倒圆"对话框   图 6.4.60 边倒圆结果一

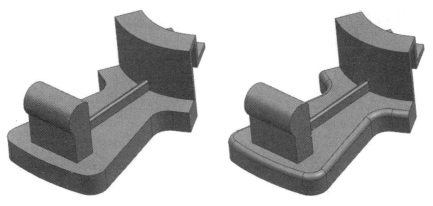

图 6.4.61 边倒圆结果二　　　　图 6.4.62 边倒圆结果三

（36）选择复制对象。命令调取路径:"编辑"|"移动对象",弹出"移动对象"对话框,如图 6.4.63 所示。在"对象"区域"选择对象"选择要移动或复制的对象,鼠标左键选择前面生成的案例文件实体;在"变换"区域"运动"下拉列表选择角度;在"指定矢量"下拉列表选择 ZC 轴;在"指定轴点"选择坐标原点;在"角度"输入栏输入 60;在"结果"区域勾选"复制原先的"复选框;在"非关联副本数"输入栏输入 5,点击"确定"按钮。复制结果如图 6.4.64 所示。

图 6.4.63 "移动对象"对话框

图 6.4.64 复制结果

（37）布尔操作。命令调取路径:"插入"|"组合"|"合并",弹出"合并"对话框,如图 6.4.65 所示。在"目标"区域"选择体"选择任一实体。在"工具"区域"选择体"选择剩余所有实体,点击"确定"按钮,合并结果如图 6.4.66 所示,即最终实体。

图 6.4.65　"合并"对话框　　　　图 6.4.66　布尔操作结果(合并)

案例文件存储位置：

光盘：\案例文件\Ch06\ Ch06.04\1.prt

6.5　实例训练五

如图 6.5.1 案例文件为例，设计过程如下。

图 6.5.1　案例文件

（1）打开 UG NX 10.0 软件，进入 UG 设计界面。

（2）新建一个模型文件。命令调取路径："文件" | "新建"，弹出"新建"对话框，如图 6.5.2 所示。在"新建"对话框中，单位设置为毫米；在"名称"输入栏输入文件名称 "model-5"；在"文件夹"输入栏设置好新建文件存放位置，点击"确定"按钮，完成新建。

（3）显示 WCS 坐标系。命令调取路径："格式" | "WCS" | "显示"，通过点击"显示"，可以切换 WCS 坐标系在绘图区的显示和隐藏；也可以通过快捷键，即点击键盘上的"W"字母键，对 WCS 坐标系的显示和隐藏进行切换。

（4）设置草图参数。命令调取路径："首选项" | "草图"，弹出"草图首选项"对话框，如图 6.5.3 所示。在"草图设置"界面"尺寸标签"下拉列表中选择值，同时取消勾选"创建自动判断约束"和"连续自动标注尺寸"复选框，如图 6.5.4 所示，点击"确定"按钮，完成设置。

图 6.5.2　"新建"对话框

图 6.5.3　"草图首选项"对话框

图 6.5.4　设置后"草图首选项"对话框

（5）进入草图界面。命令调取路径："插入"|"在任务环境中绘制草图"，弹出"创建草图"对话框，如图 6.5.5 所示，在"草图类型"下拉列表选择在平面上，点击"确定"按钮，进入到草图平面。

在"草图平面"区域"指定平面"下拉列表，设定草图绘制平面；不设置直接点击"确定"按钮,默认的进入到 XC-YC 平面。此处便直接进入到 XC-YC 平面,如图 6.5.6 所示。

图 6.5.5 "创建草图"对话框

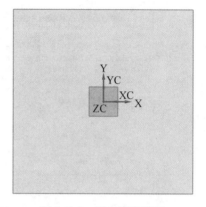

图 6.5.6 进入到草图界

(6)生成直径为 150 mm 的圆。命令调取路径:"插入"|"曲线"|"圆",弹出"圆"对话框,6.5.7 所示。在跟随鼠标移动的圆点坐标"XC"输入栏输入 0,按回车键确认;在"YC"输入栏输入 0,按回车键确认;在跟随鼠标移动的"直径"输入栏输入 150,按回车键确认。生成圆如图 6.5.8 所示。

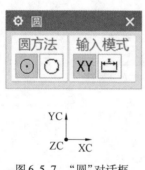

图 6.5.7 "圆"对话框

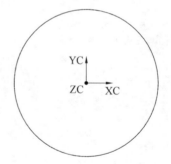

图 6.5.8 生成直径 150 mm 的圆

(7)退出草图界面。命令调取路径:"任务"|"完成草图",或直接点击"完成草图"图标,图标为 ![完成草图] ,进入到建模界面。

(8)再次进入草图界面。命令调取路径:"插入"|"在任务环境中绘制草图",以 XC-YC 平面为草图平面进入草图环境。

(9)生成直径为 200 mm 的圆。命令调取路径:"插入"|"曲线"|"圆",弹出"圆"对话框。在跟随鼠标移动的圆点坐标"XC"输入栏输入 0,按回车键确认;在"YC"输入栏输入 0,按回车键确认;在跟随鼠标移动的"直径"输入栏输入 200,按回车键确认。生成圆如图 6.5.9 所示。

(10)生成直径为 40 mm 的圆。命令调取路径:"插入"|"曲线"|"圆",弹出"圆"对

话框,在跟随鼠标移动的圆点坐标"XC"输入栏输入−120,按回车键确认;在"YC"输入栏输入0,按回车键确认;在跟随鼠标移动的"直径"输入栏输入40,按回车键确认。生成圆如图6.5.10所示。

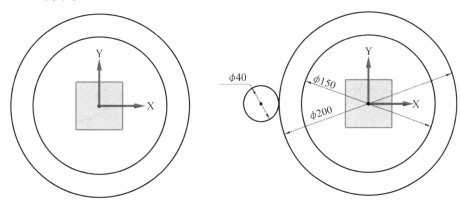

图6.5.9 生产直径200 mm的圆   图6.5.10 生成直径40 mm的圆

(11)添加完全固定约束。命令调取路径:"插入"|"几何约束",弹出"几何约束"对话框,选择"完全固定",图标为 。鼠标左键框选直径为40 mm、直径为150 mm和直径为200 mm的圆,将其完全固定,结果如图6.5.11所示。

(12)任意位置生成两个圆,并对其进行尺寸标注直径90 mm,如图6.5.12所示。

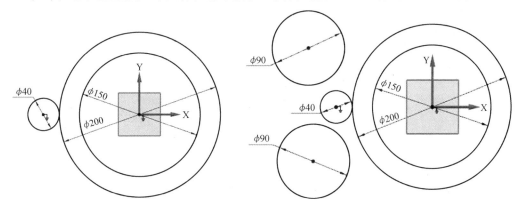

图6.5.11 添加完全固定约束   图6.5.12 生成两个直径90 mm的圆

(13)添加约束。将两个直径90 mm的圆分别添加约束,与直径40 mm和直径200 mm的圆相切,命令调取路径:"插入"|"几何约束",弹出"几何约束"对话框,选择"相切",图标为 ,结果如图6.5.13所示。

(14)快速修剪多余曲线。命令调取路径:"编辑"|"曲线"|"快速修剪",弹出"快速修剪"对话框,鼠标左键选择要修剪的曲线,选中的曲线会被修剪到第一个边界处,快速修剪结果如图6.5.14所示。

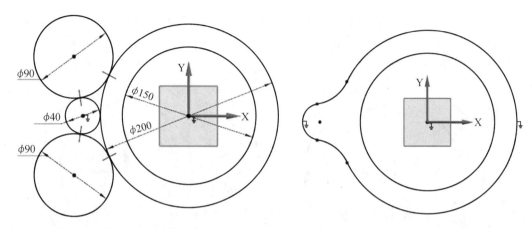

图 6.5.13　添加相切约束　　　　　　　　　图 6.5.14　快速修剪结果

（15）退出草图界面。命令调取路径："任务"|"完成草图"，或直接点击"完成草图"图标，图标为 ✗✗ 完成草图，进入到建模界面。

（16）偏置曲线。命令调取路径："插入"|"派生曲线"|"偏置"，弹出"偏置曲线"对话框，如图 6.5.15 所示。在"偏置类型"下拉列表选项"3D 轴向"处用鼠标左键选择外围曲线；在"距离"输入栏输入 50；在"指定方向"下拉列表选择 ZC 轴方向，点击"确定"按钮，生成新的曲线如图 6.5.16 所示，将原曲线隐藏。

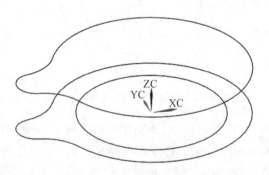

图 6.5.15　"偏置曲线"对话框　　　　　　　图 6.5.16　偏置结果

（17）生成基准平面。命令调取路径："插入"|"基准/点"|"基准平面"，弹出"基准平面"对话框，如图 6.5.17 所示。在"类型"区域下拉列表选择 XC-ZC 平面，点击"确定"按钮，生成结果如图 6.5.18 所示。

图 6.5.17 "基准平面"对话框

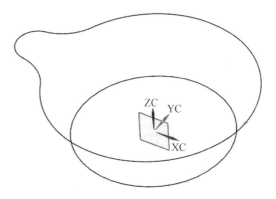

图 6.5.18 生成基准平面

（18）生成交点。命令调取路径："插入"|"基准/点"|"点"，弹出"点"对话框，如图 6.5.19 所示。在"类型"区域下拉列表选择交点；在"曲线、曲面或平面"区域"选择对象"选择上一步生成的 XC-ZC 面；在"要相交的曲线"区域"选择曲线"选择图 6.5.18 中的任一曲线，点击"确定"按钮，生成交点。同理，与另一曲线生成交点，如图 6.5.20 所示。

图 6.5.19 "点"对话框

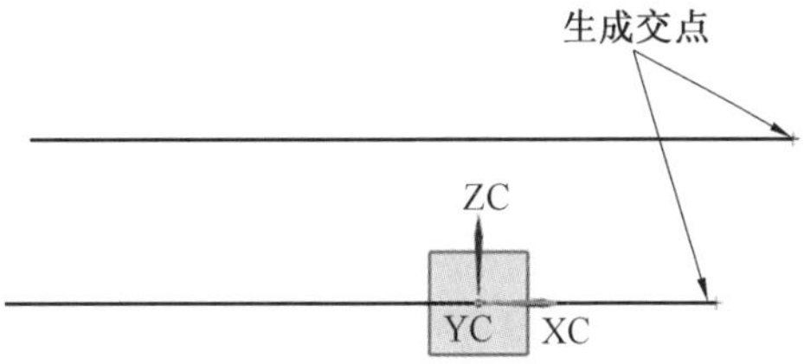

图 6.5.20 生成交点

（19）生成直线。命令调取路径："插入"|"曲线"|"直线"，弹出"直线"对话框，如图 6.5.21 所示。在"起点选项"下拉列表选择"点"处用鼠标左键选择上一步生成两点中的任一点；在"终点选项"下拉列表选择"点"处用鼠标左键选择上一步生成两点中的另外一点，点击"确定"按钮。生成直线如图 6.5.22 所示。

（20）扫掠曲面。命令调取路径："插入"|"扫掠"|"扫掠"，弹出"扫掠"对话框，如图 6.5.23 所示。在"截面"区域"选择曲线"鼠标左键选择两交点生成曲线，点击鼠标中键确认，再次点击鼠标中键选择引导线；在"引导线"区域"选择曲线"处鼠标左键选择两条圆曲线中的任一条，点击鼠标中键确认；再选择另一条，点击鼠标中键确认。在"设置"区域"体类型"下拉列表选择片体，点击"确定"按钮。扫掠曲面如图 6.5.24 所示。

图 6.5.21 "直线"对话框

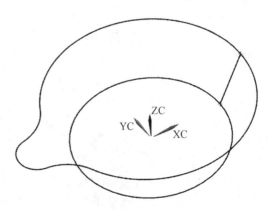

图 6.5.22 生成直线

图 6.5.23 "扫掠"对话框

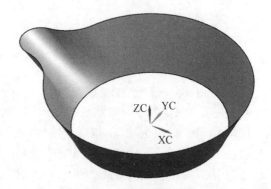

图 6.5.24 扫掠曲面

（21）进入草图界面。命令调取路径："插入"｜"在任务环境中绘制草图"，弹出"创建草图"对话框，如图 6.5.25 所示。在"草图类型"下拉列表选择"在平面上"；在"平面方法"下拉列表选择创建平面；在"指定平面"下拉列表选择 XC-ZC 平面，点击"确定"按钮，进入草图。

（22）生成直线。命令调取路径："插入"｜"曲线"｜"直线"，在跟随鼠标移动的圆点坐标"XC"输入栏输入0,按回车键确认,在"YC"输入栏输入−50,按回车键确认;在跟随鼠标移动的"长度"输入栏输入400,按回车键确认;在"角度"输入栏输入90,按回车键确认。如图6.5.26所示。

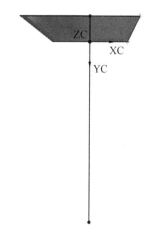

图6.5.25 "创建草图"对话框   图6.5.26 生成直线

(23)生成椭圆。命令调取路径:"插入"|"曲线"|"椭圆",弹出"椭圆"对话框,如图6.5.27所示。在"指定点"确定椭圆中心,点击"点构造器",图标为 ，弹出"点"对话框,如图6.5.28所示。在"类型"下拉列表选择自动判断的点;在"XC"输入栏输入0;在"YC"输入栏输入150;在"ZC"输入栏输入0;点击"确定"按钮,返回到"椭圆"对话框。在"椭圆"对话框"大半径"输入栏输入100;在"小半径"输入栏输入150,点击"确定"按钮。生成椭圆如图6.5.29所示。

图6.5.27 "椭圆"对话框   图6.5.28 "点"对话框

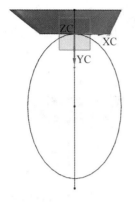

图 6.5.29　生成椭圆

图 6.5.30　"快速修剪"对话框

（24）快速修剪多余曲线。命令调取路径："编辑"|"曲线"|"快速修剪"，弹出"快速修剪"对话框，如图 6.5.30 所示。鼠标左键选择要修剪的曲线，选中的曲线会被修剪到第一个边界处。快速修剪结果如图 6.5.31 所示。

（25）添加重合约束。命令调取路径："插入"|"几何约束"，弹出"几何约束"对话框，如图 6.5.32 所示，选择重合，图标为 ，将修剪后的椭圆线端点与前面生成的点重合，结果如图 6.5.33 所示。

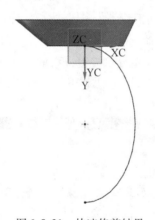

图 6.5.31　快速修剪结果

图 6.5.32　"几何约束"对话框

（26）生成直线。命令调取路径："插入"|"曲线"|"直线"。在跟随鼠标移动的圆点坐标"XC"输入栏输入 0，按回车键确认；在"YC"输入栏输入 300，按回车键确认；在跟随鼠标移动的"长度"输入栏输入 75，按回车键确认；在"角度"输入栏输入 180，按回车键确认。生成直线如图 6.5.34 所示。

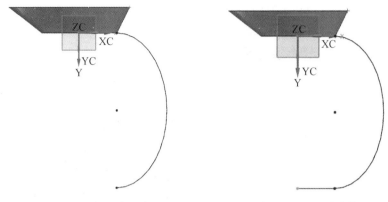

图 6.5.33 添加重合约束　　　　图 6.5.34 生成直线

（27）退出草图界面。命令调取路径："任务"｜"完成草图"，或直接点击"完成草图"图标，图标为 完成草图，进入建模界面。

（28）生成旋转面。命令调取路径："插入"｜"设计特征"｜"旋转"，弹出"旋转"对话框，如图 6.5.35 所示。在"截面"区域"选择曲线"选择要旋转的曲线，鼠标左键选择草图中生成的椭圆曲线和直线；在"指定矢量"下拉列表选择 ZC 轴；在"指定点"选择坐标原点，即旋转轴所在位置为坐标原点；在"限制"区域"开始角度"输入栏输入 0；在"结束角度"输入栏输入 360；在"设置"区域"体类型"下拉列表选择片体。点击"确定"按钮，生成旋转面如图 6.5.36 所示。

图 6.5.35 "旋转"对话框

图 6.5.36 生成旋转面

（29）缝合曲面。命令调取路径："插入"｜"组合"｜"缝合"，弹出"缝合"对话框，如图 6.5.37 所示。在"类型"区域下拉列表选择片体；在"目标"区域"选择片体"处用鼠标左

键选择旋转生成的曲面;在"工具"区域"选择片体"处用鼠标左键选择前面生成的扫掠片
体,点击"确定"按钮,两片体成为一个整体,如图 6.5.38 所示。

图 6.5.37 "缝合"对话框   图 6.5.38 缝合为一整体曲面

(30)边倒圆。命令调取路径:"插入"|"细节特征"|"边倒圆",弹出"边倒圆"对话
框,如图 6.5.39 所示。在"要倒圆的边"区域"选择边"选择倒圆的边线,鼠标左键选择被
缝合两曲面的相交线;在"形状"下拉列表选择圆形;在"半径 1"输入栏输入半径 20,点击
"确定"按钮。边倒圆结果如图 6.5.40 所示。

图 6.5.39 "边倒圆"对话框   图 6.5.40 边倒圆结果

(31)进入草图界面。命令调取路径:"插入"|"在任务环境中绘制草图",弹出"创建
草图"对话框,如图 6.5.41 所示。在"草图类型"下拉列表选择在平面上;在"平面方法"
下拉列表选择创建平面;在"指定平面"下拉列表选择 XC-ZC 平面,点击"确定"按钮,进
入草图。

(32)生成矩形。命令调取路径:"插入"|"曲线"|"矩形",弹出"矩形"对话框,如图

6.5.42所示;生成矩形,如图6.5.43所示;对其尺寸约束,如图6.5.44所示。

图6.5.41 "创建草图"对话框　　　　　图6.5.42 "矩形"对话框

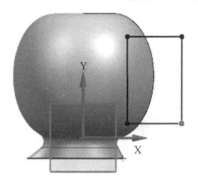

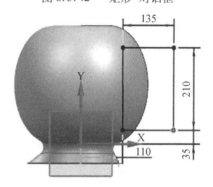

图6.5.43 生成矩形　　　　　　　　图6.5.44 进行约束结果(mm)

(33)删除边。删除矩形一条边线,结果如图6.5.45所示。

(34)曲线倒圆角。命令调取路径:"插入"|"曲线"|"圆角",分别生成$R50$和$R75$的圆角,如图6.5.46所示。

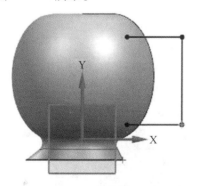

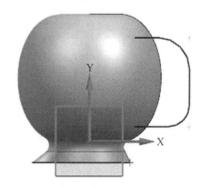

图6.5.45 删除边结果　　　　　　　图6.5.46 曲线倒圆角

(35)退出草图界面。命令调取路径:"任务"|"完成草图",或直接点击"完成草图"图标,图标为 ![完成草图],进入到建模界面。

（36）拉伸生成实体。命令调取路径："插入"|"设计特征"|"拉伸"，弹出"拉伸"对话框，如图 6.5.47 所示。在"截面"区域"选择曲线"选择前面草图模块中生成的曲线。拉伸方向设置为 YC 轴方向；在"开始距离"输入栏输入–15；在"结束距离"输入栏输入 15，在"偏置"区域"偏置"下拉列表选择两侧；在"开始"输入栏输入–5；在"结束"输入栏输入 5，点击"确定"按钮。拉伸结果如图 6.5.48 所示。

图 6.5.47 "拉伸"对话框

图 6.5.48 拉伸结果

（37）边倒圆。命令调取路径："插入"|"细节特征"|"边倒圆"，弹出"边倒圆"对话框，如图 6.5.49 所示。在"要倒圆的边"区域"选择边"，要求选择倒圆的边线，鼠标左键选择上一步生成的拉伸体棱线；在"形状"下拉列表选择圆形；在"半径 1"输入栏输入 3，点击"确定"按钮，边倒圆结果如图 6.5.50 所示。

图 6.5.49 "边倒圆"对话框

图 6.5.50 边倒圆角结果（半径 3 mm）

(38)片体加厚。命令调取路径:"插入"|"偏置缩放"|"加厚",弹出"加厚"对话框,如图6.5.51所示。在"面"区域"选择面"选择加厚的片体,鼠标左键选择水壶主体曲面。在"厚度"区域"偏置1"输入栏输入0,"偏置2"输入栏输入5,点击"确定"按钮。加厚结果如图6.5.52所示。

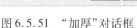

图6.5.51 "加厚"对话框 　　　图6.5.52 加厚结果

(39)边倒圆。命令调取路径:"插入"|"细节特征"|"边倒圆",弹出"边倒圆"对话框,如图6.5.53所示。在"要倒圆的边"区域"选择边",要求选择倒圆的边线,鼠标左键选择水壶口部两条棱线;在"形状"下拉列表选择圆形;在"半径1"输入栏输入1.5,点击"确定"按钮。边倒圆结果如图6.5.54所示。

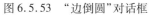

图6.5.53 "边倒圆"对话框 　　　图6.5.54 边倒圆结果(半径1.5 mm)

(40)修剪把手。命令调取路径:"插入"|"修剪"|"修剪体",弹出"修剪体"对话框,如图6.5.55所示。在"目标"区域"目标体"选择要修剪对象,鼠标左键选择水壶手柄实体;在"工具选项"下拉列表选择面或平面,鼠标左键选择水壶本体外表面,点击"确定"按钮。修剪把手结果如图6.5.56所示。

图 6.5.55 "修剪体"对话框　　　　图 6.5.56 修剪把手结果

(41)布尔操作。命令调取路径:"插入"|"组合"|"合并",弹出"合并"对话框,如图
6.5.57 所示。在"目标"区域的"选择体"选择水壶本体;在"工具"区域的"选择体"选择
手柄实体,点击"确定"按钮。合并结果如图 6.5.58 所示。

图 6.5.57 "合并"对话框　　　　图 6.5.58 布尔操作结果(合并)

案例文件存储位置:

光盘:\案例文件\Ch06\ Ch06.05\1. prt

参考文献

[1] 展迪优.UG NX 10.0 从入门到精通[M].北京:电子工业出版社,2015.

[2] 章兆亮.UG NX 10.0 实例宝典[M].2 版.北京:机械工业出版社,2016.

[3] 北京兆迪科技有限公司.UG NX 10.0 曲面设计教程[M].6 版.北京:机械工业出版社,2015.

[4] 北京兆迪科技有限公司.UG NX 10.0 曲面设计实例精解[M].4 版.北京:机械工业出版社,2015.

[5] 北京兆迪科技有限公司.UG NX 8.5 曲面设计教程[M].4 版.北京:机械工业出版社,2013.

[6] 展迪优.UG NX 8.0 钣金设计教程[M].4 版.北京:机械工业出版社,2012.

[7] 展迪优.UG NX 8.0 钣金设计实例精解[M].2 版.北京:机械工业出版社,2012.

[8] 胡仁喜,刘昌丽.UG NX 8.0 中文版曲面造型从入门到精通[M].2 版.北京:机械工业出版社,2013.

[9] 展迪优.UG NX 5.0 模具设计实例精解[M].北京:机械工业出版社,2009.

[10] 展迪优.UG NX 8.0 模具设计教程[M].3 版.北京:清华大学出版社,2012.

[11] 胡仁喜,刘昌丽.UG NX 10.0 中文版钣金设计从入门到精通[M].3 版.北京:机械工业出版社,2015.

[12] 胡仁喜,刘昌丽.UG NX 8.0 中文版机械设计从入门到精通[M].2 版.北京:机械工业出版社,2012.

[13] 杨晓琦,李福群,辛文彤,等.UG NX 5.0 中文版机械设计从入门到精通[M].北京:机械工业出版社,2008.

[14] 闫波,程燕,何涛,等.UG NX 5.0 中文版曲面造型从入门到精通[M].北京:机械工业出版社,2008.

[15] 北京兆迪科技有限公司.UG NX 10.0 模具设计教程[M].6 版.北京:机械工业出版社,2016.

[16] 北京兆迪科技有限公司.UG NX 9.0 快速入门教程[M].北京:中国水利水电出版社,2014.

[17] 路纯红,周立柱,康士廷,等.UG NX 5.0 中文版模具设计从入门到精通[M].北京:中国铁道出版社,2008.

[18] 北京兆迪科技有限公司.UG NX 10.0 快速入门教程[M].7 版.北京:机械工业出版社,2015.

[19] 王亮申.三维数字设计与制造:UG NX 操作与实践[M].北京:机械工业出版社,2012.

[20] 杨斌.UG NX 10.0 项目教程[M].北京:中国铁道出版社,2016.